三菱FX3U PLC 编程一本通

FX3U PLC

U0243533

胡学明 —————— 等编著

化学工业出版社

·北京·

本书根据电气工人的工作特点，以 PLC 入门为出发点，以应用非常广泛的三菱 FX3U PLC 为例，介绍 FX3U PLC 基本单元的硬件结构、基本指令系统、编程工具、编程软件 GX Developer 及 GX Works2 的使用方法。并结合这些基础知识，介绍了典型电路的编程实例，还介绍了一些 PLC 故障的诊断和处理实例。

　　全书的内容密切联系实际，由浅入深，通俗易懂，可以帮助初学者快速掌握三菱 FX3U PLC 的基本知识，非常适合三菱 PLC 初学者学习使用，也可用作职业院校及培训机构的教材及参考书。

图书在版编目（CIP）数据

　　三菱 FX3U PLC 编程一本通/胡学明等编著，—北京：
化学工业出版社，2019.10（2025.1 重印）
　　ISBN 978-7-122-35105-0

　　Ⅰ.①三…　Ⅱ.①胡…　Ⅲ.①PLC 技术　Ⅳ.①TM571.6

　　中国版本图书馆 CIP 数据核字（2019）第 184316 号

责任编辑：耍利娜　　　　　　　　文字编辑：吴开亮
责任校对：王鹏飞　　　　　　　　装帧设计：刘丽华

出版发行：化学工业出版社（北京市东城区青年湖南街 13 号　邮政编码 100011）
印　　装：北京盛通数码印刷有限公司
787mm×1092mm　1/16　印张 17¼　字数 428 千字　2025 年 1 月北京第 1 版第 13 次印刷

购书咨询：010-64518888　　　　　　售后服务：010-64518899
网　　址：http://www.cip.com.cn
凡购买本书，如有缺损质量问题，本社销售中心负责调换。

定　　价：59.00 元　　　　　　　　　　　　　版权所有　违者必究

前言

　　PLC（可编程控制器）已经被广泛应用在机械、矿山、化工、轻工、电力、建材、交通运输、家用电器等领域，用户数量众多。

　　经常与PLC打交道的，除了从事PLC设计的自动化工程师，还有一个更为庞大的人群——处于第一线的电气工人。他们非常需要掌握PLC的基础知识，熟悉PLC工作程序的编制，处理PLC的各种故障。

　　本书根据电气工人的工作特点，以PLC入门为出发点，以应用非常广泛的三菱FX3U PLC为例，介绍FX3U PLC的基础知识、编程方法、应用实例。并结合编者的工作经验，介绍一些PLC故障的维修实例。全书的内容通俗易懂，便于学习和应用。书中以继电器控制电路为参照，引导初学者走进FX3U PLC领域。为了便于初学者阅读和理解，机型限于FX3U的基本单元，编程和应用限于基本指令和步进指令。在学习这些内容的基础上，读者就可以再进行更深层次的学习。

　　本书主要由胡学明编著，参与本书编写工作的还有王乐、占孙、吴佳伟、虞又新、段明明、杨德春、胡长青、邹小蔚、程蒙、王军、张旺年、虞炀、黄香伟、贺爱军、姚秋林、王玉珏、卢康林、邱绍光、陈友贵、龙建军等。

　　由于编著者的水平有限，书中难免有不妥之处，恳请读者批评指正。

编著者

目录

第3章　FX3U 的编程软件 GX Developer　68

第9章 生产现场中的 FX3U 故障维修   221

附录   253

参考文献   268

第 **1** 章

三菱 FX3U 系列 PLC 介绍

1.1 PLC（可编程序控制器）的优点

PLC 是进行工业自动控制的微型计算机，是 20 世纪 60 年代因工业生产的迫切需要而诞生的，也是专门为工业环境的应用而设计、制造的，由于在电气自动控制方面具有无可比拟的优点，几十年来得到了迅猛的发展，功能日趋完善。

国际电工委员会（IEC）对 PLC 的定义是：“可编程序控制器是一种数字运算操作的电子装置，专为在工业环境下应用而设计。它采用可编程序的存储器，用来在其内部存储执行逻辑运算、顺序控制、定时、计数和算术运算等操作指令，并通过数字式和模拟式的输入和输出控制各种类型的机械或生产过程。可编程序控制器及其有关的外围设备，都应按工业控制系统整体性、易扩展的原则设计。”

中国是世界工厂，伴随着“中国制造 2025”，我国的制造业正在高速腾飞，PLC 已经广泛地应用到我国的机械、钢铁、化工、石油、电力、建筑、采矿、轻工、交通运输等各个工业领域。PLC 主要具有以下几个方面的优点。

（1）品种齐全，功能强大，通用性强

PLC 的品种齐全，但是每一台 PLC 都不是专门针对某一个具体的控制装置。它可以按照要求配置外围元器件，组成各种形式的控制系统，而不需要用户自己设计和制造 PLC 硬件装置。用户在选定硬件之后，在生产设备更新、工艺流程改变的情况下，不必改变 PLC 的硬件设备，只需要改变控制程序，就可以满足新的控制要求。因此，它在工业自动化中得到了广泛的应用。

PLC 不仅具有逻辑运算、定时、计数、顺序控制等功能，还具有数字和模拟量的输入/输出、功率驱动、人机对话、自检、记录、显示、报警、通信等诸多功能。它们既可以控制一台机械设备，又可以控制一条生产线，还可以控制一个完整的生产过程。

（2）可靠性高，具有超强的抗干扰能力

PLC 在设计和制造过程中，为了更好地适应工业生产环境中多粉尘、高噪声、温差大、强电磁干扰等特殊情况，对硬件采用了屏蔽、滤波、电源隔离、调整、保护、模块式结构等一系列抗干扰措施。对软件采取了故障检测、信息保护与恢复、设置警戒时钟（看门狗）、对程序进行检查和校验、对程序和动态数据进行电池后备保护等多种抗干扰措施。

PLC 在出厂时，要进行严格的试验，其中的一项就是抗干扰试验。它要求能承受 1000V、上升时间 1ns、脉冲宽度为 1μs 的干扰脉冲。在一般情况下，PLC 平均故障间隔时间可以达到几十万甚至上千万小时。构成系统后，也可以达到 5 万小时甚至更长的时间。

（3）编程简单，使用非常方便

通常，PLC 采用继电器控制形式的"梯形图编程方式"，它延续了传统控制电路清晰直观的优点，又兼顾了工矿企业电气技术人员的读图习惯，所以很容易接受和掌握。

在梯形图语言中，编程元件的符号和表达方式，与继电器控制电路原理图非常相似。电气技术人员通过短期培训，阅读 PLC 的用户手册和编程手册，就能够很快地利用梯形图编制控制程序。同时还可以掌握顺序功能图、语句表等编程语言。在熟悉某一品牌的 PLC 之后，又能够触类旁通，掌握和运用其他品牌的 PLC。

（4）安装简单，调试和维修方便

在 PLC 中，大量的中间继电器、时间继电器、计数器等元器件都被软件所取代。所以电气控制柜中，安装和接线的工作量大大减少，又减少了许多差错。PLC 的用户程序一般都可以在实验室进行模拟调试，减少了现场的调试工作量。

PLC 本身的故障率很低，各个输入、输出端子上又带 LED 指示灯，各个外部元件的工作状态都在监视之中，一目了然，所以出现故障时很容易查找到有故障的元器件。通过对梯形图的监视，也很容易查找到故障点，所以维修极为方便。

（5）体积小，性价比高

PLC 将微电子技术应用于工业设备，所以产品结构紧凑，体积大大缩小，重量轻，功耗低。又由于它的抗干扰能力强，因此容易安装在设备的内部，以实现机电一体化。当前，以 PLC 作为控制器的 CNC 设备和机器人已经成为典型的智能控制设备。

随着集成电路芯片功能的提高，价格的降低，PLC 硬件的价格在不断地下降。虽然 PLC 软件的价格在系统中所占的比例在不断提高，但是 PLC 的采用使得整个工程项目的进度加快，质量提高，所以 PLC 具有很高的性价比。

1.2 PLC 与继电器-接触器控制系统的区别

PLC 虽然是在继电器-接触器电路的基础上发展起来的，但是又与继电器-接触器控制系统有很大的区别，主要表现在以下几个方面。

（1）在控制器件方面的区别

继电器-接触器控制系统，是由各种真正的继电器、接触器组成的。它们的线圈要在控制电源下工作，触点和触头要频繁地切换，很容易损坏，因此线圈和触点经常会发生故障。

而在 PLC 梯形图中，控制程序是由许多软继电器组成的，这些软继电器本质上是存储器中的各个触发器，可以置"0"或置"1"，没有磨损现象，大大减少了故障。

（2）在工作方式方面的区别

继电器-接触器电路在工作时，所有的元器件都处于受控状态。只要符合吸合条件，都处于吸合状态；只要符合断开条件，都处于断开状态。这属于"并行"工作方式。

而在 PLC 的梯形图中，各个软继电器都处于周期循环的扫描工作状态，通电与触点动作并不同时发生，属于"串行"工作方式。

（3）在触点数量方面的区别

在继电器-接触器控制系统中，触点数量是有限的，一般只有 2～4 对，最多也不过 8 对。如果触点不够，就需要另外增加继电器或接触器。

而在 PLC 梯形图中，软继电器的触点数量是无限的。同样一对触点，在编程时可以无数次地反复使用。

（4）在更改控制功能方面的区别

继电器-接触器控制系统是依靠硬接线来完成控制功能的，其控制功能一般是固定不变的。如果需要改变控制功能，必须重新安装元器件，更换连接导线。控制功能越复杂，元器件就越多，接线就更为复杂。

而 PLC 控制系统是采用软继电器，通过编程实现自动控制。当控制功能改变时，在中间控制环节不需要增加元器件，只要修改程序就行了。控制功能可以灵活地实施，能胜任非常复杂的控制场合。

（5）在故障诊断方面的区别

继电器-接触器控制系统不仅故障较多，而且故障的诊断比较困难，要进行比较复杂的检测排查，诊断分析，往往要花费很多时间，走很多弯路。

而 PLC 性能稳定，工作可靠，无故障时间可以达到几十万小时，所以本身故障就很少。

在 PLC 的输入和输出单元，每一个端子对应一个 LED 指示灯，输入和输出元件的工作状态一目了然。当发生故障时，通过这些指示灯，就可以捕捉到许多故障信息，迅速找出有故障的元器件。

此外，许多 PLC 具有故障检测、故障诊断、故障报警功能，能对故障进行智能诊断，在排查故障方面可以节省很多时间。

1.3 三菱 FX3U 型 PLC 的技术优势

三菱公司的 PLC 是较早进入中国市场的产品，三菱 FX3U 是 PLC 大家族中的一个"奇葩"。它是针对市场上产品小型化、大容量存储、多功能、高性价比的需求所开发出来的第三代小型可编程序控制器。它采用了可编程序的存储器，用于其内部存储程序，执行逻辑运算、顺序控制、定时、计数与算术操作等面向用户的指令，并通过数字式或模拟式输入/输出，控制各种类型的自动化生产过程。

FX3U 兼顾了整体式和模块式 PLC 的优点，是 FX 系列中功能最强、速度最快的小型 PLC。因为采用了性能更加优越的中央处理器，所以许多功能在 FX2N 的基础上进一步加强，在容量、速度等方面都有了大幅度的提升。主要表现在以下几个方面。

① 内置的用户存储器容量：FX2N 是 8000 步，FX3U 内置了 64k 步的大容量 RAM 内存，存储器容量提高到 16000 步。

② 运算速度：基本指令的执行时间 FX2N 是 $0.08\mu s$，FX3U 缩短到 $0.065\mu s$。

③ 大幅度增加了内部软元件的数量。

④ FX3U 完全兼容 FX2N 的所有指令，并且在 FX2N 指令的基础上添加了一些指令。也兼容了 FX2N 的各种扩展模块。在 FX2N 中所编写的程序，也可以直接导入到 FX3U 中。

⑤ 接线端子中配置有 S/S 端子。通过 S/S 端子，可以将 PLC 变换为漏型输入或源型输入，而 FX2N 就没有这项功能。

此外，FX3U 集成了 PLC 领域中最高水平的多种功能。

① 内置了高性能的显示模块，可以显示英文、日文、汉语和数字。能够显示半角 16 个字符（全角 8 个字符）的 4 行。还可以进行软元件的监控和测试，时钟的设定，存储器卡盒与内置 RAM 之间程序的传送和比较。此外，该显示模块还可以从本体上拉出来，安装到控制柜的操作面板上。

② 强化了通信功能，内置编程口可以达到 115.2kbit/s 的高速通信，可以同时使用 3 个通信端口（包括编程口在内）。

③ 新增了模拟量适配器，包括模拟量输入适配器、模拟量输出适配器、温度输入适配器。这些适配器不占用系统点数，使用非常方便，可以连接到基本单元的左侧。

④ 内置 3 轴独立，具有 100kHz 的定位功能（晶体管输出型），并增加了新的位置控制指令。通过高速输出适配器，还可以实现 4 轴、最高 200kHz 的定位控制。

⑤ 内置 6 点同时 100kHz 的高速计数功能。通过高速输出适配器，还可以实现最高 200kHz 的高速计数。

⑥ 内置 CC-Link/LT 主站功能，可以轻松实现小点数的省配线网络，很方便地与计算器和网络进行通信。

⑦ 支持在运行中写入。当 PLC 在运行时，通过计算机的编程软件，可以更改控制程序。

可见，FX3U 型 PLC 的优点非常突出，它虽然是小型 PLC，但是许多欧美中型机和大型机所具有的控制功能，它也可以轻而易举地实现。在复杂的控制系统中，其性能明显优于欧美的小型机，所以很受用户欢迎。

1.4 FX3U 系列 PLC 基本单元的概貌

基本单元是指配置有电源、CPU（中央处理器）、存储器、输入设备、输出设备、通信端口的可编程序控制器主机，其内部设置有定时器、计数器、辅助继电器、数据寄存器等。基本单元可以独立地工作，对各种设备进行自动控制。

1.4.1 基本单元的外形和面板结构

（1）基本单元的外形

三菱 FX3U 的基本单元中，共有 15 种机型，其中 FX3U-16M 系列的外形如图 1-1 所

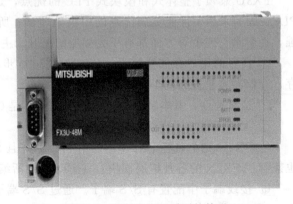

图 1-1　FX3U-16M 系列的外形　　　　　图 1-2　FX3U-48M 系列的外形

示；FX3U-48M 系列的外形如图 1-2 所示；FX3U-128M 系列的外形如图 1-3 所示。

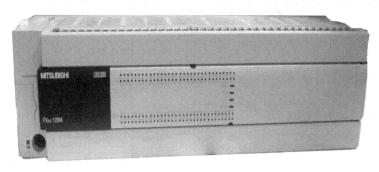

图 1-3　FX3U-128M 系列的外形

（2）基本单元的面板结构

以 FX3U-16MR 基本单元为例，图 1-4 是它的面板结构，基本单元中其他型号的面板结构大同小异，主要是输入和输出端子数量不同。

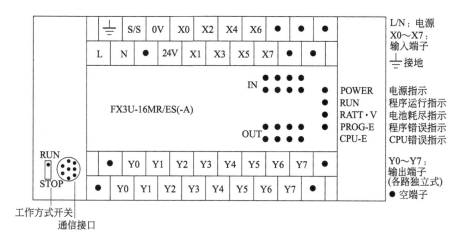

图 1-4　FX3U-16MR 的面板结构

1.4.2　基本单元的型号

基本单元的内部配置了 CPU、存储器、输入和输出端子、电源、通信接口。其型号由下列符号组成：

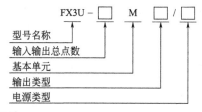

（1）FX3U 基本单元的型号

基本单元共有 37 个型号，其中：

AC 电源/DC 24V 漏型·源型输入通用型，一共有 20 个，见表 1-1。

DC 电源/DC 24V 漏型·源型输入通用型，一共有 15 个，见表 1-2。

AC 电源/AC 100V 输入专用型，一共有 2 个，见表 1-3。

表 1-1 　AC 电源/DC 24V 漏型·源型输入通用型的基本单元

型号	总点数 (I/O)	输入点数 (I)	输出点数 (O)	输出形式	负载电源
FX3U-16MR/ES(-A)				继电器	交流/直流
FX3U-16MT/ES(-A)	16	8	8	晶体管(漏型)	直流
FX3U-16MT/ESS				晶体管(源型)	直流
FX3U-32MR/ES(-A)				继电器	交流/直流
FX3U-32MT/ES(-A)	32	16	16	晶体管(漏型)	直流
FX3U-32MT/ESS				晶体管(源型)	直流
FX3U-32MS/ES				双向晶闸管	交流
FX3U-48MR/ES(-A)				继电器	交流/直流
FX3U-48MT/ES(-A)	48	24	24	晶体管(漏型)	直流
FX3U-48MT/ESS				晶体管(源型)	直流
FX3U-64MR/ES(-A)				继电器	交流/直流
FX3U-64MT/ES(-A)				晶体管(漏型)	直流
FX3U-64MT/ESS	64	32	32	晶体管(源型)	直流
FX3U-64MS/ES				双向晶闸管	交流
FX3U-80MR/ES(-A)				继电器	交流/直流
FX3U-80MT/ES(-A)	80	40	40	晶体管(漏型)	直流
FX3U-80MT/ESS				晶体管(源型)	直流
FX3U-128MR/ES(-A)				继电器	交流/直流
FX3U-128MT/ES(-A)	128	64	64	晶体管(漏型)	直流
FX3U-128MT/ESS				晶体管(源型)	直流

表 1-2 　DC 电源/DC 24V 漏型·源型输入通用型的基本单元

型号	总点数 (I/O)	输入点数 (I)	输出点数 (O)	输出形式	负载电源
FX3U-16MR/DS				继电器	交流/直流
FX3U-16MT/DS	16	8	8	晶体管(漏型)	直流
FX3U-16MT/DSS				晶体管(源型)	直流
FX3U-32MR/DS				继电器	交流/直流
FX3U-32MT/DS	32	16	16	晶体管(漏型)	直流
FX3U-32MT/DSS				晶体管(源型)	直流
FX3U-48MR/DS				继电器	交流/直流
FX3U-48MT/DS	48	24	24	晶体管(漏型)	直流
FX3U-48MT/DSS				晶体管(源型)	直流
FX3U-64MR/DS				继电器	交流/直流
FX3U-64MT/DS	64	32	32	晶体管(漏型)	直流
FX3U-64MT/DSS				晶体管(源型)	直流
FX3U-80MR/DS				继电器	交流/直流
FX3U-80MT/DS	80	40	40	晶体管(漏型)	直流
FX3U-80MT/DSS				晶体管(源型)	直流

表 1-3　AC 电源/AC 100V 输入专用型的基本单元

型号	总点数 (I/O)	输入点数 (I)	输出点数 (O)	输出形式	负载电源
FX3U-32MR/UA1	32	16	16	继电器	交流/直流
FX3U-64MR/UA1	64	32	32	继电器	交流/直流

举例说明：

① 在表 1-1 中，有 FX3U-32MR/ES(-A)，它表示这个 PLC 是基本单元。AC 电源，输入单元是 DC 24V，漏型·源型输入通用。输入输出总点数为 32（输入 16、输出 16），继电器输出，负载电源是交流、直流通用。

② 在表 1-2 中，有 FX3U-48MT/DSS，它表示这个 PLC 是基本单元。DC 电源，输入单元是 DC 24V，漏型·源型输入通用。输入输出总点数为 48（输入 24、输出 24），晶体管（源型）输出，负载电源是直流。

③ 在表 1-3 中，有 FX3U-64MR/UA1，它表示这个 PLC 是基本单元。AC 电源，输入单元是 AC 100V 专用。输入输出总点数为 64（输入 32、输出 32），继电器输出，负载电源是交流、直流通用。

（2）输入输出总点数

FX3U 基本单元的点数有 6 种，分别是 16、32、48、64、80、128(点)。点数的分配见表 1-4。

表 1-4　基本单元输入输出点数分配表

序号	总点数	输入点数	输出点数
1	16	8	8
2	32	16	16
3	48	24	24
4	64	32	32
5	80	40	40
6	128	64	64

（3）单元属性

基本单元的符号是 M，扩展单元和扩展模块的符号是 E。

（4）输出类型

输出类型分为以下三种。

① R，继电器输出，交流和直流负载两用。

② T，晶体管输出，直流负载用。

③ S，双向晶闸管输出，交流负载用。

（5）电源类型

电源类型分为以下三种。

① AC 100～240V 电源（允许范围为 AC 85～264V），DC 24V 输入。

② DC 24V 电源（允许范围为 DC 16.8～28.8V），DC 24V 输入。

③ AC 100～240V 电源，AC 100V 输入专用型。

1.4.3 基本单元的构成

FX3U 基本单元是整体式结构，由中央处理器（CPU）、存储器、输入单元、输出单元、I/O 扩展接口、外部设备接口、电源等部分组成，如图 1-5 所示。

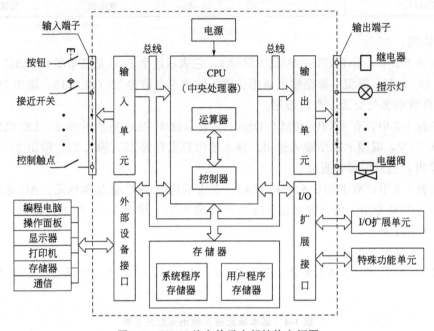

图 1-5 FX3U 基本单元内部结构方框图

（1）CPU（中央处理器）

它是整个系统的核心部件，主要由运算器、控制器、寄存器以及地址总线、数据总线、控制总线构成，并配置有外围芯片、总线接口及有关电路。CPU 类似于人类的大脑和神经中枢，它按照系统程序赋予的功能，读取、解释并执行指令，实现逻辑和算术运算，有条不紊地指挥和协调整个 PLC 的工作，其主要功能如下。

① 接收并存储上位计算机、编程设备（电脑、编程器等）、键盘等所输入的用户程序和数据。

② 通过扫描方式从输入单元读取现场控制信号和数据，并保存到映像寄存器或数据寄存器。

③ 从存储器中逐条读取用户指令，经过命令解释后，产生相应的控制信号去驱动有关的控制电路。

④ 进行数据处理，分时序、分渠道执行数据存取、传送、组合、比较、变换等任务，完成用户程序中规定的逻辑和算术运算。

⑤ 根据运算结果，更新有关标志位的状态和输出寄存器的内容，并将结果传送到输出接口，实现控制、制表、打印、数据通信等功能。

⑥ 诊断电源和 PLC 内部电路的故障，诊断编程中的语法错误。

CPU 模块的其他配置。

① 在 CPU 模块上，有一些设定开关，用以设定内存区、工作方式等。

② 在 CPU 模块外部，具有各种接口。总线接口用于连接 I/O 模块或特殊功能模块；内

存接口用于安装存储器；外设接口用于连接编程设备（电脑、编程器等）；通信接口用于通信联络。

③ CPU 模块上还有多个工作状态指示灯，例如电源指示、运行指示、故障指示、输入指示、输出指示等。PLC 的面板上也有这些显示。

CPU 在很大程度上决定了 PLC 的整体性能，如整个系统的控制规模、内存容量、工作速度等。

（2）存储器

存储器即内存，主要用于存储程序和数据，是 PLC 不可缺少的组成单元。它包括系统程序存储器、系统 RAM 存储器、用户程序存储器三个部分。

① 系统程序存储器。它用于存储整个系统的监控程序、控制和完成 PLC 各项功能的程序，相当于单片机的监控程序或微机的操作系统，用户不能更改和调用它。系统程序和硬件一起决定 PLC 的性能和质量。它又可以分为系统管理程序、用户程序编辑和指令解释程序、标准子程序和调用管理程序。

a. 系统管理程序。它决定系统的工作节拍，包括运行管理（各种操作的时间分配）、存储空间管理（生成用户数据区）、系统自诊断管理（电源、系统出错、程序语法和句法检查）。

b. 用户程序编辑和指令解释程序。它将用户程序解读为内码形式，以便于程序的修改和调试。经过解读后，编程语言转变为机器语言，以便于 CPU 操作执行。

c. 标准子程序和调用管理程序。它完成某些信息处理，进行特殊运算。

② 系统 RAM 存储器。它包括 I/O 缓冲区以及各类软元件，如内部继电器、定时器、计数器、数据寄存器、变址寄存器等。

③ 用户程序存储器。它包括用户程序存储区、用户数据存储区。程序存储区用以存储用户实际控制程序；数据存储区则用来存储输入和输出状态、内部继电器线圈和接点的状态、特殊功能所要求的数据。

用户程序存储器中的内容由用户根据实际生产工艺的需要进行编写，可以读，可以写，可任意修改、增删。用户程序存储器密度高、功耗低。存储器的形式有 CMOS RAM 读/写存储器、EPROM 可擦除只读存储器、EEPROM 可擦除只读存储器三种。ROM 存储器具有掉电后不丢失信息的特点，而 CMOS RAM 存储器的内容由锂电池实行断电保护，一般能保持 5～10 年，带负载运行也可以保持 2～5 年。

（3）输入/输出单元

通常称为 I/O 单元，PLC 通过输入单元接收工业生产现场装置的控制信号。按钮开关、行程开关、接近开关以及各种传感器的开关量和模拟量信号，都要通过输入模块送到 PLC 中。这些信号的电平多种多样，但是 CPU 所处理的信息只能是标准电平，因此输入单元需要将这些信号转换成 CPU 能够识别和处理的数字信号。PLC 又通过输出单元送出输出信号，控制负载设备（电动机、电磁阀、指示灯等）的运行。通常 I/O 单元上还有接线端子排和 LED 指示灯，以便于连接和监视。

PLC 输入/输出单元有三种接线方式，分别是汇点式、分组式、隔离式。汇点式是指输入/输出单元分别只有一个公共端子 COM。分组式是指输入/输出单元分为若干组，每组的 I/O 电路都有一个公共的 COM 端子，并且共享一个电源，而组与组之间的电路没有联系。隔离式是指各个输出点相互隔离，可各自使用独立的电源。

FX3U 系列的 PLC 根据工业生产的需要，提供具有各种操作电平、各种驱动能力的输入/输出模块，以供用户选择和使用。

（4）电源

优质的电源才能保证 PLC 的正常工作。FX3U 基本单元对电源的设计和制造十分重视。不同的电路单元，例如 CPU 和输入单元、输出单元，需要不同等级的工作电压。基本单元内部配置有高性能的开关式稳压电源，为各个电路单元提供所需的稳定的工作电源，例如 CPU、存储器、I/O 单元所需的 5V 直流电源，外部输入单元所需的 24V 直流电源。国内使用的 FX3U，交流电源一般为 220V、50Hz。电压的波动在 −15% ~ +10% 的范围之内，PLC 都可以正常工作，不需要采取另外的稳压措施。

需要注意的是，PLC 输出单元外部负载的电源，不是由 PLC 内部提供，而是由用户在 PLC 外部另行提供，为了防止负载短路，一般需要配置规格合适的熔断器。

（5）I/O 扩展接口

当基本单元的 I/O 点数不够用时，可以通过 I/O 扩展接口再连接 I/O 扩展单元，将总点数扩展到 256 点。也可以通过 I/O 扩展接口连接特殊功能单元，例如模拟量输入/输出模块、使 PLC 满足不同的控制要求。

（6）外部设备接口

FX3U 配置有多种外部设备接口，以实现与编程电脑、操作面板、文本显示器、打印机等设备的连接。

PLC 本身是不带编程器的，为了对 PLC 进行编程，在 PLC 面板上设置了编程接口，通过编程接口可以连接编程电脑或其他编程设备。操作面板可以操作控制单元，在执行程序的过程中可以直接设置输入量或输出量，还可以修改某些量的数值，以便启动或停止一台外部设备的运行。文本显示器可以显示 PLC 系统的信息，对程序进行实时监视。打印机可以把控制程序、过程参数、运行结果以文字形式输出。

除此之外，PLC 还设置了存储器接口和通信接口。存储器接口的用途是扩展存储区，可以扩展用户程序存储区和用户参数存储区。通信接口的作用是在 PLC 与其他 PLC 之间、PLC 与上位计算机之间建立通信网络。

1.4.4　基本单元的工作原理

同其他 PLC 一样，FX3U 型 PLC 以微处理器为核心，具备微型计算机的许多特点，但是其工作方式与微机有很大的区别。微机一般采用等待命令输入、响应处理的工作方式，当有键盘或鼠标等操作信号触发时，就转入相应的程序。没有输入信号时，就一直等待着。而 PLC 采用不间断循环的顺序扫描工作方式。

在进入扫描之前，PLC 首先进行自检，以检查系统硬件是否正常。在自检过程中，要检查 I/O 模块的连接是否正常，消除各个继电器和寄存器状态的随机性，进行复位和初始化处理。再对内存单元进行测试，以确认 PLC 自身是否完好。如果 PLC 正常，则复位系统的监视定时器，允许 PLC 进入循环扫描。如果 PLC 有故障，则故障指示灯 ERROR 亮发出报警，停止执行各项任务。在每次扫描期间，都要进行系统诊断，以便及时发现故障。

进入循环扫描后，其工作过程一般分为三个阶段，即输入采样、用户程序执行和输出刷新。完成这三个阶段称作一个扫描周期，如图 1-6 所示。在整个运行期间，PLC 的 CPU 以

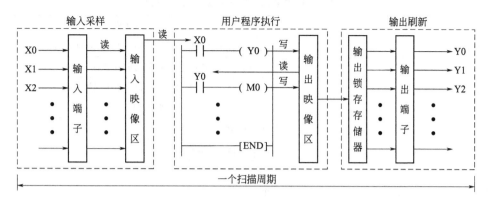

图 1-6　PLC 的工作过程

一定的扫描速度重复执行上述三个阶段。

（1）输入采样阶段

在输入采样阶段，PLC 通过输入接口，以扫描方式依次地读入所有输入状态和数据，并将它们存入 I/O 映像区中的相应单元内，这就是输入信号的刷新。输入采样结束后，转入用户程序执行和输出刷新阶段。在这两个阶段中，即使输入状态和数据发生变化，I/O 映像区中相应单元的状态和数据也不会改变。进入下一个周期的输入处理时，再写入这种变化。因此，如果输入是脉冲信号，则该脉冲信号的宽度必须大于一个扫描周期，才能保证在任何情况下，该输入均能被读入。

（2）用户程序执行阶段

在用户程序执行阶段，PLC 总是按由上而下的顺序，依次地扫描用户程序（梯形图）。在扫描每一条用户程序时，又总是先扫描梯形图左边的由各个触点构成的控制线路，并按先左后右、先上后下的顺序对由触点构成的控制线路进行逻辑运算。根据逻辑运算的结果，刷新该逻辑线圈在系统 RAM 存储区中对应位的状态；或者刷新该输出线圈在 I/O 映像区中对应位的状态；或者确定是否要执行该梯形图所规定的特殊功能指令。

（3）输出刷新阶段

当扫描用户程序结束后，PLC 就进入输出刷新阶段。在此期间，CPU 按照 I/O 映像区内对应的状态和数据，刷新所有的输出锁存电路，再经输出电路驱动相应的外部设备。这时，才是 PLC 的实际输出。

扫描过程可以按照固定的顺序进行，也可以按照用户规定的程序进行，这是因为在较大的控制系统中，需要处理的 I/O 点数较多，可以通过不同的组织模块的安排，分时分批地扫描执行，以缩短扫描周期，提高控制的实时性。此外，有一部分程序不需要每扫描一次就执行一次。

FX3U 基本单元的面板上设置有工作方式开关（见图 1-4），将开关置于 RUN（运行）时，执行所有阶段。将开关置于 STOP（停止）时，不执行循环顺序扫描。此时可以进行通信，例如对 PLC 进行编程或联机操作。

1.4.5　基本单元的性能和指标

基本单元的主要性能和技术指标见表 1-5。

表 1-5　基本单元的主要性能和技术指标

机型		技术指标
运算控制方式		反复扫描程序(监视定时器 D8000 的初始值为 200ms)
输入输出控制方式		批处理方式(在 END 指令执行时成批刷新)
编程语言		梯形图、指令表,也可以用步进梯形图生成顺控指令
内置存储器容量		64k 步 EEPRAM,由内置锂电池保存
运算速度	基本指令	0.065μs/指令
	功能指令	0.642μs/指令~数百微秒/指令
编程指令	基本指令	27 条
	步进梯形图指令	2 个
	功能指令	209 条
I/O 继电器	输入继电器	X000~X367,基本单元最大 64 点,带扩展可达 248 点
	输出继电器	Y000~Y367,基本单元最大 64 点,带扩展可达 248 点
辅助继电器	通用辅助继电器	M0~M499,共 500 点
	保持用辅助继电器(可变)	M500~M1023,共 524 点
	保持用辅助继电器(固定)	M1024~M7679,共 6656 点
	特殊辅助继电器	M8000~M8511,共 512 点
状态继电器	初始化状态继电器	S0~S9,共 10 点
	通用状态继电器	S10~S499,共 490 点
	断电保持状态继电器(可变)	S500~S899,共 400 点
	报警状态继电器	S900~S999,共 100 点
	保持状态继电器(固定)	S1000~S4095,共 3096 点
定时器	100ms(非积算型)	T0~T191,共 192 点,0.1~3276.7s
	100ms(非积算型,子程序用)	T192~T199,共 8 点,0.1~3276.7s
	10ms(非积算型)	T200~T245,共 46 点,0.01~327.67s
	1ms(非积算型)	T256~T511,共 256 点,0.001~32.767s
	1ms(积算型)	T246~T249,共 4 点,0.001~32.767s
	100ms(积算型)	T250~T255,共 6 点,0.1~3276.7s
内部计数器	16 位通用加计数器	C0~C99,共 100 点
	16 位保存用加计数器	C100~C199,共 100 点
	32 位通用加/减计数器	C200~C219,共 20 点
	33 位保存用加/减计数器	C220~C234,共 15 点
高速计数器	32 位单相单计数加/减计数器	C235~C245,共 11 点
	32 位单相双计数加/减计数器	C246~C250,共 5 点
	32 位双相双计数加/减计数器	C251~C255,共 5 点
数据寄存器	16 位通用寄存器	D0~D199,共 200 点
	16 位保持用寄存器	D200~D511,共 312 点
	16 位保持用文件寄存器	D512~D7999,共 7488 点
	16 位特殊寄存器	D8000~D8511,共 512 点
	16 位变址寄存器	V0~V7,共 8 点
		Z0~Z7,共 8 点

续表

机型		技术指标
扩展寄存器	16 位普通扩展寄存器	R0～R32767,32768 点,通过电池进行停电保持
	16 位文件扩展寄存器	ER0～ER32767,32768 点,仅在安装存储盒时可用
指针	分支用	P0～P4095,共 4096 点
	其中 END 跳转用	P63,共 1 点
	输入中断	I00□～I50□,共 6 点
	定时器中断	I6□□～I8□□,共 3 点
	计数器中断	I010～I060,共 6 点
嵌套层数	主控使用 MC 和 MCR 时用	N0～N7,共 8 点
常数	十进制(K)	16 位:−32768～＋32767
		32 位:−2147483648～＋2147483647
	十六进制(H)	16 位:0～FFFF
		32 位:0～FFFFFFFF
	实数(E)	32 位:±1.175×10^{-38}～±3.403×10^{38}

1.4.6 基本单元的安装和接线

（1）对使用环境的要求

三菱 FX3U 型 PLC 可以在绝大多数工业现场使用，但是它对使用环境还是有一些要求。在一般情况下，要避开以下场所：

① 有大量的粉尘和铁屑；

② 有强烈的电磁干扰；

③ 环境温度低于−50℃，或高于＋50℃；

④ 有水珠凝聚，或相对湿度超过 85％；

⑤ 有油烟、腐蚀和易燃气体；

⑥ 有连续的、频繁的振动和冲击。

（2）PLC 的两种安装方法

① DIN 导轨安装：通过基本单元背面自带的卡扣，将 PLC 固定在 35mm 宽的 DIN 导轨上。拆卸时，将卡扣轻轻地向下方拉动，就可以将 PLC 取下来。

② 直接安装：用 M4 螺钉将基本单元固定在电控柜的底板上。

（3）电源的连接

① 对于使用交流电源的机型，基本单元内部配有开关式稳压电源，交流电压的波动在−15％～＋10％的范围之内，PLC 都可以正常工作，不需要采取稳压措施，直接将 50Hz、220V 交流电源连接到 PLC 的 L、N 端子就可以了。

② 对于电源中存在的常规干扰，FX3U 型 PLC 本身具有足够的抑制能力。如果干扰特别严重，可以安装一个 1:1 的隔离变压器，以减少干扰。

③ 基本单元工作电源的连接见图 1-7。

图 1-7（a）是 AC 电源、DC 输入机型的工作电源（AC 100～240V，国内一般都是 AC 220V），相线和零线分别连接到面板左上角的 L、N 端子，地线连接到接地端子。

图 1-7(b) 是 DC 电源、DC 输入机型的工作电源 (DC 24V)，电源的正极和负极分别连接到面板左上角的 "+"端子和 "−"端子，注意不能接反。地线连接到接地端子。

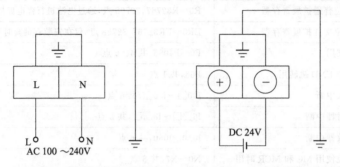

(a) AC电源、DC输入机型的工作电源　　(b) DC电源、DC输入机型的工作电源

图 1-7　基本单元工作电源的连接

④ 接线完成后，要将上、下接线端子板的塑料盖板装上，以防止触电。

（4）电源配线的注意事项

① 交流电源不能错接到直流电源端子、直流输入端子、直流输出端子，否则会烧坏 PLC。

② FX3U 系列 PLC 的输出回路内部没有配置熔断器，为了防止负载短路造成 PLC 损坏，在外部必须设置熔断器，一般每 4 个输出端子配置一只 5A 左右的熔断器。

③ PLC 的电源线要远离干扰源。电源线、动力线、I/O 线、其他控制线应当分别配线，最好分槽走线。如果必须在同一个线槽内，要分别捆扎，并保持 10cm 以上的距离。

④ FX3U 型 PLC 的接线端子中，还有一些空位端子，它们以 "·"表示。在任何情况下都不能使用这些端子。

（5）直流 24V 接线端子的使用

① FX3U 型 PLC 上部的接线端子中，有一个 "24V"端子，它是 PLC 内部 24V 直流电源的正极端子，是输入端传感器件（接近开关等）的工作电源，向每一个传感器件提供 7mA 左右的工作电源。

② 要注意，"24V"端子不是要求接入 24V 直流电源，任何外部电源都不能连接到这个端子上，否则会损坏 PLC。如果使用扩展单元，则需要将基本单元和扩展单元的 "24V"端子连接起来。

（6）输入端子的接线

① PLC 的输入端子是 PLC 与外部控制信号的连接端口，它接收按钮、旋钮、行程开关、限位开关、接近开关和其他传感器送入的开关量信号。在一般情况下，外部控制信号都是通过导线连接到 PLC 的输入端子。

② 开关量与模拟量导线要分开敷设。模拟量信号的传送应采用屏蔽电缆，屏蔽层做好接地，接地电阻小于屏蔽层电阻的 1/10。输入端子与输出端子的接线不能共用一根电缆，要分开走线。

③ 在 FX3U 型 PLC 中，输入单元大多数采用 DC 24V 漏型·源型输入通用型。这时要注意 S/S 端子的接法：当漏型输入时，需要将 S/S 端子与 24V 连接（见图 1-36）；当源型输入时，需要将 S/S 端子与 0V 连接（见图 1-37）。对于只有两个端子的开关量输入元件（如

按钮、行程开关等），可以采用漏型输入，也可以采用源型输入。

④ 输入端子上接线的长度一般不要超过 30m。但是如果环境较好，干扰很小，导线也可以适当延长。

（7）输出端子的接线

① PLC 的输出端子是 PLC 与外部执行元件的连接端口，执行元件通常有继电器、小型接触器、电磁阀、指示灯等。在一般情况下，执行元件都是通过导线连接到 PLC 的输出端子 Y 与公共端子 COM 之间，或 Y 与＋V 端子之间。

② 输出端子的接线可以分为公共输出和各组独立输出。公共输出时，必须使用同一类型、同一电压等级的负载电源；各组独立输出时，可以分别采用不同类型、不同电压等级的负载电源。

③ PLC 内部的输出级控制元件（继电器、晶体管、晶闸管），都是封装在印制电路板上，并且连接到输出端子，在内部没有配置熔断器等保护元件。如果外部的负载元件（继电器、接触器、电磁阀等）短路，就会烧坏印制电路板，因此在 PLC 外部应配置熔断器、自动开关等元件，以保护外部的负载元件和内部的控制元件。

④ 交流输出和直流输出不要使用同一根电缆。

（8）重视接地问题

① 良好的接地可以避免绝大多数电磁脉冲对 PLC 的干扰，保证 PLC 的正常工作。为了避免来自电源和输入端、输出端的干扰，PLC 的接地端子应当采用不小于 2.5mm^2 的专用铜芯线，进行稳妥可靠的接地，接地电阻要小于 100Ω。

② PLC 各个单元的接地线要连接在一起，然后使用专用的接地线，单独进行接地。如果使用扩展单元，其接地点也应当与基本单元的接地点连接在一起。

③ PLC 也可以与其他设备共用接地体，但是接地线一定要分开，各行其道。不得与其他设备，特别是强电系统的设备共享接地线（即串联接地），更不能将接地线连接到建筑物的大型金属结构上。

1.4.7 使用 FX3U 的安全措施

（1）防止 PLC 失控造成事故

如果 PLC 失控，会造成严重事故，必须在其外部设置确保安全的电路。不能直接用外部电源作为 PLC 输出端的负载电源，外部电源必须通过一只小型交流接触器供给 PLC，如图 1-8 所示。电源通过按钮 SB2 启动，当出现紧急情况时，按下急停按钮 SB1 使接触器 KM 释放，以迅速切断 PLC 输出端的负载电源。

（2）必要时设置硬接线联锁

① 由 PLC 控制电动机正反转电路时，除了在程序中设置正转/反转联锁之外，在外部电路中必须设置正转/反转硬接线联锁。如图 1-9 所示，将 KM1、KM2 的辅助常闭触点分别串联到对方的线圈回路中，以防止正反转同时通电动作，酿成设备事故。

② 对于上下限定位，除了在程序中设置超极限联锁之外，在外部电路中必须进行硬接线联锁，以防止限位失灵而酿成事故。

（3）注意 PLC 的安装和使用环境

不能将 PLC 安装在高温、风雨侵袭的场所；可燃性气体、腐蚀性气体、导电性粉尘、灰尘或油烟严重的场所；电磁干扰严重，冲击或振动严重的场所。

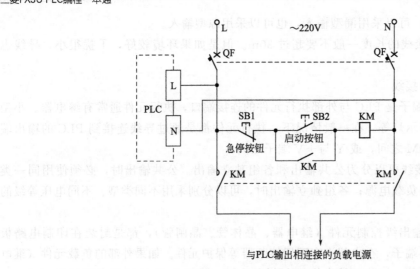

图 1-8 PLC 输出电源的急停电路

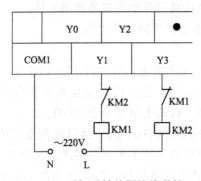

图 1-9 正转/反转的硬接线联锁

1.5 FX3U 基本单元的输入/输出端子

基本单元通过输入端子（I）接收各种控制信号，通过输出端子（O）向负载设备发送控制信号。

1.5.1 AC 电源、DC 输入型的接线端子

在 FX3U 型 PLC 中，AC 电源、DC 输入型 PLC 基本单元的接线端子分布在图 1-10～图 1-22 中，这些图纸可以从表 1-6 中查找。

表 1-6 AC 电源、DC 输入型 PLC 的接线端子分布图

PLC 型号	接线端子图
FX3U-16MR/ES(-A)	图 1-10
FX3U-16MT/ES(-A)	图 1-11
FX3U-16MT/ESS	图 1-12
FX3U-32MR/ES(-A)	图 1-13
FX3U-32MT/ES(-A)	
FX3U-32MS/ES	

续表

PLC 型号	接线端子图
FX3U-32MT/ESS	图 1-14
FX3U-48MR/ES(-A)	图 1-15
FX3U-48MT/ES(-A)	
FX3U-48MT/ESS	图 1-16
FX3U-64MR/ES(-A)	图 1-17
FX3U-64MT/ES(-A)	
FX3U-64MS/ES	
FX3U-64MT/ESS	图 1-18
FX3U-80MR/ES(-A)	图 1-19
FX3U-80MT/ES(-A)	
FX3U-80MT/ESS	图 1-20
FX3U-128MR/ES(-A)	图 1-21
FX3U-128MT/ES(-A)	
FX3U-128MT/ESS	图 1-22

从图 1-10(a) 可知，在 FX3U-16MR/ES(-A) 中，输出端子 Y0～Y7 各有两个端子。从图 1-10(b) 可知，在 PLC 内部，这两个端子之间就是继电器的一对常开触点。在这种方式下，各路输出都是完全独立的，可以分别采用不同的工作电源。

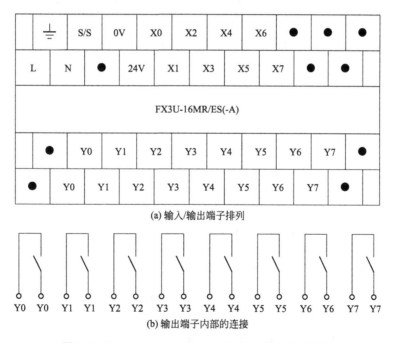

(a) 输入/输出端子排列

(b) 输出端子内部的连接

图 1-10　FX3U-16MR/ES(-A) 的输入/输出端子排列

从图 1-11(a) 可知，在 FX3U-16MT/ES(-A) 中，各个输出端子都有一个独立的 COM 端子，构成各自独立的输出回路。从图 1-11(b) 可知，在 PLC 内部，这个控制端子实际上是输出级的晶体管。输出端子 Y 连接到集电极，COM 端子连接到发射极。当晶体管导通时，有输出信号，外部控制元件得电；当晶体管截止时，无输出信号，外部控制元件不得电。

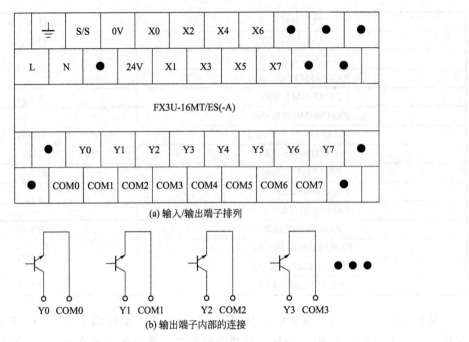

图 1-11 FX3U-16MT/ES(-A) 的输入/输出端子排列

从图 1-12(a) 可知，在 FX3U-16MT/ESS 中，各个输出端子都有一个独立的＋V 电源端子，同样构成各自独立的输出回路。从图 1-12(b) 可知，在 PLC 内部，这个控制端子也是输出级的晶体管。晶体管的连接方式与图 1-11 不同：输出端子 Y 连接到发射极，＋V 端子连接到集电极。

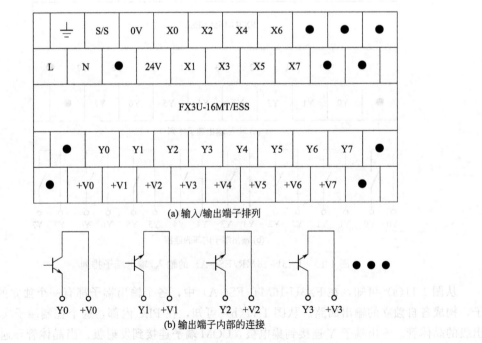

图 1-12 FX3U-16MT/ESS 的输入/输出端子排列

从图 1-13 可知，在 FX3U-32MR/ES(-A)、FX3U-32MT/ES(-A)、FX3U-32MS/ES 的输出端子中，每 4 个为一组，共同使用一个 COM 端子。各组的公共端分别是 COM1、COM2、COM3…。各组之间互相隔离，以便于各组的负载设备分别采用不同的电源（如 AC 220V、DC 24V 等）。

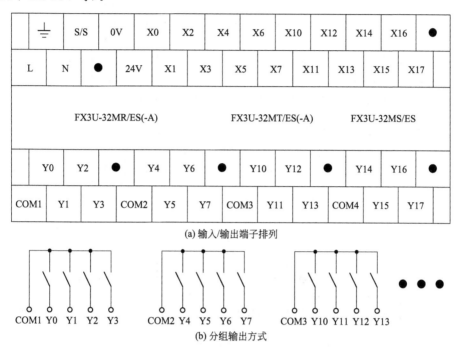

图 1-13　FX3U-32MR/ES(-A)、FX3U-32MT/ES(-A)、FX3U-32MS/ES 的输入/输出端子排列

在图 1-13(b) 中，PLC 内部的控制触点因机型的不同而不同：对于 32MR/ES(-A)，这个触点是继电器的常开触点；对于 32MT/ES(-A)，这个触点实际上是输出级的晶体管；对于 32MS/ES，这个触点实际上是输出级的晶闸管。

在 FX3U 型 PLC 中，当输出端子达到 16 个或 16 个以上时，都采用这种方式，每 4 个（有时达到 8 个）输出端子为一组，共同使用一个 COM 端子或＋V 电源端子。

从图 1-14 可知，在 FX3U-32MT/ESS 的输出端子中，每 4 个为一组，共同使用一个＋V电源接线端子。

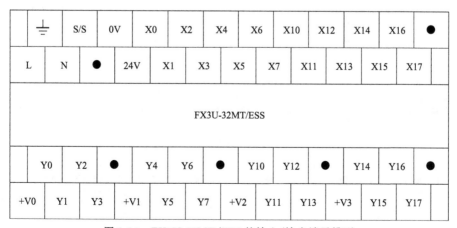

图 1-14　FX3U-32MT/ESS 的输入/输出端子排列

⏚	S/S	0V	X0	X2	X4	X6	X10	X12	X14	X16	X20	X22	X24	X26	●
L	N	●	24V	X1	X3	X5	X7	X11	X13	X15	X17	X21	X23	X25	X27

FX3U-48MR/ES(-A)　　　FX3U-48MT/ES(-A)

Y0	Y2	●	Y4	Y6	●	Y10	Y12	●	Y14	Y16	Y20	Y22	Y24	Y26	COM5
COM1	Y1	Y3	COM2	Y5	Y7	COM3	Y11	Y13	COM4	Y15	Y17	Y21	Y23	Y25	Y27

图 1-15　FX3U-48MR/ES(-A)、FX3U-48MT/ES(-A) 的输入/输出端子排列

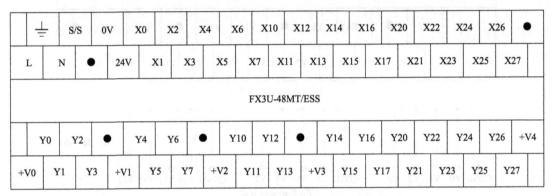

⏚	S/S	0V	X0	X2	X4	X6	X10	X12	X14	X16	X20	X22	X24	X26	●
L	N	●	24V	X1	X3	X5	X7	X11	X13	X15	X17	X21	X23	X25	X27

FX3U-48MT/ESS

Y0	Y2	●	Y4	Y6	●	Y10	Y12	●	Y14	Y16	Y20	Y22	Y24	Y26	+V4
+V0	Y1	Y3	+V1	Y5	Y7	+V2	Y11	Y13	+V3	Y15	Y17	Y21	Y23	Y25	Y27

图 1-16　FX3U-48MT/ESS 的输入/输出端子排列

⏚	S/S	0V	0V	X0	X2	X4	X6	X10	X12	X14	X16	X20	X22	X24	X26	X30	X32	X34	X36	●
L	N	●	24V	24V	X1	X3	X5	X7	X11	X13	X15	X17	X21	X23	X25	X27	X31	X33	X35	X37

FX3U-64MR/ES(-A)　　　FX3U-64MT/ES(-A)　　　FX3U-64MS/ES

Y0	Y2	●	Y4	Y6	●	Y10	Y12	●	Y14	Y16	●	Y20	Y22	Y24	Y26	Y30	Y32	Y34	Y36	COM6
COM1	Y1	Y3	COM2	Y5	Y7	COM3	Y11	Y13	COM4	Y15	Y17	COM5	Y21	Y23	Y25	Y27	Y31	Y33	Y35	Y37

图 1-17　FX3U-64MR/ES(-A)、FX3U-64MT/ES(-A)、FX3U-64MS/ES 的输入/输出端子排列

⏚	S/S	0V	0V	X0	X2	X4	X6	X10	X12	X14	X16	X20	X22	X24	X26	X30	X32	X34	X36	●
L	N	●	24V	24V	X1	X3	X5	X7	X11	X13	X15	X17	X21	X23	X25	X27	X31	X33	X35	X37

FX3U-64MT/ESS

Y0	Y2	●	Y4	Y6	●	Y10	Y12	●	Y14	Y16	●	Y20	Y22	Y24	Y26	Y30	Y32	Y34	Y36	+V5
+V0	Y1	Y3	+V1	Y5	Y7	+V2	Y11	Y13	+V3	Y15	Y17	+V4	Y21	Y23	Y25	Y27	Y31	Y33	Y35	Y37

图 1-18　FX3U-64MT/ESS 的输入/输出端子排列

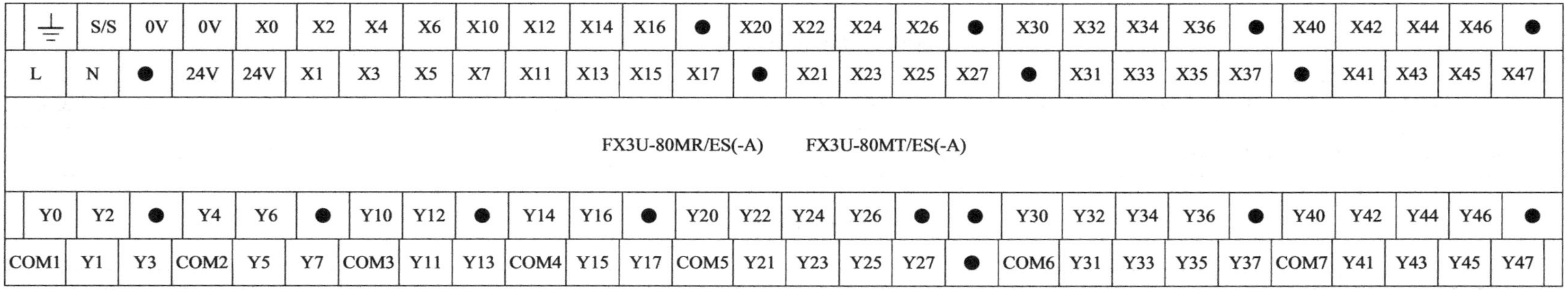

FX3U-80MR/ES(-A)　　FX3U-80MT/ES(-A)

输入部分：

⏚	S/S	0V	X0	X2	X4	X6	X10	X12	X14	X16	X20	X22	X24	X26	X30	X32	X34	X36	X40	X42	X44	X46	●
L	N	24V	24V	X1	X3	X5	X7	X11	X13	X15	X17	X21	X23	X25	X27	X31	X33	X35	X37	X41	X43	X45	X47

输出部分：

●	Y0	Y2	●	Y4	Y6	●	Y10	Y12	●	Y14	Y16	●	Y20	Y22	Y24	Y26	●	Y30	Y32	Y34	Y36	●	Y40	Y42	Y44	Y46
COM1	Y1	Y3	COM2	Y5	Y7	COM3	Y11	Y13	COM4	Y15	Y17	COM5	Y21	Y23	Y25	Y27	COM6	Y31	Y33	Y35	Y37	COM7	Y41	Y43	Y45	Y47

图 1-19　FX3U-80MR/ES(-A)、FX3U-80MT/ES(-A) 的输入/输出接线端子图

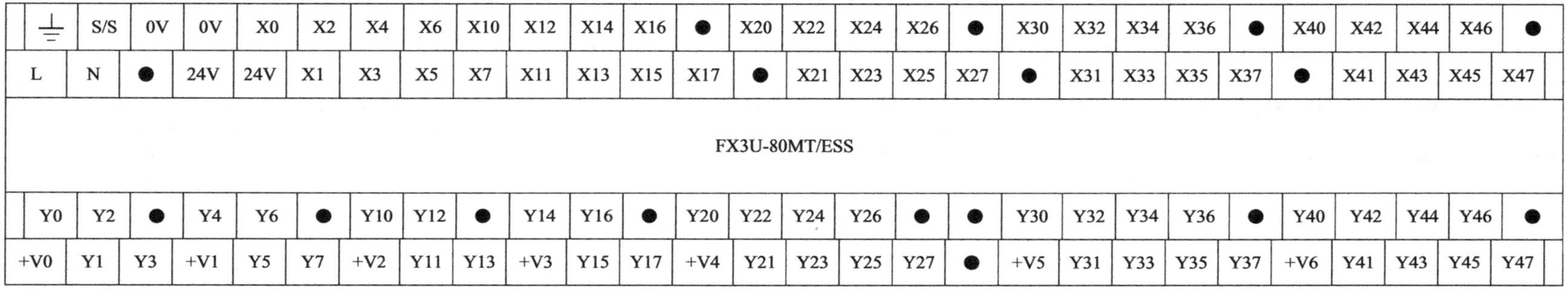

FX3U-80MT/ESS

输入部分：

⏚	S/S	0V	X0	X2	X4	X6	X10	X12	X14	X16	X20	X22	X24	X26	X30	X32	X34	X36	X40	X42	X44	X46	●
L	N	24V	24V	X1	X3	X5	X7	X11	X13	X15	X17	X21	X23	X25	X27	X31	X33	X35	X37	X41	X43	X45	X47

输出部分：

●	Y0	Y2	●	Y4	Y6	●	Y10	Y12	●	Y14	Y16	●	Y20	Y22	Y24	Y26	●	Y30	Y32	Y34	Y36	●	Y40	Y42	Y44	Y46
+V0	Y1	Y3	+V1	Y5	Y7	+V2	Y11	Y13	+V3	Y15	Y17	+V4	Y21	Y23	Y25	Y27	+V5	Y31	Y33	Y35	Y37	+V6	Y41	Y43	Y45	Y47

图 1-20　FX3U-80MT/ESS 的输入/输出接线端子图

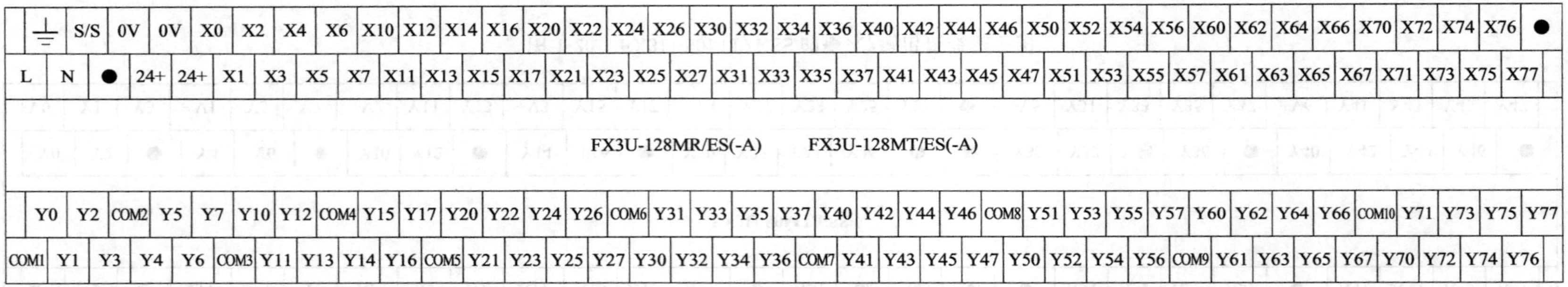
⏚ S/S 0V 0V X0 X2 X4 X6 X10 X12 X14 X16 X20 X22 X24 X26 X30 X32 X34 X36 X40 X42 X44 X46 X50 X52 X54 X56 X60 X62 X64 X66 X70 X72 X74 X76 ●
L N ● 24+ 24+ X1 X3 X5 X7 X11 X13 X15 X17 X21 X23 X25 X27 X31 X33 X35 X37 X41 X43 X45 X47 X51 X53 X55 X57 X61 X63 X65 X67 X71 X73 X75 X77
FX3U-128MR/ES(-A)
FX3U-128MT/ES(-A)
Y0 Y2 COM2 Y5 Y7 Y10 Y12 COM4 Y15 Y17 Y20 Y22 Y24 Y26 COM6 Y31 Y33 Y35 Y37 Y40 Y42 Y44 Y46 COM8 Y51 Y53 Y55 Y57 Y60 Y62 Y64 Y66 COM10 Y71 Y73 Y75 Y77
COM1 Y1 Y3 Y4 Y6 COM3 Y11 Y13 Y14 Y16 COM5 Y21 Y23 Y25 Y27 Y30 Y32 Y34 Y36 COM7 Y41 Y43 Y45 Y47 Y50 Y52 Y54 Y56 COM9 Y61 Y63 Y65 Y67 Y70 Y72 Y74 Y76

图 1-21　FX3U-128MR/ES(-A)、FX3U-128MT/ES(-A) 的输入/输出接线端子图

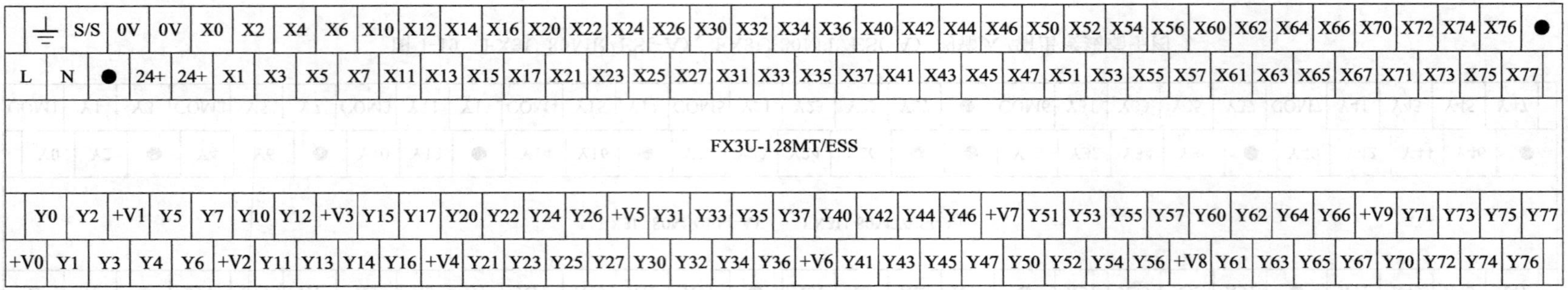
⏚ S/S 0V 0V X0 X2 X4 X6 X10 X12 X14 X16 X20 X22 X24 X26 X30 X32 X34 X36 X40 X42 X44 X46 X50 X52 X54 X56 X60 X62 X64 X66 X70 X72 X74 X76 ●
L N ● 24+ 24+ X1 X3 X5 X7 X11 X13 X15 X17 X21 X23 X25 X27 X31 X33 X35 X37 X41 X43 X45 X47 X51 X53 X55 X57 X61 X63 X65 X67 X71 X73 X75 X77
FX3U-128MT/ESS
Y0 Y2 +V1 Y5 Y7 Y10 Y12 +V3 Y15 Y17 Y20 Y22 Y24 Y26 +V5 Y31 Y33 Y35 Y37 Y40 Y42 Y44 Y46 +V7 Y51 Y53 Y55 Y57 Y60 Y62 Y64 Y66 +V9 Y71 Y73 Y75 Y77
+V0 Y1 Y3 Y4 Y6 +V2 Y11 Y13 Y14 Y16 +V4 Y21 Y23 Y25 Y27 Y30 Y32 Y34 Y36 +V6 Y41 Y43 Y45 Y47 Y50 Y52 Y54 Y56 +V8 Y61 Y63 Y65 Y67 Y70 Y72 Y74 Y76

图 1-22　FX3U-128MT/ESS 的输入/输出接线端子图

1.5.2　DC 电源、DC 输入型的接线端子

DC 电源、DC 输入型 PLC 基本单元的接线端子，分布在图 1-23～图 1-33 中，这些图纸可以从表 1-7 中查找。

表 1-7　DC 电源、DC 输入型 PLC 的接线端子分布图

PLC 型号	接线端子图
FX3U-16MR/DS	图 1-23
FX3U-16MT/DS	图 1-24
FX3U-16MT/DSS	图 1-25
FX3U-32MR/DS	图 1-26
FX3U-32MT/DS	
FX3U-32MT/DSS	图 1-27
FX3U-48MR/DS	图 1-28
FX3U-48MT/DS	
FX3U-48MT/DSS	图 1-29
FX3U-64MR/DS	图 1-30
FX3U-64MT/DS	
FX3U-64MT/DSS	图 1-31
FX3U-80MR/DS	图 1-32
FX3U-80MT/DS	
FX3U-80MT/DSS	图 1-33

从图 1-23 可知，在 FX3U-16MR/DS 中，与图 1-10 一样，采用各路独立的输出方式。所以 Y0～Y7 各有两个端子。在 PLC 内部，这两个端子之间就是继电器的一对常开触点。在这种方式下，各路输出都是独立的，可以分别采用不同的工作电源。

从图 1-24 可知，在 FX3U-16MT/DS 中，与图 1-11 一样，各个输出端子都有一个独立的 COM 端子，构成各自独立的输出回路。在 PLC 内部，Y 与 COM 之间的控制端子实际上是输出级的晶体管。

从图 1-25 可知，在 FX3U-16MT/DSS 中，各个输出端子都配置有一个独立的＋V 电源端子，构成各自独立的输出回路。在 PLC 内部，Y 与＋V 之间的控制端子也是输出级的晶体管。

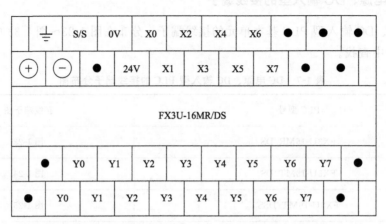

图 1-23　FX3U-16MR/DS 的输入/输出端子排列

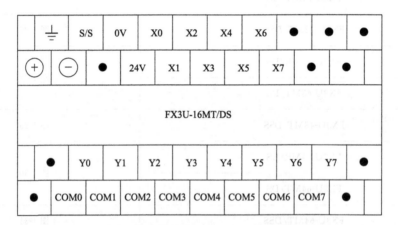

图 1-24　FX3U-16MT/DS 的输入/输出端子排列

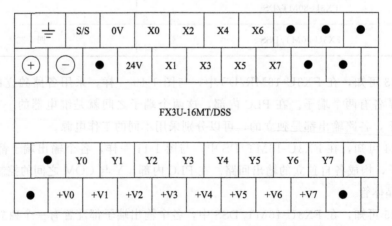

图 1-25　FX3U-16MT/DSS 的输入/输出端子排列

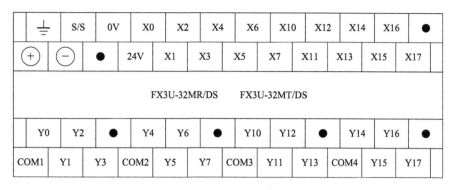

⏚	S/S	0V	X0	X2	X4	X6	X10	X12	X14	X16	●
⊕ ⊖	●	24V	X1	X3	X5	X7	X11	X13	X15	X17	
FX3U-32MR/DS　　FX3U-32MT/DS											
Y0	Y2	●	Y4	Y6	●	Y10	Y12	●	Y14	Y16	●
COM1	Y1	Y3	COM2	Y5	Y7	COM3	Y11	Y13	COM4	Y15	Y17

图 1-26　FX3U-32MR/DS、FX3U-32MT/DS 的输入/输出端子排列

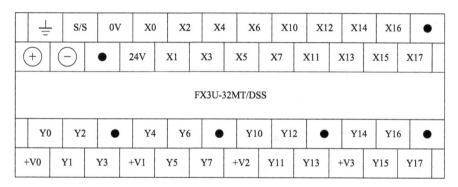

⏚	S/S	0V	X0	X2	X4	X6	X10	X12	X14	X16	●
⊕ ⊖	●	24V	X1	X3	X5	X7	X11	X13	X15	X17	
FX3U-32MT/DSS											
Y0	Y2	●	Y4	Y6	●	Y10	Y12	●	Y14	Y16	●
+V0	Y1	Y3	+V1	Y5	Y7	+V2	Y11	Y13	+V3	Y15	Y17

图 1-27　FX3U-32MT/DSS 的输入/输出端子排列

⏚	S/S	0V	X0	X2	X4	X6	X10	X12	X14	X16	X20	X22	X24	X26	●
⊕ ⊖	●	24V	X1	X3	X5	X7	X11	X13	X15	X17	X21	X23	X25	X27	
FX3U-48MR/DS　　FX3U-48MT/DS															
Y0	Y2	●	Y4	Y6	●	Y10	Y12	●	Y14	Y16	Y20	Y22	Y24	Y26	COM4
COM1	Y1	Y3	COM2	Y5	Y7	COM3	Y11	Y13	+V3	Y15	Y17	Y21	Y23	Y25	Y27

图 1-28　FX3U-48MR/DS、FX3U-48MT/DS 的输入/输出端子排列

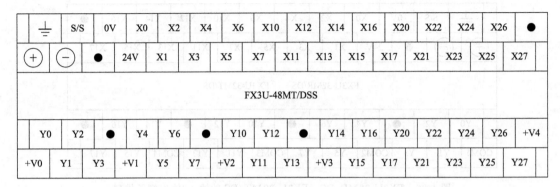

⏚	S/S	0V	X0	X2	X4	X6	X10	X12	X14	X16	X20	X22	X24	X26	●
(+)	(−)	●	24V	X1	X3	X5	X7	X11	X13	X15	X17	X21	X23	X25	X27

FX3U-48MT/DSS

Y0	Y2	●	Y4	Y6	●	Y10	Y12	●	Y14	Y16	Y20	Y22	Y24	Y26	+V4
+V0	Y1	Y3	+V1	Y5	Y7	+V2	Y11	Y13	+V3	Y15	Y17	Y21	Y23	Y25	Y27

图 1-29　FX3U-48MT/DSS 的输入/输出端子排列

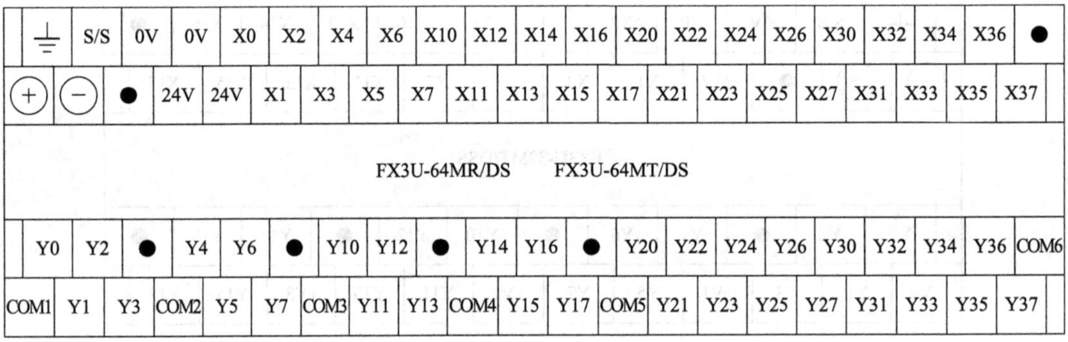

⏚	S/S	0V	0V	X0	X2	X4	X6	X10	X12	X14	X16	X20	X22	X24	X26	X30	X32	X34	X36	●
(+)	(−)	●	24V	24V	X1	X3	X5	X7	X11	X13	X15	X17	X21	X23	X25	X27	X31	X33	X35	X37

FX3U-64MR/DS　　　FX3U-64MT/DS

Y0	Y2	●	Y4	Y6	●	Y10	Y12	●	Y14	Y16	●	Y20	Y22	Y24	Y26	Y30	Y32	Y34	Y36	COM6
COM1	Y1	Y3	COM2	Y5	Y7	COM3	Y11	Y13	COM4	Y15	Y17	COM5	Y21	Y23	Y25	Y27	Y31	Y33	Y35	Y37

图 1-30　FX3U-64MR/DS、FX3U-64MT/DS 的输入/输出端子排列

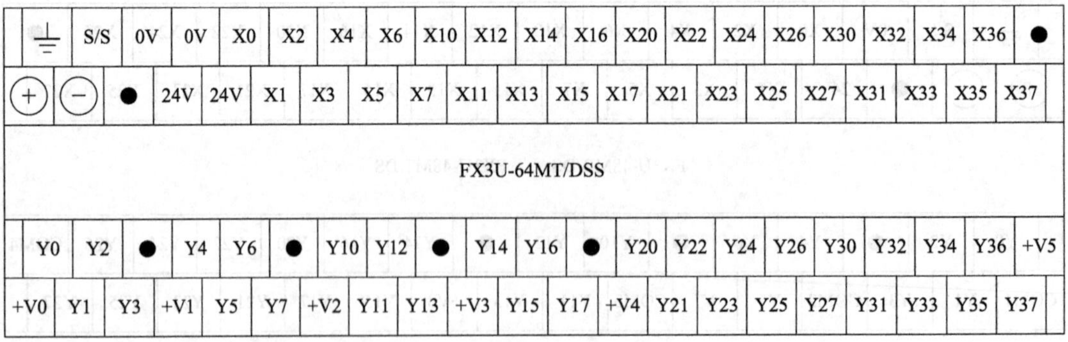

⏚	S/S	0V	0V	X0	X2	X4	X6	X10	X12	X14	X16	X20	X22	X24	X26	X30	X32	X34	X36	●
(+)	(−)	●	24V	24V	X1	X3	X5	X7	X11	X13	X15	X17	X21	X23	X25	X27	X31	X33	X35	X37

FX3U-64MT/DSS

Y0	Y2	●	Y4	Y6	●	Y10	Y12	●	Y14	Y16	●	Y20	Y22	Y24	Y26	Y30	Y32	Y34	Y36	+V5
+V0	Y1	Y3	+V1	Y5	Y7	+V2	Y11	Y13	+V3	Y15	Y17	+V4	Y21	Y23	Y25	Y27	Y31	Y33	Y35	Y37

图 1-31　FX3U-64MT/DSS 的输入/输出端子排列

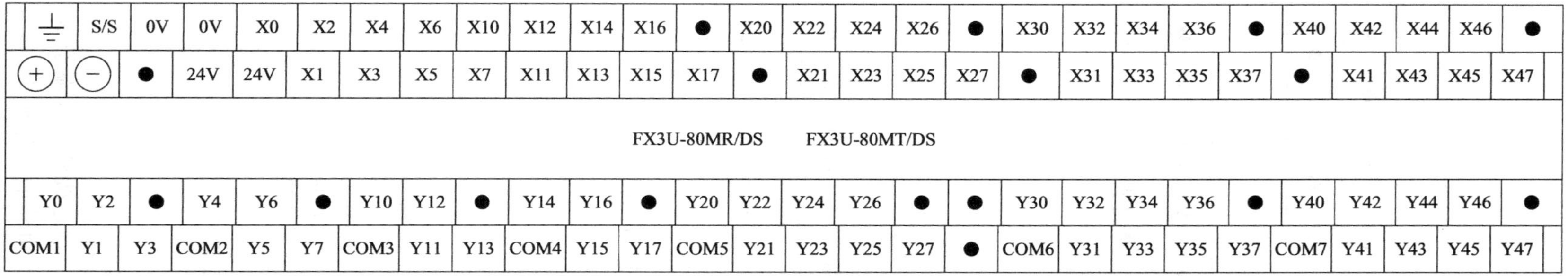

图 1-32 FX3U-80MR/DS、FX3U-80MT/DS 的输入/输出接线端子排列

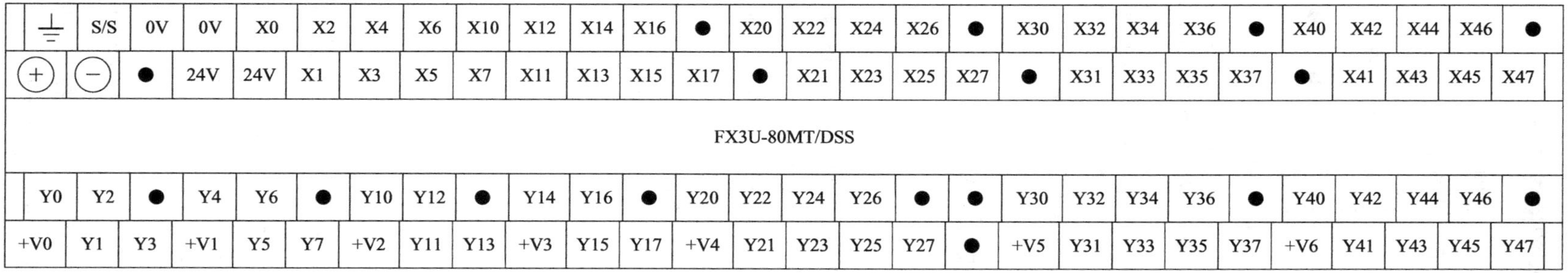

FX3U-80MR/DS　FX3U-80MT/DS

输入端子排列

⏚	S/S	0V	0V	X0	X2	X4	X6	X10	X12	X14	X16	X20	X22	X24	X26	X30	X32	X34	X36	X40	X42	X44	X46
(−)(+)	•	24V	24V	24V	X1	X3	X5	X7	X11	X13	X15	X17	X21	X23	X25	X27	X31	X33	X35	X37	X41	X43	X45	X47

输出端子排列

•	Y2	•	Y4	Y6	•	Y10	Y12	Y14	•	Y20	Y22	Y24	Y26	•	Y30	Y32	Y34	Y36	•	Y40	Y42	Y44	Y46
COM1	Y1	Y3	COM2	Y5	Y7	COM3	Y11	Y13	COM4	Y15	Y17	COM5	Y21	Y23	Y25	Y27	COM6	Y31	Y33	Y35	Y37	COM7	Y41	Y43	Y45	Y47

图 1-33 FX3U-80MT/DSS 的输入/输出接线端子排列

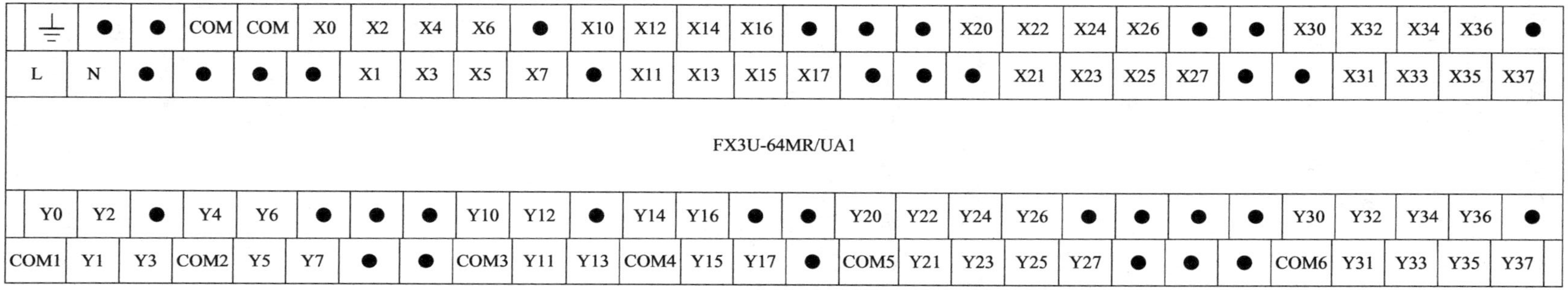

FX3U-80MT/DSS

输入端子排列

⏚	S/S	0V	0V	X0	X2	X4	X6	X10	X12	X14	X16	X20	X22	X24	X26	X30	X32	X34	X36	X40	X42	X44	X46
(−)(+)	•	24V	24V	24V	X1	X3	X5	X7	X11	X13	X15	X17	X21	X23	X25	X27	X31	X33	X35	X37	X41	X43	X45	X47

输出端子排列

•	Y2	•	Y4	Y6	•	Y10	Y12	Y14	•	Y20	Y22	Y24	Y26	•	Y30	Y32	Y34	Y36	•	Y40	Y42	Y44	Y46
+V0	Y1	Y3	+V1	Y5	Y7	+V2	Y11	Y13	+V3	Y15	Y17	+V4	Y21	Y23	Y25	Y27	+V5	Y31	Y33	Y35	Y37	+V6	Y41	Y43	Y45	Y47

图 1-34 FX3U-64MR/UA1 的输入/输出端子排列

FX3U-64MR/UA1

输入端子排列

⏚	COM	COM	X0	X2	X4	X6	X10	X12	X14	X16	X20	X22	X24	X26	X30	X32	X34	X36
L	N	•	X1	X3	X5	X7	X11	X13	X15	X17	X21	X23	X25	X27	X31	X33	X35	X37

输出端子排列

•	Y2	Y4	Y6	Y10	Y12	Y14	Y16	Y20	Y22	Y24	Y26	Y30	Y32	Y34	Y36
COM1	Y1	Y3	COM2	Y5	Y7	COM3	Y11	Y13	COM4	Y15	Y17	COM5	Y21	Y23	Y25	Y27	COM6	Y31	Y33	Y35	Y37

1.5.3 AC 电源、AC 100V 输入型的接线端子

① FX3U-64MR/UA1 的接线端子，见图 1-34。
② FX3U-32MR/UA1 的接线端子，见图 1-35。

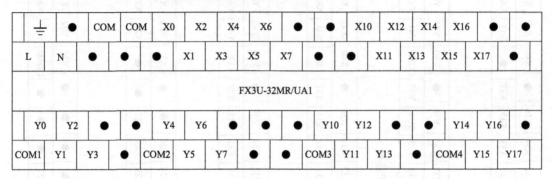

图 1-35 FX3U-32MR/UA1 的输入/输出端子排列

1.6 FX3U 基本单元的接口电路

1.6.1 输入接口电路

PLC 的输入端子 X 是接收外部控制信号的窗口，控制组件（如按钮、转换开关、接近开关、行程开关、传感器等）的一端连接在 X 端子上，另外一端根据输入方式的不同，分别连接到 0V、24V、＋、－等端子上。在 PLC 内部，与输入端相连的是输入接口电路。接口电路将信号引入后，进行滤波及电平转换。

（1）AC 电源、漏型输入单元的接口电路

图 1-36 是以输入端子 X0 为例的 AC 电源、漏型输入单元内部接口电路。

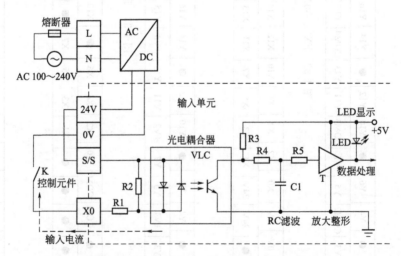

图 1-36 AC 电源、漏型输入单元内部接口电路

所谓漏型输入，是指将 S/S 端子连接到 24V，控制元件 K 的一端连接到输入端子 X0，另一端连接到直流 0V 端子。在 X0 处，电流好像"漏"掉了一样。电路的工作原理是：当

控制元件 K 闭合时，输入电流从 S/S 端子流入，光电耦合器中左边的一只发光二极管导通，其电流回路是：

$$24V \rightarrow S/S 端子 \rightarrow 发光二极管 \rightarrow R1 \rightarrow X0 \rightarrow 控制元件 K \rightarrow 0V$$

于是光敏三极管也导通，放大整形电路 T 输出低电平信号到数据处理电路，输入指示灯 LED 亮起。当控制元件 K 断开时，光电耦合器中的发光二极管不导通，光敏三极管处于截止状态，放大整形电路 T 输出高电平信号，输入指示灯 LED 熄灭。

在接口电路的内部，主要组件是光电耦合器，它可以提高 PLC 的抗干扰能力，并将 24V 高电平转换为 5V 低电平。

（2）AC 电源、源型输入单元的接口电路

图 1-37 是以输入端子 X0 为例的 AC 电源、源型输入单元内部接口电路。

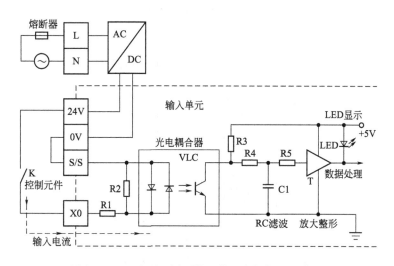

图 1-37　AC 电源、源型输入单元内部接口电路

所谓源型输入，是指将 S/S 端子连接到 0V，控制元件 K 的一端连接到输入端子 X0，另外一端连接到 24V。当 K 接通时，输入电流从 24V 端子出发，经过控制元件 K 之后，从 X0 端子流入，经过光电耦合器中右边的一只发光二极管，再经过 S/S 和 0V 端子流向 PLC 的外部，如图中虚线所示。在 X0 处，输入电流就像一个"源"。

图中的控制元件 K 一端连接到输入端 X0，另一端连接到直流 24V 端子。电路的工作原理与图 1-36 相似。

（3）DC 电源、漏型输入单元的接口电路

图 1-38 是以输入端子 X0 为例的 DC 电源、漏型输入单元内部接口电路。控制元件 K 的一端连接到输入端子 X0，另一端连接到外部直流 24V 电源的"—"端子。光电耦合器右边的电路与图 1-37 相同。

（4）DC 电源、源型输入单元的接口电路

图 1-39 是以输入端子 X0 为例的 DC 电源、源型输入单元内部接口电路。控制元件 K 的一端连接到输入端子 X0，另一端经过熔断器连接到外部直流 24V 电源的"＋"端子。

（5）AC 100V 输入单元的接口电路

图 1-40 是以输入端子 X0 为例的 AC 100V 输入单元的接口电路。控制元件 K 的一端连接到输入端子 X0，另一端经过 AC 100～120V 交流电源和熔断器，连接到 COM 端子。

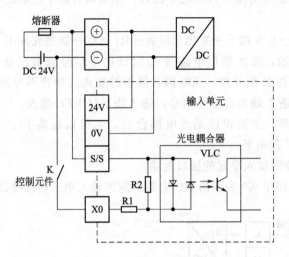

图 1-38　DC 电源、漏型输入单元内部接口电路

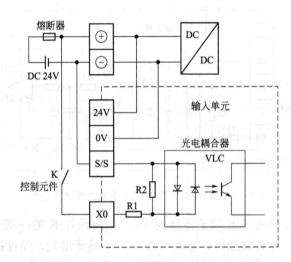

图 1-39　DC 电源、源型输入单元内部接口电路

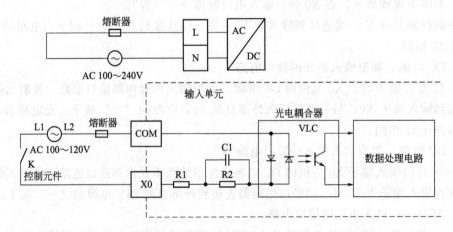

图 1-40　AC 100V 输入单元的接口电路

交流输入单元内部的接口电路,主要组件也是光电耦合器。电路的工作原理是:当控制元件 K 闭合时,光电耦合器中的发光二极管导通,其电流回路是:

$$L1 \rightarrow K \rightarrow X0 \rightarrow R1 \rightarrow C1/R2 \rightarrow 发光二极管 \rightarrow COM \rightarrow 熔断器 \rightarrow L2$$

于是光敏三极管也导通,将控制信号输送到数据处理电路。

(6)三端传感器的接线

在实际接线中,经常会遇到三端传感器等输入元件,此时需要按照图 1-41~图 1-44 接线,其中:

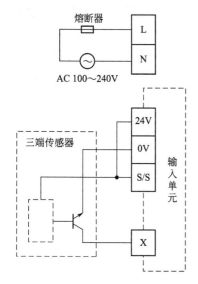

图 1-41 AC 电源、漏型输入时
三端传感器的接线

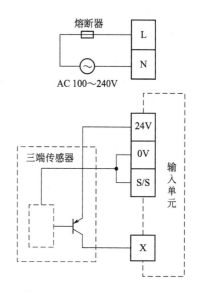

图 1-42 AC 电源、源型输入时
三端传感器的接线

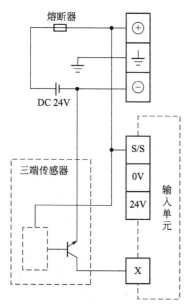

图 1-43 DC 电源、漏型输入时
三端传感器的接线

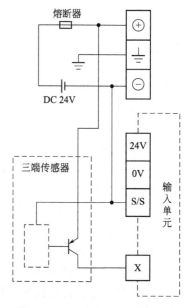

图 1-44 DC 电源、源型输入时
三端传感器的接线

图 1-41 是 AC 电源、漏型输入时三端传感器的接线；

图 1-42 是 AC 电源、源型输入时三端传感器的接线；

图 1-43 是 DC 电源、漏型输入时三端传感器的接线；

图 1-44 是 DC 电源、源型输入时三端传感器的接线。

1.6.2 输出接口电路

（1）继电器输出的接口电路

继电器输出的接口电路见图 1-45。其内部电路与实际继电器的线圈相连接，继电器的常开触点连接到 PLC 的输出端，内部电路与外部电路之间，通过继电器进行隔离。

在图 1-45 中，当 PLC 内部输出电路输出高电平信号时，输出继电器通电吸合，其常开触点闭合，外部负载经过常开触点接通电源。与此同时，LED 二极管发亮，提示有输出信号。

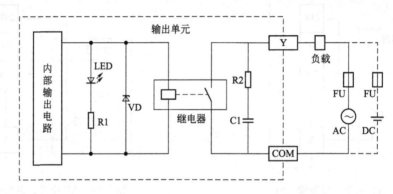

图 1-45　继电器输出的接口电路

继电器输出既可以连接交流负载，也可以连接直流负载，所以图 1-45 中的负载既可以连接交流电源，也可以采用直流电源。但是继电器动作时的速度较低，只能用于低速控制的场合。

当采用继电器输出时，继电器触点的使用寿命与负载性质有密切的关系。如果是感性负载，在其断电时触点之间会产生很高的反向电动势，引起电弧放电现象，将触点烧坏。为了延长继电器触点的使用寿命，对直流感性负载应并联反偏二极管，对交流感性负载应并联 RC 高压吸收电路。

（2）晶体管漏型输出接口电路

图 1-46 是晶体管漏型输出接口电路，其负载电源必须使用直流电源。

所谓漏型输出，是指将直流负载电源的负极连接到公共端子 COM，也就是负公共端。正极经熔断器、外部负载连接到输出端子 Y。在公共端子 COM 处，输出电流从 PLC 的内部流向外部，如图中带箭头的虚线所示，好像电流"漏"掉了一样。也可以说负载电流从输出端子 Y 的外部流向内部。

在图 1-46 中，输出单元的内部电路与外部电路之间，采用光电耦合方式进行隔离和绝缘。当 PLC 内部输出电路输出高电平信号时，光电耦合器 VLC 中的发光二极管通电发光，VLC 中的晶体管导通，接通输出晶体管 VT 的基极回路，使 VT 饱和导通，外部负载经过晶体管 VT 接通电源。与此同时，LED 二极管发亮，提示有输出信号。

（3）晶体管源型输出接口电路

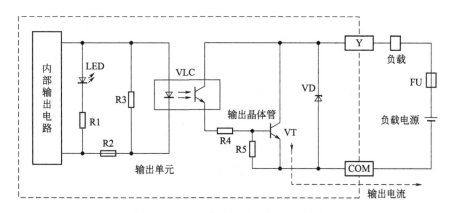

图 1-46 晶体管漏型输出的接口电路

图 1-47 是以输出端子 Y、+V 为例的晶体管源型输出接口电路,其负载电源也必须使用直流电源。

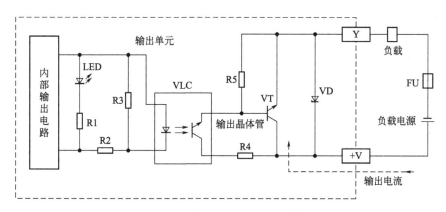

图 1-47 晶体管源型输出的接口电路

所谓源型输出,是指将直流负载电源的正极连接到+V 端子,负极经熔断器、外部负载连接到输出端子 Y。在+V 端子处,输出电流从 PLC 的外部流向内部,像"源"一样,如图中带箭头的虚线所示。也可以说负载电流从输出端子 Y 的内部流向外部。

晶体管输出的接口电路适用于高速控制的场合,例如步进电动机的控制。在输出端内部已经并联了反向击穿二极管,对输出晶体管进行过压保护。

(4) 晶闸管输出的接口电路

图 1-48 是以输出端子 Y、输出公共端子 COM 为例的晶闸管输出接口电路,其负载电源必须使用交流电源。内部电路与外部电路之间,采用光电耦合方式进行隔离和绝缘。在图中,当 PLC 内部输出电路输出高电平信号时,光电耦合器 VLC 中的发光二极管通电发光,将双向二极管触发导通,输出晶闸管被触发后饱和导通,外部负载接通电源。与此同时,LED 二极管发亮,提示有输出信号。

晶闸管输出的接口电路适用于高速控制的场合。在输出端内部已经并联了 RC 高压吸收电路和压敏电阻 U,对输出晶闸管进行过压保护。

从图 1-45~图 1-48 可知,在 FX3U 型 PLC 输出单元的内部没有设置熔断器,因此在负载电源上必须串联小型断路器或熔断器,进行短路保护。

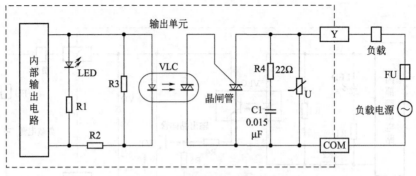

图 1-48　晶闸管输出的接口电路

1.7　FX3U 的扩展单元和扩展模块

1.7.1　FX3U 的扩展单元

扩展单元是用于增加输入和输出（I/O）的点数，以解决基本单元 I/O 点数不足的问题。它本身是带有内部电源的 I/O 扩展组件，但是没有 CPU，不能独立工作，必须连接到基本单元上，和基本单元一起使用。FX3U 系列 PLC 的基本单元可以连接的 I/O 扩展单元不能超过 8 台。

扩展单元的外部端子包括 AC 电源端子（L、N、地）、DC 24V 电压端子（24V＋、COM）、输入端子（X）、输出端子（Y）。面板上有电源指示灯（POWER）、输入指示灯、输出指示灯。

（1）扩展单元的外形

以 FX2N-32ER 和 FX2N-48ET-D 为例，它们的外形见图 1-49 和图 1-50。

图 1-49　FX2N-32ER 的外形

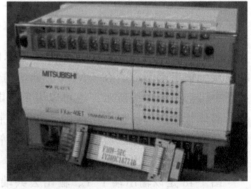

图 1-50　FX2N-48ET-D 的外形

（2）扩展单元的命名

FX3U 扩展单元的型号，由下列符号组成：

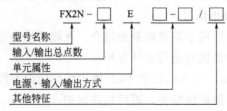

扩展单元的电源有两种形式：第一种是 AC 100～240V；第二种是 DC 24V。

扩展单元的总点数有两种形式：第一种是 32 点；第二种是 48 点。

扩展单元的输入有三种形式：第一种是 DC 24V 漏型输入；第二种是 DC 24V 漏型/源型通用输入；第三种是 AC 100V 输入。

扩展单元的输出有四种形式：第一种是继电器输出；第二种是晶体管漏型输出；第三种是晶体管源型输出；第四种是晶闸管输出。

（3）FX3U 扩展单元的型号列表

共有 14 个型号，见表 1-8。

表 1-8　FX3U 扩展单元型号一览表

型号	电源	输入电源	输入类型	总点数 (I/O)	输入点数 (I)	输出点数 (O)	输出形式
FX2N-32ER-ES/UL	AC	DC 24V	漏型·源型通用	32	16	16	继电器
FX2N-32ET-ESS/UL							晶体管
FX2N-48ER-ES/UL				48	24	24	继电器
FX2N-48ET-ESS/UL							晶体管
FX2N-32ER	AC	DC 24V	漏型专用	32	16	16	继电器
FX2N-32ET							晶体管
FX2N-32ES							晶闸管
FX2N-48ER				48	24	24	继电器
FX2N-48ET							晶体管
FX2N-48ER-UA1/UL	AC		AC 100V 专用	48	24	24	继电器
FX2N-48ER-DS	DC	DC 24V	漏型·源型通用	48	24	24	继电器
FX2N-48ET-DSS							晶体管
FX2N-48ER-D	DC	DC 24V	漏型专用	48	24	24	继电器
FX2N-48ET-D							晶体管

从表 1-8 可知：扩展单元的型号都是 FX2N，而不是 FX3U。

举例说明：

① FX2N-32ER-ES/UL，表示这个是扩展单元，AC 电源，输入端电源是 DC 24V，漏型，源型输入通用。输入输出总点数为 32（输入 16、输出 16），继电器输出。

② FX2N-48ET-D，表示这个是扩展单元，DC 电源，输入端电源是 DC 24V，漏型专用输入。输入输出总点数为 48（输入 24、输出 24），晶体管输出。

在选择用输入/输出扩展单元时，应尽量选用与基本单元相同的输入电源、输入类型和输出形式。

（4）扩展单元的输入/输出端子

FX3U 扩展单元的输入/输出端子，分布在图 1-51～图 1-60 中，具体的图号可以在表 1-9 中查找。

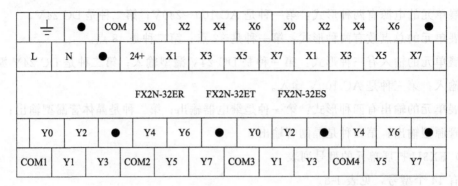

⏚	●	COM	X0	X2	X4	X6	X0	X2	X4	X6	●
L	N	●	24+	X1	X3	X5	X7	X1	X3	X5	X7

FX2N-32ER   FX2N-32ET   FX2N-32ES

Y0	Y2	●	Y4	Y6	●	Y0	Y2	●	Y4	Y6	●
COM1	Y1	Y3	COM2	Y5	Y7	COM3	Y1	Y3	COM4	Y5	Y7

图 1-51　FX2N-32ER、FX2N-32ET、FX2N-32ES 的输入/输出端子排列

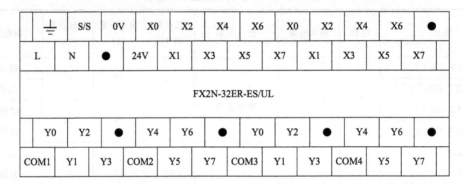

⏚	S/S	0V	X0	X2	X4	X6	X0	X2	X4	X6	●
L	N	●	24V	X1	X3	X5	X7	X1	X3	X5	X7

FX2N-32ER-ES/UL

Y0	Y2	●	Y4	Y6	●	Y0	Y2	●	Y4	Y6	●
COM1	Y1	Y3	COM2	Y5	Y7	COM3	Y1	Y3	COM4	Y5	Y7

图 1-52　FX2N-32ER-ES/UL 的输入/输出端子排列

⏚	S/S	0V	X0	X2	X4	X6	X0	X2	X4	X6	●
L	N	●	24V	X1	X3	X5	X7	X1	X3	X5	X7

FX2N-32ET-ESS/UL

Y0	Y2	●	Y4	Y6	●	Y0	Y2	●	Y4	Y6	●
+V0	Y1	Y3	+V1	Y5	Y7	+V2	Y1	Y3	+V3	Y5	Y7

图 1-53　FX2N-32ET-ESS/UL 的输入/输出端子排列

⏚	●	COM	X0	X2	X4	X6	X0	X2	X4	X6	X0	X2	X4	X6	●
L	N	●	24+	X1	X3	X5	X7	X1	X3	X5	X7	X1	X3	X5	X7

FX2N-48ER   FX2N-48ET

Y0	Y2	●	Y4	Y6	●	Y0	Y2	●	Y4	Y6	Y0	Y2	Y4	Y6	COM5
COM1	Y1	Y3	COM2	Y5	Y7	COM3	Y1	Y3	COM4	Y5	Y7	Y1	Y3	Y5	Y7

图 1-54　FX2N-48ER、FX2N-48ET 的输入/输出端子排列

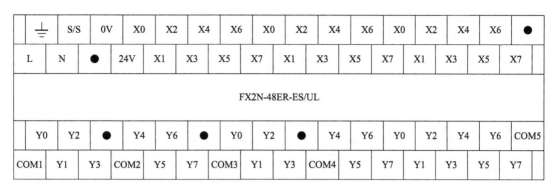

图 1-55　FX2N-48ER-ES/UL 的输入/输出端子排列

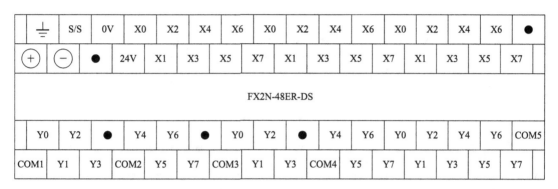

图 1-56　FX2N-48ER-DS 的输入/输出端子排列

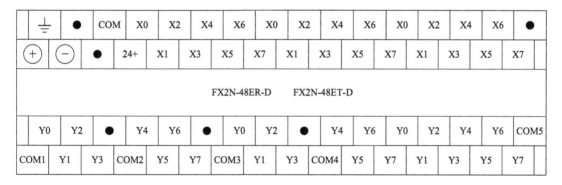

图 1-57　FX2N-48ER-D、FX2N-48ET-D 的输入/输出端子排列

⏚	S/S	0V	X0	X2	X4	X6	X0	X2	X4	X6	X0	X2	X4	X6	●
L	N	●	24V	X1	X3	X5	X7	X1	X3	X5	X7	X1	X3	X5	X7	

FX2N-48ET-ESS/UL

Y0	Y2	●	Y4	Y6	●	Y0	Y2	●	Y4	Y6	Y0	Y2	Y4	Y6	+V4
+V0	Y1	Y3	+V1	Y5	Y7	+V2	Y1	Y3	+V3	Y5	Y7	Y1	Y3	Y5	Y7

图 1-58　FX2N-48ET-ESS/UL 的输入/输出端子排列

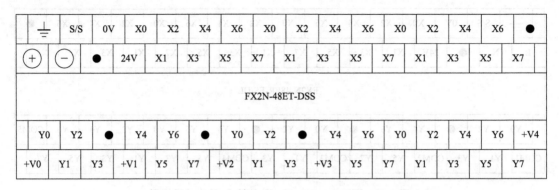

图 1-59　FX2N-48ET-DSS 的输入/输出端子排列

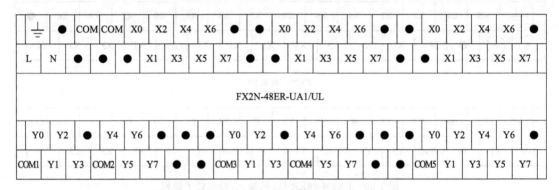

图 1-60　FX2N-48ER-UA1/UL 的输入/输出端子排列

表 1-9　FX3U 扩展单元的接线端子分布图

扩展单元型号	接线端子图
FX2N-32ER	图 1-51
FX2N-32ET	
FX2N-32ES	
FX2N-32ER-ES/UL	图 1-52
FX2N-32ET-ESS/UL	图 1-53
FX2N-48ER	图 1-54
FX2N-48ET	
FX2N-48ER-ES/UL	图 1-55
FX2N-48ER-DS	图 1-56
FX2N-48ER-D	图 1-57
FX2N-48ET-D	
FX2N-48ET-ESS/UL	图 1-58
FX2N-48ET-DSS	图 1-59
FX2N-48ER-UA1/UL	图 1-60

　　在图 1-51～图 1-60 中，I/O 端子的编号有不少是重复的，这是因为扩展单元不能独立工作，总是连接在基本单元的后面，其 I/O 端子编号是延续基本单元的 I/O 端子的编号，

所以在这里不能给定确切的编号，具体的编号要在具体的设计电路中给定。

1. 7. 2　FX3U 的扩展模块

扩展模块也是用于增加输入和输出（I/O）的点数，以解决基本单元和扩展单元 I/O 点数不足的问题。它本身既没有 CPU，也没有控制电源，不能独立工作，必须连接到基本单元或扩展单元上，和它们一起使用。基本单元连接扩展单元和扩展模块后，最大输入点数不能超过 184 点，最大输出点数也不能超过 184 点，I/O 点数之和不能超过 256 点。如果再连接 CC-Link 远程 I/O，I/O 点数之和则可以达到 384 点。

（1）扩展模块的外形

以 FX2N-8EX、FX2N-16EX/16EYR 为例，它们的外形见图 1-61 和图 1-62。

图 1-61　FX2N-8EX 的外形

图 1-62　FX2N-16EX/16EYR 的外形

（2）扩展模块的命名

FX3U 扩展模块的型号，由下列符号组成：

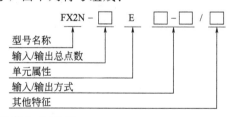

（3）FX3U 型 I/O 扩展模块的型号

I/O 扩展模块共有 21 个型号，见表 1-10。

表 1-10　I/O 扩展模块型号一览表

扩展模块类型	型号	I/O 点数			输入电源	输出形式
		总数	输入	输出		
输入/输出（漏型·源型输入通用）	FX2N-8ER-ES/UL	8	4	4	DC 24V	继电器
输入/输出（漏型输入专用）	FX2N-8ER	8	4	4	DC 24V	继电器
输入（漏型·源型输入通用）	FX2N-8EX-ES/UL	8	8	0	DC 24V	
	FX2N-16EX-ES/UL	16	16	0	DC 24V	

续表

扩展模块类型	型号	I/O 点数			输入电源	输出形式
		总数	输入	输出		
输入(漏型输入专用)	FX2N-8EX	8	8	0	DC 24V	
	FX2N-16EX	16	16	0	DC 24V	
	FX2N-16EX-C	16	16	0	DC 24V	
	FX2N-16EXL-C	16	16	0	DC 5V	
AC 100V 输入型	FX2N-8EX-UA1/UL	8	8	0	AC 100V	
输出(继电器)	FX2N-8EYR	8	0	8		继电器
	FX2N-8EYR-ES/UL	8	0	8		继电器
	FX2N-8EYR-S-ES/UL	8	0	8		继电器
	FX2N-16EYR	16	0	16		继电器
	FX2N-16EYR-ES/UL	16	0	16		继电器
输出(晶体管·漏型)	FX2N-8EYT	8	0	8		晶体管
	FX2N-8EYT-H	8	0	8		晶体管
	FX2N-16EYT	16	0	16		晶体管
	FX2N-16EYT-C	16	0	16		晶体管
输出(晶体管·源型)	FX2N-8EYT-ESS/UL	8	0	8		晶体管
	FX2N-16EYT-ESS/UL	16	0	16		晶体管
输出(晶闸管·漏型)	FX2N-16EYS	16	0	16		晶闸管

从表 1-10 可知，扩展模块的型号都是 FX2N，而不是 FX3U。

举例说明：

① FX2N-8ER，表示这个是输入/输出扩展模块，输入端电源是 DC 24V，漏型输入专用。输入输出总点数为 8（输入 4、输出 4）。继电器输出。

② FX2N-16EYT-ESS/UL，表示这个是输出扩展模块，源型输出，输入输出总点数为16（输入 0、输出 16），晶体管输出。

在选择用输入/输出扩展模块时，应尽量选用与基本单元、扩展单元相同的输入类型和输出形式。

1.7.3　基本单元与扩展设备的连接

FX3U 的扩展单元自身带有内部电源，但是没有 CPU，必须与 FX3U 的基本单元组合，才能正常使用。基本单元的供电一般有 AC 电源、DC 电源两种方式，扩展单元的供电也有AC 电源、DC 电源两种方式，它们在组合时需要注意连接方式，尽可能地选择同一类型。下面举出几个例子。

① AC 电源、DC 24V 漏型·源型输入通用型中，采用漏型输入（负公共端），基本单元与同类型扩展单元以及扩展模块的电源连接。

接线图见图 1-63，其中：

a. 基本单元和扩展单元使用同一个交流电源，L 端子与 L 端子连接，N 端子与 N 端子连接，然后接入 AC 100～240V 电源；

b. 接地端也互相连接，并作好接地；

c. 输入扩展模块的 S/S 端子连接到基本单元的 S/S 端子上；

d. 两个单元中的 0V 端子，是输入单元中的负公共端，要互相连接；

e. 在基本单元和扩展单元中，S/S 端子均与 24V 端子相连接，但是不能将两个单元中的 S/S 与 S/S 并联在一起，也不能将 24V 与 24V 并联在一起。

② AC 电源、DC 24V 漏型·源型输入通用型中，采用源型输入（正公共端），基本单元与同类型扩展单元以及扩展模块的电源连接。

接线图见图 1-64，其中：

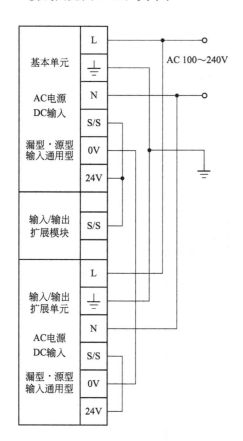

图 1-63　AC 电源、DC 24V 漏型·源型输入
（负公共端）的连接

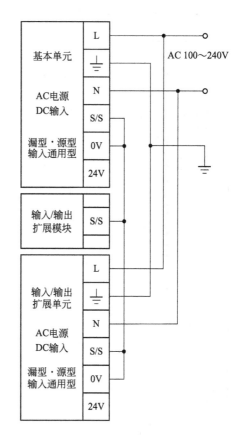

图 1-64　AC 电源、DC 24V 漏型·源型输入
（正公共端）的连接

步骤 a～c 与图 1-63 的要求相同；

d. 两个单元中的 24V 端子，是各自的输入正公共端，但是不要连接在一起；

e. 在基本单元和扩展单元中，S/S 端子均与 0V 端子相连接，两个单元中的 S/S、0V 端子都并联在一起。

③ DC 电源、DC 24V 漏型·源型输入通用型中，采用漏型输入（负公共端），基本单元与同类型扩展单元以及扩展模块的电源连接。

接线图见图 1-65，其中：

a. 基本单元和扩展单元使用同一个直流电源，正端子与正端子连接，负端子与负端子连接，然后接入 DC 24V 电源；

b. 接地端也互相连接,并作好接地;

c. 两个单元中的 0V 端子,是输入单元中的负公共端,要互相连接;

d. 在基本单元和扩展单元中,S/S 端子均与 DC 24V 电源的正端子相连接;

e. 输入扩展模块的 S/S 端子连接到基本单元的 S/S 端子上;

f. 不要在 24V、0V 端子上接线。

④ DC 电源、DC 24V 漏型·源型输入通用型中,采用源型输入(正公共端),基本单元与同类型扩展单元以及扩展模块的电源连接。

接线图见图 1-66,它与图 1-65 基本相同,只是在基本单元和扩展单元中,S/S 端子均与 DC 24V 电源的负端子连接。

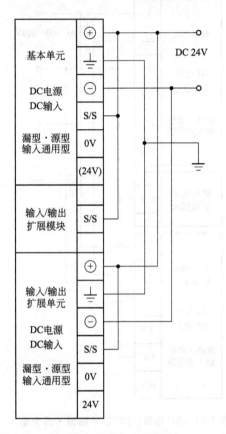

图 1-65　DC 电源、漏型输入
（负公共端）的连接

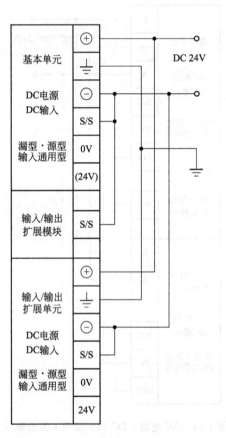

图 1-66　DC 电源、源型输入
（正公共端）的连接

⑤ AC 电源、AC 输入型基本单元、扩展单元,与 AC 输入型 I/O 扩展模块的电源连接。

见图 1-67,其要点是:

步骤 a、b 与图 1-63 的要求相同;

c. 输入侧交流电源的电压是 100～120V,接在 L1、L2 之间;

d. 基本单元、扩展单元、I/O 扩展模块的 COM 端子连接在一起,并经过熔断器 FU 连接到输入侧交流电源的 L2 端;

e. 控制元件 K 连接在 X 输入端子与 L1 端子之间。

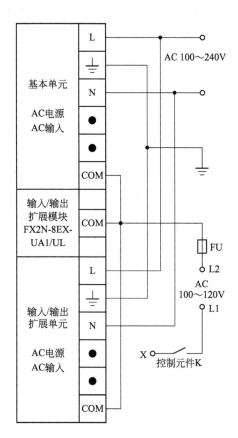

图 1-67　AC 电源、AC 输入的连接

⑥ 扩展电缆的连接。

a. 直接连接。扩展单元或扩展模块本身带有扩展电缆，如果直接安装在基本单元的右侧，将扩展电缆直接连接即可。

b. 用延长电缆连接。如果基本单元与扩展单元相距较远，可以用延长电缆连接，其型号是 FX0N-30EC（长度为 30cm），或 FX0N-65EC（长度为 65cm）。

⑦ 基本单元和扩展单元 DC 24V 供电电源的容量。FX3U 的基本单元和扩展单元在连接扩展模块，对其提供 DC 24V 电源时，电源的容量是有限的，所以扩展模块的数量要受到限制。

a. 基本单元和扩展单元可以供给的 DC 24V 电流容量见表 1-11。

b. 基本单元或扩展单元剩余电流的计算。每一个 8 点的 DC 24V 输入模块，消耗的电流为 50mA；每一个 8 点的 DC 24V 输出模块，消耗的电流为 75mA。16 点的模块按 2 个 8 点考虑。各个扩展模块消耗的总电流为（单位：mA）：

$$I_z = 50K_1 + 75K_2$$

式中，K_1 为 8 点输入模块的个数；K_2 为 8 点输出模块的个数。

基本单元电流容量减去消耗的总电流之后，即为基本单元的剩余电流，其数值为（单位：mA）：

$$I_s = 400 - I_z$$

或：

$$I_s = 600 - I_z$$

表 1-11 基本单元和扩展单元的 DC 24V 电流容量

机型		电流容量/mA
基本单元	FX3U-16M	400
	FX3U-32M	
	FX3U-48M	600
	FX3U-64M	
	FX3U-80M	
	FX3U-128M	
扩展单元	FX2N-32E	250
	FX2N-48E	460

同样，扩展单元电流容量减去消耗的总电流之后，即为扩展单元的剩余电流，其数值为(单位：mA)：

$$I_s = 250 - I_z$$

或：

$$I_s = 460 - I_z$$

这个剩余电流可以继续供给其他 DC 24V 输入/输出模块使用。

例如，FX3U-80M 基本单元（可以供给的 DC 24V 电流为 600mA），连接了 2 个 8 点的输入模块、1 个 16 点的输出模块，则其剩余电流

$$I_s = 600 - (50 \times 2 + 75 \times 2) = 350(\text{mA})$$

c. 剩余电流的表格形式。在多种输入/输出组合方案下，剩余电流都可以用以下的表格来表达。

- AC 电源、DC 24V 输入型、电流容量为 400mA 时，剩余电流见表 1-12。

表 1-12 电流容量为 400mA 时的剩余电流

适用于FX3U-16M、FX3U-32M

输出扩展点数 \ 输入扩展点数	0	8	16	24	32	40	48	56	64
24	25								
16	100	50	0						
24	175	125	75	25					
16	250	200	150	100	50	0			
8	325	275	225	175	125	75	25		
0	400	350	300	250	200	150	100	50	0

(mA)

例如，当输入扩展点数为 24、输出扩展点数为 16 时，从表 1-12 可知，剩余电流为 100mA。

- AC 电源、DC 24V 输入型、电流容量为 600mA 时，剩余电流见表 1-13。

例如，当输入扩展点数为 40、输出扩展点数为 24 时，从表 1-13 可知，剩余电流为 125mA。

表 1-13　电流容量为 600mA 时的剩余电流

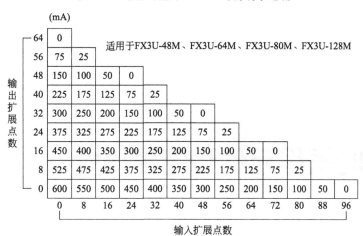

第 **2** 章

FX3U 的编程元件和编程指令

PLC 是通过程序来实现具体的控制功能的，PLC 的厂家和经销商一般不提供用户程序，由用户根据工艺要求或生产流程自行设计，将工艺和流程编制成 PLC 能够识别的程序。

编制 PLC 的用户程序需要四个要素：一是编程语言；二是编程元件；三是编程指令；四是编程软件。

2.1 FX3U 的编程语言

2.1.1 梯形图语言（LD）

梯形图是一种图形化的编程语言，也是 PLC 程序设计中最常用的、与继电器电路类似的一种编程语言。由于电气技术人员对继电器控制电路非常熟悉，因此，梯形图编程语言很受欢迎，得到了广泛的应用。

梯形图编程语言的特点是：通过联机把 PLC 的编程组件连接在一起，用以表达 PLC 指令及其顺序。梯形图沿用了电气工程技术人员熟悉的继电器控制原理图，以及相关的一些形式和概念，例如继电器线圈、常开触点、常闭触点、串联、并联等术语和图形符号（见表 2-1），并与计算机的特点相结合，增加了许多功能强大、使用灵活的指令，使得编程容易。所以，梯形图具有直观、形象等特点，分析方法也与继电器控制电路类似，只要具备电气控制系统的基础知识，熟悉继电器控制电路，就很容易接受它。

表 2-1 继电器符号与梯形图编程软件符号

电路中的元器件	继电器符号	梯形图编程软件符号
继电器线圈	—▢—	—( )—
时间继电器	⊠	—(K××)— T×
常开触点	／	—▏▏—

电路中的元器件	继电器符号	梯形图编程软件符号
常闭触点		
触点串联		
触点并联		

梯形图的联机有两种:一种是左侧和右侧的母线,另一种是内部的横线和竖线。母线是用来连接指令组的,内部的横线和竖线则把一个又一个的梯形图符号连接成指令组,每个指令组都是从放置 LD 指令开始,再加入若干个输入指令,以建立逻辑关系。最后为输出类指令,以实现对设备的控制。

梯形图编程语言与原有的继电器控制不同之处是:梯形图中的联机不是实际的导线,能流不是实际意义的电流,内部的继电器也不是实际存在的继电器。实际应用时,需要与原有继电器控制的概念区别对待。

用语句表达的 PLC 程序很不直观,较复杂的程序更是难以读懂,所以一般的程序都采用梯形图的形式,学习 PLC 技术的电气技术人员都需要掌握梯形图。

2.1.2 指令表语言(IL)

指令表(助记符指令)也是使用得比较多的一种编程方式,它采用英语单词(或缩写)来表示 PLC 的各种功能。它是与计算机汇编语言类似的一种助记符编程语言,但是更容易理解和掌握。

指令由助记符和操作数两部分组成,助记符表示指令功能,操作数表示指令中的参数,或保存参数的软继电器地址。一系列的指令组合就是语句表。

指令表编程语言的特点是:采用助记符来表示操作功能,容易记忆,便于掌握。在手持编程器的键盘上采用助记符表示,易于操作,可以在没有计算机的场合进行编程设计。

指令表编程语言与梯形图编程语言具有一一对应的关系,如果采用 GX Developer 编程软件,它们可以相互转换。

2.1.3 顺序功能图语言(SFC)

它是为了满足顺序逻辑控制而设计的编程语言。在工业控制领域,有一些比较复杂的顺序控制过程,如果采用一般的梯形图或指令表编程,程序设计就比较复杂,也不容易读懂,调试也比较麻烦。在这种场合,用顺序功能流程图来编程,就显得比较简洁,既便于设计又容易读懂。

FX3U 系列 PLC 的编程,主要采用以上 3 种编程语言。

2.2 FX3U 的编程元件

从本质上来说,PLC 的编程元件就是电子组件和内存。考虑到 PLC 是从继电器控制系统发展而来的，为了便于电气工程技术人员学习和掌握，按照他们的专业工作习惯，借用继电器控制系统中类似的元器件名称，对编程组件进行命名，分别把它们称为输入继电器（X），输出继电器（Y）、辅助继电器（M）、状态继电器（S）、定时器（T）、计数器（C）、数据寄存器（D）、指针、常数等。为了与硬器件区别，又将这些组件称为"软继电器"或者"软组件"。这些"继电器"与实际的继电器完全不同，它们本质上是与二进制数据相对应的，没有实际的物理触点和线圈。我们在编程时，必须充分熟悉这些组件的符号、编号、特性、使用方法和技巧。

FX3U 系列 PLC 所用编程元件的名称和编号，已经包含在表 1-5 中。它由字母和数字两部分组成，字母表示元件的类型，数字表示元件的编号。其中的输入继电器、输出继电器用八进制编号，其他均采用十进制编号。编程元件有多种，可以分为三类：

第一类是位组件，包括输入继电器 X、输出继电器 Y、辅助继电器 M、状态继电器 S。在存储单元中，一位表示一个继电器，其状态为 1 或 0，1 表示继电器通电，0 表示继电器失电。

第二类是字符件，例如数据寄存器 D。一个数据寄存器可以存放 16 位二进制数，两个可以存放 32 位二进制数，以用于数据处理。

第三类是位与字混合的组件，例如定时器 T 和计数器 C，其线圈和触点是位组件，而设定值和当前值寄存器是字组件。

熟悉 FX3U 的编程元件，了解它们的特征和用途，是学习和使用 FX3U 型 PLC 的重要基础。

2.2.1 输入继电器（X）

输入继电器是 PLC 接收外部开关量信号的唯一窗口。PLC 将输入信号的状态读入后，存储在对应的输入继电器中。外部组件接通时，对应的输入继电器的状态为"1"，也就是 ON。此时相应的 LED 指示灯亮，它表示输入继电器的常开触点闭合，常闭触点断开。输入继电器的状态取决于外部输入信号，不受用户程序的控制，因此在梯形图中绝对不能出现输入继电器的线圈。

在 PLC 内部，输入继电器就是电子继电器，它通过光电耦合器与输入端子相隔离，其常开、常闭触点可以无数次地反复使用。

FX3U 基本单元的输入继电器由字母 X 和八进制数字表示，其编号与输入接线端子的编号一致。编号系列是 X000～X007、X001～X017、…。不带扩展模块时，可以达到 64 点；带上扩展单元和扩展模块时，可以达到 248 点。但是输入、输出继电器的总点数不能超过 256 点（如果连接 CC-Link 远程 I/O，I/O 点数之和则可以达到 384 点）。FX3U 各种型号 PLC 的输入继电器编号见表 2-2。

表 2-2 FX3U 各种型号 PLC 的输入继电器编号

型号	输入端子	输入点数
FX3U-16M	X000～X007	8
FX3U-32M	X000～X017	16
FX3U-48M	X000～X027	24
FX3U-64M	X000～X037	32

型号	输入端子	输入点数
FX3U-80M	X000～X047	40
FX3U-128M	X000～X077	64
带扩展时	X000～X367	248

2.2.2 输出继电器（Y）

输出继电器（Y）是 PLC 向外部负载发送控制信号的唯一窗口。它将输出信号传送给输出接口电路，再由接口电路驱动外部负载。输出接口电路通过继电器或光电耦合器件与外部负载隔离。

输出继电器的线圈由 PLC 的程序控制，线圈一般只能使用一次。其常开常闭触点供内部程序使用，使用次数不受限制。

FX3U 基本单元的输出继电器由字母 Y 和八进制数字表示，其编号与输出接线端子的编号一致。编号系列是 Y000～Y007、Y001～Y017、…。不带扩展模块时，可以达到 64点；带上扩展单元和扩展模块时，可以达到 248 点。但是输入、输出继电器的总点数不能超过 256 点。FX3U 各种型号 PLC 的输出继电器编号见表 2-3。

表 2-3 FX3U 各种型号 PLC 的输出继电器编号

型号	输出端子	输出点数
FY2N-16M	Y000～Y007	8
FY2N-32M	Y000～Y017	16
FY2N-48M	Y000～Y027	24
FY2N-64M	Y000～Y037	32
FY2N-80M	Y000～Y047	40
FY2N-128M	Y000～Y077	64
带扩展时	Y000～Y367	248

2.2.3 辅助继电器（M）

辅助继电器相当于继电器控制系统中的中间继电器，它用于存储程序的中间状态或其他信息。它与外部没有联系，只能在程序内部使用，不能直接驱动外部负载。

同输出继电器一样，辅助继电器的线圈由 PLC 内部编程组件的触点驱动，线圈一般只能使用一次。其常开常闭触点供内部程序使用，使用次数不受限制。

辅助继电器的编号采用十进制，它又分为通用辅助继电器、断电保持辅助继电器、特殊辅助继电器三个类型。其中的断电保持辅助继电器又分为可变、固定两种类型。常用的一些辅助继电器的编号和功能见表 2-4。在表中，特殊型辅助继电器只列出了几个常用的编号，其他编号读者可查阅 FX3U 的使用手册。

表 2-4　常用辅助继电器的编号和功能

类型		组件编号	占用点数
通用型		M0～M499	共 500 点
保持型	可变	M500～M1023	共 524 点
	固定	M1024～M7679	共 6656 点
特殊型		M8000～M8511	共 512 点

（1）通用辅助继电器

其编号为 M0～M499，共计 500 点。它和普通的中间继电器一样，没有断电保持功能。如果线圈得电时突然停电，线圈就会失电，再次来电时，线圈仍然失电。

（2）断电保持辅助继电器

其编号为 M500～M7679，共计 7180 点。其中：

① M500～M1023，共 524 点，是可变型的，可以通过参数的设置改为通用辅助继电器。

② M1024～M7679，共 6656 点，是固定作为专用的断电保持继电器。

断电保持辅助继电器具有停电保持功能，当线圈得电时如果突然停电，它借助 PLC 内装的备用电池或 EEPROM，仍然可以保持断电之前的状态。

（3）特殊辅助继电器

其编号是 M8000～M8511，共 512 点。但是其中有些编号没有定义，也没有什么用途。

特殊辅助继电器用来执行 PLC 的某些特定功能，它具有两大类。第一类的线圈由 PLC 自行驱动，如 M8000（运行监视）、M8002（初始脉冲）、M8013（1s 时钟脉冲）等。它们不需要编制程序，可以使用它们的触点。第二类是可以对线圈进行驱动的特殊辅助继电器，被用户程序驱动后，可以执行特定的动作。例如 M8033 指定 PLC 在停止时保持其输出，M8034 禁止全部输出。

特殊辅助继电器 M8000～M8489 的具体内容详见附录 1。

2.2.4　状态继电器（S）

在一般情况下，状态继电器与步进顺序控制指令配合使用，以编写顺序控制程序，完成对某一工序的步进顺序控制。其类型、编号和功能见表 2-5。

表 2-5　状态继电器的类型、编号和功能

类型	组件编号	占用点数	功能和用途
初始化状态继电器（可变）	S0～S9	10	
通用状态继电器（可变）	S10～S499	490	
保持状态继电器（可变）	S500～S899	400	可以变更为保持或非保持
报警用状态继电器（可变）	S900～S999	100	
保持状态继电器（固定）	S1000～S4095	3096	不能变更

状态继电器的编号采用十进制，它又可以分为以下 5 种类型：

① 初始化状态继电器（可变），用于初始化。

② 通用状态继电器（可变），它没有断电保持功能。

③ 保持状态继电器（可变），断电后可以保持原来的状态不变。

④ 报警用状态继电器（可变），它与应用指令 ANS、ANR 相配合，组成故障诊断和报警电路。

⑤ 保持状态继电器（固定），断电后可以保持原来的状态不变。

第 1～4 类状态继电器通过参数的设置，可以变更为保持型或非保持型。

当状态继电器不用于步进控制时，可以作为一般的辅助继电器使用，使用方法与辅助继电器相同。

2.2.5 定时器（T）

同其他 PLC 一样，FX3U 中的定时器相当于继电器控制系统中的时间继电器，它通过对时钟脉冲的累积来计时。时钟脉冲一般有 1ms、10ms、100ms 三种，以适应不同的要求。定时器的设定值可以采用内存的常数 K，在 K0～K32767 之间选择。也可以用数据寄存器 D 的内容作为设定值。

定时器可以分为两类。一类是通用定时器，它不具备断电保护功能，当停电或输入回路断开时，定时器清零（复位）。它的时标有 1ms、10ms 和 100ms 三种。另一类是积算型的定时器，具有计数累积的功能，如果停电或定时器线圈失电，能记忆当前的计数值。通电或线圈重新得电后，在原有数值的基础上继续累积。只有将它复位，当前值才能变为 0。它的时标只有 1ms 和 100ms 两种。

每个定时器只有一个输入，设定值由用户根据工艺要求确定。与常规的时间继电器一样，当所计的时间达到设定值时，线圈得电，常闭触点断开，常开触点闭合。但是 PLC 中的定时器没有瞬动触点，这一点有别于普通的时间继电器。

定时器的线圈一般只能使用一次，但触点的使用次数没有限制。

FX3U 系列 PLC 可以提供 512 个定时器，编号按十进制分配，其范围是 T0～T511，编号的分配见表 2-6。

表 2-6   定时器的类型和编号

类型	编号	数量	时钟/ms	定时范围/s
常规定时器	T0～T191	192	100	0.1～3276.7
	T192～T199（子程序用）	8	100	0.1～3276.7
	T200～T245	46	10	0.01～327.67
	T256～T511	256	1	0.001～32.767
积算定时器	T246～T249	4	1	0.001～32.767
	T250～T255	6	100	0.1～3276.7

2.2.6 计数器（C）

同其他 PLC 一样，FX3U 中的计数器多数是 16 位加法计数器，每一个计数脉冲上升沿到来时，原来的数值加 1。如果当前值达到设定值，便停止计数，此时触点动作，常闭触点断开，常开触点闭合。当复位信号的上升沿到来时，计数器被复位。复位信号断开后，计数器再次进入计数状态，触点恢复到常态，常开触点断开，常闭触点闭合。

定时器的设定值可以采用内存内的常数 K，也可以用数据寄存器 D 的内容作为设定值。

多数计数器具有断电记忆功能，在计数过程中如果系统断电，当前值一般可以自动保存下来，通电后系统重新运行时，计数器延续断电时的数值继续计数。也有一部分计数器没有断电记忆功能。

计数器的线圈一般只能使用一次，但触点的使用次数没有限制。

FX3U 可以提供两类计数器。一类是通用计数器，它在 PLC 执行扫描时，对内部信号 X、Y、M、S、T、C 等进行计数，要求输入信号的闭合或断开时间大于 PLC 的扫描周期。另一类是高速计数器，其响应速度快，用于频率较高的计数。

计数器的种类和编号见表 2-7。

表 2-7 计数器的类型和编号

类型			编号	点数	备注
通用计数器	16 位加计数器	通用型	C0～C99	100	计数设定值为 1～32767
		断电保护	C100～C199	100	
	32 位加/减计数器	通用型	C200～C219	20	计数设定值为－2147483648～
		断电保护	C220～C234	15	＋2147483647
高速计数器	32 位单相单计数加/减计数器		C235～C245	11	C235～C255 中最多可以使用 8 点
	32 位单相双计数加/减计数器		C246～C250	5	更改参数可变更为保持或非保持
	32 位双相双计数加/减计数器		C251～C255	5	设定值：－2147483648～＋2147483647

2.2.7 数据寄存器（D）

PLC 控制系统需要存储大量的工作参数和数据，数据寄存器的作用就是存放各种数据。每一个数据寄存器都是一个字存储单元，都是 16 位（最高位是正/负符号位）。也可以将两个数据寄存器组合起来，存储 32 位数据（最高位是正/负符号位）。数据寄存器不能使用线圈和触点。FX3U 的数据寄存器的类型和编号见表 2-8。

表 2-8 FX3U 的数据寄存器的类型和编号

类型	编号	点数
16 位通用数据寄存器(可变)	D0～D199	200
16 位断电保持用数据寄存器(可变)	D200～D511	312
16 位保持用文件数据寄存器(固定)	D512～D7999	7488
16 位特殊数据寄存器	D8000～D8511	512
16 位变址寄存器	V0～V7	8
	Z0～Z7	8

（1）16 位通用数据寄存器

其编号为 D0～D199，共 200 点。在默认状态下，各个单元的数据均为零。如果不写入其他数据，已经写入的数据就不会变化。

当 M8033 为 ON 时，D0～D199 具有断电保护功能。当 M8033 为 OFF 时，D0～D199 没有断电保护功能，一旦停电或 PLC 由运行转为停止，通用数据寄存器中的各种数据将全部清零。

通过参数设定，可以将这部分通用数据寄存器设置为断电保持用数据寄存器。

（2）16 位断电保持用数据寄存器

其编号为 D200～D511，共 312 点。具有断电保持功能。其中的 D490～D509（共 20 点）供通信使用。

通过参数设定，可以将这部分断电保持数据寄存器设置为通用的非断电保持型。

（3）16 位保持用文件数据寄存器

其编号为 D512～D7999，共 7488 点。它们的断电保持功能不能通过参数设定而改变。如果需要改变断电保持功能，可以在程序的起始步中，采用初始化脉冲（M8002）、复位指令（RST）或区间复位（ZRST）指令，将它们的内容清除。

（4）16 位特殊数据寄存器

也称为专用资料寄存器，其编号为 D8000～D8511，共 512 点。它们与特殊辅助继电器类似，每一个都有特定的用途，可以监控 PLC 的运行状态，如扫描时间、电池电压等。有些特殊数据寄存器没有给出定义，但是用户不能使用它们。

在附录 2 中，列出了部分特殊数据寄存器的具体内容。

（5）16 位变址寄存器（V、Z）

V 和 Z 的组件号分别为 V0～V7、Z0～Z7，均为 8 点。它们实际上是特殊用途的数据寄存器，可以用于数据的读写和操作，但是主要用于操作数地址的修改。

在处理 32 位数据时，可以将 V0～V7、Z0～Z7 组合使用，组成 8 个 32 位的变址寄存器。其中 V 为高 16 位，Z 为低 16 位。

2.2.8 指针（P、I）

在 FX3U 系列 PLC 中，指针包括两个部分：分支用指针和中断用指针。指针的类型和编号见表 2-9。

表 2-9　指针的类型和编号

类型		编号	点数
分支用		P0～P4095	4096
		其中 END 跳转用：P63	1
中断用	输入中断	I00□～I50□	6
	定时器中断	I6□□～I8□□	3
	计数器中断	I010～I060	6

（1）分支用指针

分支用指针用来表示跳转指令（CJ）的跳转目标，或表示子程序调用指令（CALL）在调用子程序时的入口地址。其编号是 P0～P4095，共 4096 点，其中的 P63 为 END 跳转用。

（2）中断用指针

中断用指针是用于指示某一中断程序的入口位置，共 15 点。它又分为输入中断用指针（6 点）、定时器中断用指针（3 点）、计数器中断用指针（6 点）。

① 输入中断用指针。其编号为 I00□、I10□、I20□、I30□、I40□、I50□。当□＝1 时，为上升沿中断；当□＝0 时，为下降沿中断。这 6 个指针只能接收特定的输入继电器

X000～X005 的触发信号，而且要一一对应，例如 I00□ 必须对应 X005，才能执行中断程序。

这类中断不受 PLC 扫描周期的影响，可以及时处理外界信息。发生中断时，CPU 从标号开始执行中断，进入到中断返回指令（IRET）时，返回主程序。

② 定时器中断用指针。其编号为 I6□□、I7□□、I8□□。这里的"□□"是中断间隔时间，范围是 10～99ms。这类中断的用途是：以指定的周期定时执行中断服务程序，周期性地处理某些任务，处理的时间也不受扫描周期的限制。例如：I850 表示每隔 50ms 就执行一次标号为 I850 后面的中断程序，在中断返回指令处返回。

③ 计数器中断用指针。其编号为 I010、I020、I030、I040、I050、I060。这 6 个指针与高速计数置位指令（HSCS）组合后，用于利用高速计数器优先处理计数结果的场合。根据高速计数器当前值与设定值的比较结果，确定是否执行中断服务程序。

2.2.9 常数 K、H、E

常数是在编程中进行数据处理不可或缺的组件，用字母 K、H 和 E 表示。常数的类型见表 2-10。

表 2-10 常数 K、H、E 的类型

类型	位数	范围
十进制(K)	16	−32768～+32767
	32	−2147483648～+2147483647
十六进制(H)	16	0～FFFF
	32	0～FFFFFFFF
浮点数(E)	32	$\pm 1.175\times 10^{-38}\sim\pm 3.403\times 10^{38}$

（1）常数 K

它表示十进制整数，可用于指定定时器或计数器的设定值，以及应用指令中操作数的数值。16 位常数的范围是 −32768～+32767；32 位常数的范围是 −2147483648～+2147483647。

（2）常数 H

它用来表示十六进制的整数，主要用于设定应用指令中的操作数值。它包括 0～9 和 A～F 这 16 个数字。16 位常数的范围是 0～FFFF；32 位常数的范围是 0～FFFFFFFF。

（3）浮点数（实数）E

它用来执行高精度的浮点数运算。一般采用二进制浮点数（实数）进行运算，而采用十进制浮点数（实数）进行监控。

2.3 FX3U 的编程指令

FX3U 系列 PLC 的指令系统分为基本指令、步进梯形图指令和功能指令。基本指令反映了继电器控制电路中各组件的基本连接关系，初学者容易理解。本书的出发点是引导电气工程技术人员和其他初学者入门，因此只介绍基本指令和步进梯形图指令。功能指令（又称为应用指令）则比较复杂、抽象，初学者不容易理解，在本书中一般不涉及。在弄懂基本指

令的基础上，可以通过多种其他途径，再深入地学习功能指令。

FX3U 共有 27 条逻辑基本指令，各条指令和它们的功能见表 2-11。

表 2-11　FX3U 基本逻辑指令及功能

序号	助记符	名称	功能和用途
1	LD	取	将常开触点连接到左侧的母线
2	LDI	取反	将常闭触点连接到左侧的母线
3	OUT	输出	驱动右侧母线的线圈
4	AND	与	常开触点串联
5	ANI	与反	常闭触点串联
6	OR	或	常开触点并联
7	ORI	或反	常闭触点并联
8	LDP	取脉冲上升沿	上升沿检出运算开始
9	LDF	取脉冲下降沿	下降沿检出运算开始
10	ANDP	与脉冲上升沿	上升沿检出串联
11	ANDF	与脉冲下降沿	下降沿检出串联
12	ORP	或脉冲上升沿	上升沿检出并联
13	ORF	或脉冲下降沿	下降沿检出并联
14	PLS	上升沿微分	上升沿微分输出
15	PLF	下降沿微分	下降沿微分输出
16	ANB	逻辑块与	并联电路块的串联
17	ORB	逻辑块或	串联电路块的并联
18	MC	主控	主控电路块的起点
19	MCR	主控复位	主控电路块的终点
20	SET	置位	线圈接通后保持
21	RST	复位	输出触点复位；当前值清零
22	MPS	进栈	将运算结果（或数据）压入栈寄存器
23	MRD	读栈	将栈的第一层内容读出来
24	MPP	出栈	将栈的第一层内容弹出来
25	INV	取反	将执行该指令之前的运算结果取反
26	NOP	空操作	无动作
27	END	结束	程序结束

FX3U 共有 2 条步进梯形图指令，见表 2-12。

表 2-12　FX3U 步进梯形图指令

序号	助记符	名称	功能和用途
1	STL	步进触点指令	步进梯形图开始
2	RET	步进返回指令	步进梯形图结束

2.3.1 LD、LDI、OUT 指令

① LD：将常开触点连接到左侧的母线上。

② LDI：将常闭触点连接到左侧的母线上。

LD 和 LDI 指令可以使用的编程组件是：输入继电器 X、输出继电器 Y、辅助继电器 M、状态继电器 S、定时器 T、计数器 C 的触点。

③ OUT：输出指令，将运算结果输出到指定的继电器线圈。OUT 指令和线圈放在梯形图的最右边。可以用 OUT 指令连续放置多个继电器线圈，但是任何一个线圈只能与右侧母线连接一次，也不能将两个线圈串联。

OUT 指令可以使用的编程组件是：Y、M、S、T、C 线圈，但是不能用于输入继电器 X，因为输入信号只能由外部提供，不能由程序产生。

LD、LDI、OUT 指令以及对应的梯形图实例见图 2-1，右侧是与此梯形图对应的指令表。

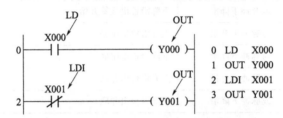

图 2-1 LD、LDI、OUT 指令及对应的梯形图

2.3.2 AND、ANI、OR、ORI 指令

① AND：单个常开触点的串联连接，可以连续使用。

② ANI：单个常闭触点的串联连接，可以连续使用。

③ OR：单个常开触点的并联连接，可以连续使用。

④ ORI：单个常闭触点的并联连接，可以连续使用。

AND、ANI、OR、ORI 指令可用的编程组件是：X、Y、M、S、T、C 的触点。

AND、ANI 编程指令以及对应的梯形图实例见图 2-2；OR、ORI 编程指令以及对应的梯形图实例见图 2-3。

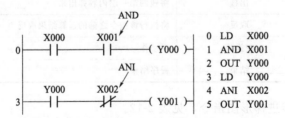

图 2-2 AND、ANI 编程指令及对应的梯形图

2.3.3 LDP、LDF、ANDP、ANDF、ORP、ORF 指令

① LDP、ANDP、ORP：这 3 条指令都是上升沿检测触点指令，其符号是触点中间夹

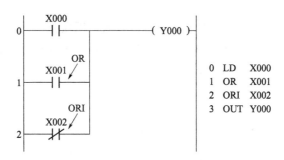

图 2-3 OR、ORI 编程指令及对应的梯形图

着一个向上的箭头。当触点由断开转为接通后，仅在第一个扫描周期内，它所驱动的线圈才是导通的。通俗地说，就是用触点的上升沿脉冲进行控制。

LDP 是将上升沿触点连接到梯形图左侧的母线；ANDP 是对上升沿触点串联连接；ORP 是对上升沿触点并联连接。

LDP、ANDP、ORP 指令以及对应的梯形图、时序图实例见图 2-4。从时序图可知，当触点 X000、X002、X003 或 X004 由断开变为接通（即上升沿）后，在第一个扫描周期内，对应的驱动线圈 Y000、Y001、Y002 的状态为 ON。

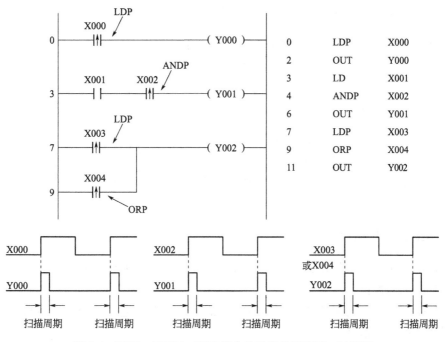

图 2-4 LDP、ANDP、ORP 指令及对应的梯形图、时序图

注意：图中 X002 与 Y001 的时序图是按 X001 闭合的前提考虑的。此外，在指令表中，LDP、ANDP、ORP 指令都是占用 2 步。

② LDF、ANDF、ORF：这 3 条指令都是下降沿检测触点指令，其符号是触点中间夹着一个向下的箭头。当触点由接通转为断开时，仅在第一个扫描周期内，它所驱动的线圈才是导通的。通俗地说，就是用触点的下降沿脉冲进行控制。

LDF 是将下降沿触点连接到梯形图左侧的母线；ANDF 是对下降沿触点串联连接；

ORF 是对下降沿触点并联连接。

　　LDF、ANDF、ORF 指令以及对应的梯形图、时序图实例见图 2-5。从时序图可知，当触点 X000、X002、X003 或 X004 由接通变为断开（即下降沿）后，在第一个扫描周期内，对应的驱动线圈 Y000、Y001、Y002 的状态为 ON。

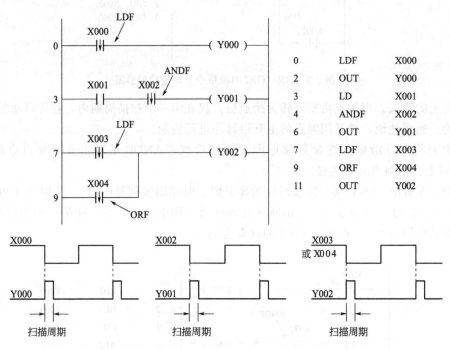

图 2-5　LDF、ANDF、ORF 指令及对应的梯形图、时序图

　　注意：图中 X002 与 Y001 的时序图是按 X001 闭合的前提考虑的。此外，在指令表中，LDF、ANDF、ORF 指令都是占用 2 步。

　　③ LDP、LDF、ANDP、ANDF、ORP、ORF 指令可以使用的编程组件是：X、Y、M、S、T、C 的触点。

2.3.4　PLS、PLF 指令

　　① PLS：上升沿微分输出指令。它对指定信号的上升沿进行微分后，输出一个宽度为一个扫描周期的脉冲信号。

　　② PLF：下降沿微分输出指令。它对指定信号的下降沿进行微分后，输出一个宽度为一个扫描周期的脉冲信号。

　　PLS、PLF 指令及对应的梯形图、时序图实例见图 2-6。

　　从时序图可知，PLS 和 PLF 指令只有在输入信号发生变化时才起作用。当触点 X000 由断开变为接通（即 X000 的上升沿）后，在第一个扫描周期内，M0 的状态为 ON。当触点 X000 由接通变为断开（即 X000 的下降沿）后，在第一个扫描周期内，M1 的状态为 ON。

　　PLS、PLF 指令可以使用的编程组件为输出继电器 Y 和辅助继电器 M，但是不包括特殊辅助继电器。在指令表中，PLS、PLF 指令都是占用 2 步。

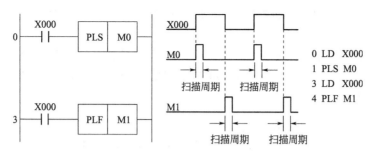

图 2-6　PLS、PLF 指令及对应的梯形图、时序图

2.3.5　ANB、ORB 指令

① ANB：并联电路块的串联连接。并联电路块是指两个及两个以上的触点并联所组成的电路结构。

② ORB：串联电路块的并联连接。串联电路块是指两个及两个以上的触点串联所组成的电路结构。

ANB 和 ORB 指令没有具体的编程组件，操作对象就是它们前面的电路块。

ANB 指令以及对应的梯形图实例见图 2-7；ORB 指令以及对应的梯形图实例见图 2-8。

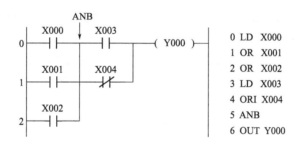

图 2-7　ANB 指令及对应的梯形图

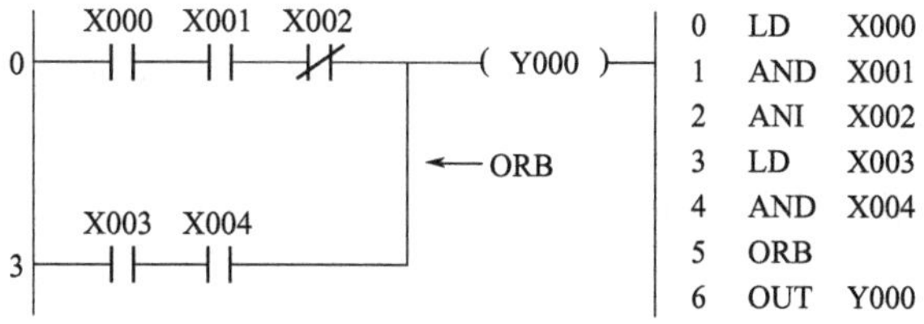

图 2-8　ORB 指令及对应的梯形图

2.3.6　MC、MCR 指令

在编制梯形图程序时，经常会碰到许多线圈同时受到一个（或一组）触点控制的情况，如果在每个线圈的控制回路中都串联这个（或这一组）触点，程序就比较复杂，还要占用很多存储单元。利用 MC 和 MCR 指令来处理，程序就显得更简单、更清晰。

① MC：主控指令，表示主控区开始。

② MCR：主控复位指令，表示主控区结束。

MC 指令可以使用的编程组件是输出继电器 Y、辅助继电器 M（不包括特殊辅助继电器）。MC 和 MCR 指令必须成对使用。这两条指令经常应用于循环程序、子程序调用和中断。

MC 和 MCR 指令对应的梯形图实例见图 2-9。其中的常开触点 X000 是 MC 指令的触发条件。当 X000 接通时，执行从 MC 到 MCR 之间的指令；当 X000 断开时，不执行从 MC 到 MCR 之间的指令。

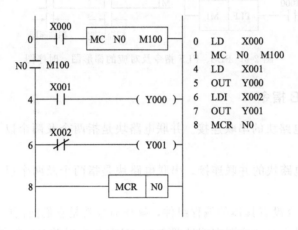

图 2-9　MC 和 MCR 指令对应的梯形图

执行 MC 指令后，母线就移到了 MC 主控触点的后面。与主控触点相连接的触点，都必须使用 LD 或 LDI 指令。

在图 2-9 中，N0 要编写在梯形图左侧的母线上。在 GX Developer 和 GX Works2 编程环境中，具体的编写方法是：先输入"写入模式"梯形图，此时 N0 不在梯形图左侧的母线上。编写完梯形图程序后，再执行菜单"编辑"→"读出模式"，将梯形图转换为"读出模式"，N0 就会自动地出现在梯形图左侧的母线上。

MC、MCR 指令也可以进行嵌套使用。嵌套就是套中套，指在执行某种功能操作的过程中，再次执行同类型的操作，当然内容已经不同了。具体来说，就是在 MC 指令区里，再次或多次使用 MC 和 MCR 指令。图 2-10 是嵌套使用的实例。

在 FX3U 中，嵌套最多为 8 层，N0 为最高层，N7 为最低层。没有嵌套时，一般用 N0。

在指令表中，MC 指令占用 3 步，MCR 指令占用 2 步，定时器和计数器输出指令也是占用 3 步。

2.3.7　SET、RST 指令

① SET：置位指令，使操作对象保持 ON 状态。可以使用的编程组件有输出继电器 Y、辅助继电器 M、状态继电器 S。

② RST：复位指令，使操作对象保持 OFF 状态。可以使用的编程组件有输出继电器 Y、辅助继电器 M、状态继电器 S、时间继电器 T、计数器 C。它也可以将数据寄存器 D、变址寄存器 V/Z 清零。

SET、RST 指令以及对应的梯形图、时序图实例见图 2-11。

从时序图可知，当常开触点 X000 闭合时，输出继电器 Y000 变为 ON，并保持在这种状态。即使 X000 断开，Y000 也仍然保持 ON。当常开触点 X001 闭合时，Y000 变为 OFF

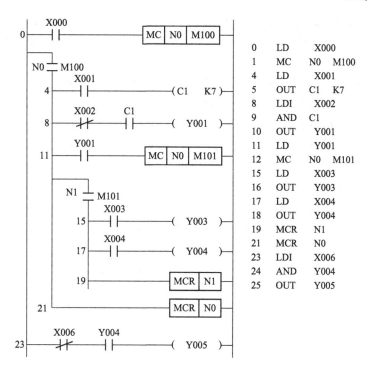

图 2-10 MC 和 MCR 指令的嵌套使用

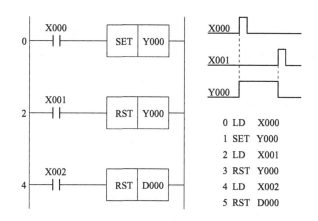

图 2-11 SET、RST 指令及对应的梯形图、时序图

状态并且保持，即使 X001 断开，Y000 也保持在 OFF 状态。

对于同一只输出继电器（或其他组件），可以反复使用 SET 和 RST 指令对其进行置位和复位，最后一次执行的指令将决定输出组件的状态。

2.3.8 MPS、MRD、MPP 指令

这三条是堆栈指令，也就是多输出指令。堆栈就是"货仓"，它是向计算机术语中借用的一个名词。具体来说，就是在 PLC 的某一个特定存储区里，存储某些中间运算的结果。如果读者对这几条指令难以理解，可以抛开"堆栈"的概念，按"多路输出"进行理解。

① MPS：压入堆栈。将该指令前面的运算结果存储起来，以供后面反复使用。一般用在梯形图分支点处最上面的支路，将分支处左边的运算结果保存起来。

② MRD：读出堆栈，即读出由 MPS 指令存储的运算结果。一般用在 MPS 指令支路以下，MPP 指令支路以上的所有支路中。它能反复读出由 MPS 指令存储的运算结果，以供后面的程序使用。

③ MPP：弹出堆栈，读出并清除由 MPS 指令存储的运算结果。一般用在分支点最下面的支路。它最后一次读出由 MPS 指令存储的运算结果，并同最下面的支路进行逻辑运算，然后将 MPS 指令所存储的内容清除，结束分支处的编程。

MPS 指令与 MPP 指令必须成对使用，即在每一条 MPS 指令的后面，都必须有一条对应的 MPP 指令。处理最后一条指令时，必须使用 MPP 指令，而不是 MRD 指令。在 FX3U 中，共有 11 个堆栈内存。

堆栈指令没有操作数。

MPS、MRD、MPP 指令以及对应的梯形图实例见图 2-12。

X000
X001
0
Y000
MPS
X002
MRD
Y001
X003
MRD
Y002
X004
MPP
Y003

0	LD	X000	7	MRD	
1	MPS		8	AND	X003
2	AND	X001	9	OUT	Y002
3	OUT	Y000	10	MPP	
4	MRD		11	AND	X004
5	ANI	X002	12	OUT	Y003
6	OUT	Y001			

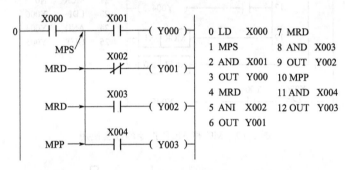

图 2-12　MPS、MRD、MPP 指令及对应的梯形图

从图 2-12 可以看出，堆栈指令所对应的分支机构梯形图与前面的逻辑块不同。在逻辑块中，无论其结构多么复杂，最后一般都是以一个线圈结束。而分支机构中，每一个支路的最后都有一个线圈或其他应用指令。

图 2-12 所示的分支机构比较简单，可以变换成图 2-13 所示的等效的指令和梯形图，在这里就不需要使用堆栈指令了，将常开触点 X000 重复使用几次就行了。但是，对于比较复杂的分支机构，如图 2-14 所示，如果不使用堆栈指令，程序就比较烦琐了。堆栈指令的真正用途就体现在这种较为复杂的分支机构中。

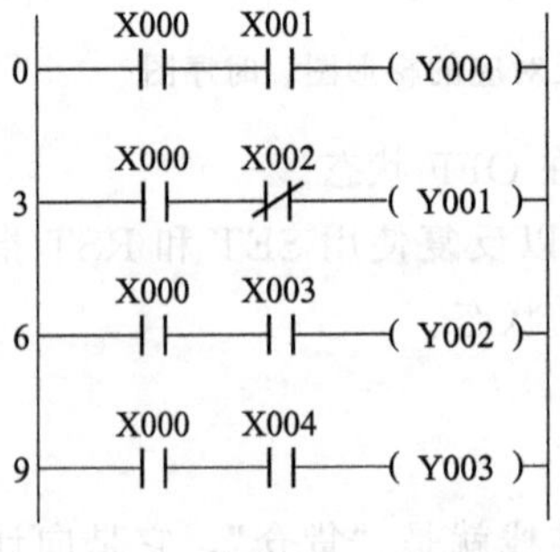

X000
X001
0
Y000
X000
X002
3
Y001
X000
X003
6
Y002
X000
X004
9
Y003

0	LD	X000	6	LD	X000
1	AND	X001	7	AND	X003
2	OUT	Y000	8	OUT	Y002
3	LD	X000	9	LD	X000
4	ANI	X002	10	AND	X004
5	OUT	Y001	11	OUT	Y003

图 2-13　与图 2-12 等效的指令及梯形图

2.3.9　INV、NOP、END 指令

① INV：取反指令，又称取非指令。INV 指令的功能是将该指令前面的运算结果取反。

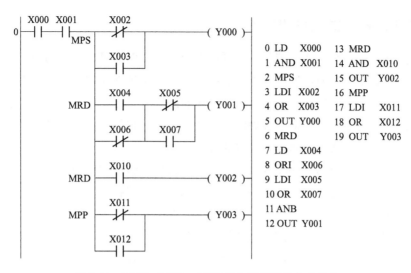

图 2-14 MPS、MRD、MPP 指令用于复杂分支机构

运算结果如果为 0，就将它变为 1；运算结果如果为 1，就将它变为 0。

　　INV 指令在梯形图中单独使用时，用一条 45°的短斜线表示。它不需要指定编程组件，但是在 INV 指令的前面，需要有输入量。它也可以和 LD、AND、OR 连用，构成 LDI、ANI、ORI。

　　INV 指令以及对应的梯形图、时序图实例见图 2-15。从图中可知，如果触点 X000 为 ON，则 Y000 为 OFF；如果 X000 为 OFF，则 Y000 为 ON。

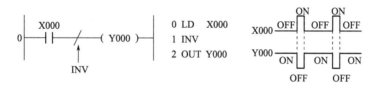

图 2-15 INV 指令及对应的梯形图、时序图

　　在图 2-15 中，INV 指令的写入方法：将光标放在 X000 右边，然后点击图 3-18 所示"梯形图标记工具条"中的 caF10，予以确认后即可。

　　在使用 INV 指令时要注意，它不能像 LD、LDI、LDP、LDF 那样直接与母线连接，也不能像 OR、ORI、ORP、ORF 那样单独并联使用。

　　② NOP：空操作指令。它不执行任何操作，但是占用一个程序步。可以用 NOP 指令短接某些触点，或者将不必要的指令覆盖。如果 PLC 将程序全部清除，则所有的指令都变为 NOP。

　　③ END：结束指令。强制结束当前的扫描过程。如果在程序的最后写入 END 指令，则 END 之后的程序步不再扫描，转入输出处理。这样可以大大缩短扫描周期。如果在程序的最后不写入 END 指令，则一直扫描到最后的程序步（FX3U 基本单元为 16000 步），然后从 0 步开始重复处理。

　　在调试程序时，可以将程序划分为若干段，在每一段的后面插入一条 END 指令。然后从第一段开始，分段进行调试。每调试完一段程序之后，删去其后面的 END 指令，再转入下一段的调试，直至调试结束，这样调试就更为方便，可以节省许多时间。

2.3.10　STL、RET 步进梯形图指令

在工业控制领域，有一些比较复杂的顺序控制过程，例如机床的自动加工，机械手的循环动作等。如果采用一般的梯形图或指令表编程，程序设计就比较复杂，也不容易读懂，程序调试也比较麻烦。在这种场合，可以用顺序功能图（SFC）来实现。步进指令是专门为顺序功能图而设计的指令，它非常适合顺序控制系统的设计和编程。用步进指令来编制的顺序功能图，既便于设计，又容易阅读、修改和移植。

① STL：步进触点指令。其意义是启动顺序控制功能，在梯形图上体现为从母线上引出状态触点。STL 还有建立子母线的功能，以便于顺序控制在子母线上进行。STL 只有常开触点，没有常闭触点。

② RET：步进返回指令。用于在顺序控制程序执行完毕时，返回到主母线。顺控程序的结尾必须使用 RET 指令，以复位 STL 指令，退出步进状态。

STL 和 RET 指令使用的软组件是状态继电器 S。只有与 S 结合起来，才能进行步进程序的编写。FX3U 中有 4096 个状态继电器（S0～S4095），它们都可以用于步进梯形图的设计。状态继电器的分类、编号、数量及用途已经在表 2-5 中列出。

STL 和 RET 指令的实际应用见图 2-16，它就是控制系统的 SFC 功能图，其工艺过程是：

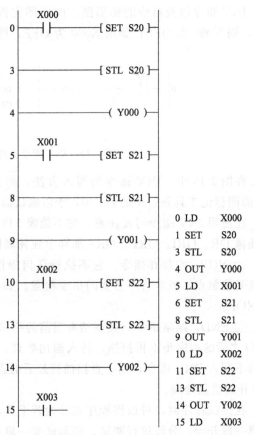

```
0 LD    X000
1 SET   S20
3 STL   S20
4 OUT   Y000
5 LD    X001
6 SET   S21
8 STL   S21
9 OUT   Y001
10 LD   X002
11 SET  S22
13 STL  S22
14 OUT  Y002
15 LD   X003
```

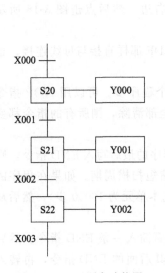

图 2-16　SFC 顺序功能图　　　　　　图 2-17　采用 STL 和 RET 指令所编写的步进梯形图

当 X000 闭合时，状态继电器 S20 得电启动，输出继电器 Y000 接通。

当 X001 闭合时，状态继电器 S21 得电启动，输出继电器 Y001 接通。状态由 S20 转移到 S21，即 S20 断开，S21 接通。

当 X002 闭合时，状态继电器 S22 得电启动，输出继电器 Y002 接通。状态由 S21 转移到 S22，即 S21 断开，S22 接通。

当 X003 闭合时，状态由 S22 转移到下一个状态。

图 2-17 是在 GX Developer 和 GX Works2 环境下采用 STL 和 RET 指令所编写的与图 2-16 相对应的步进梯形图。如果使用其他的编程软件，则步进梯形图的形式可能不一样。

在图 2-17 中，当转移条件 X000 接通时，先由置位指令 SET 对状态继电器 S20 置位，使 S20 的线圈得电。接着步进指令 STL 将 S20 置于活动步，S20 对输出继电器 Y000 进行操作，使 Y000 的线圈得电。STL 指令和 Y000 的线圈都是直接与左侧的主母线相连接，这是编程软件 GX Developer 和 GX Works2 所规定的格式。

注意：用 SET 置位指令操作状态继电器 S（例如 SET S20）时，要占用 2 个程序步。

2.3.11　使用基本指令中的一些问题

在使用基本指令编写梯形图的过程中，很多方面都与继电器控制系统的电气原理图相似，相应的设计思想可以借鉴。但是梯形图与电气原理图有很多不同之处，在设计中需要注意。

根据工艺流程和控制要求所编写的程序，有时不符合梯形图简化的原则，这时应当进行等效处理。

例如，在图 2-18(a) 中，上面一行的触点少，下面一行的触点多，这种情况应当按照图 2-18(b) 进行简化，将触点多的一行放置在上面，触点少的一行放置在下面。

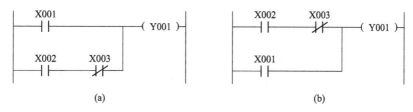

图 2-18　梯形图 1

在图 2-19(a) 中，紧靠左侧母线的第一列触点少，第二列触点多，这种情况应当按照图 2-19(b) 进行简化，将触点多的一列放置在左边，触点少的一列放置在右边。

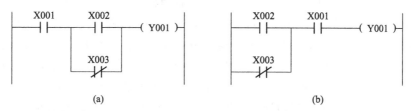

图 2-19　梯形图 2

2.4　FX3U 控制系统的设计步骤

在了解并掌握 FX3U 型 PLC 的基本工作原理和编程技术的基本上，就可以结合电气控制中的具体任务，运用 FX3U 进行实际的工业自动控制设计。其步骤如下：

（1）现场调研，确定技术方案

在设计之前，要进入工程现场，进行实地调研考察，全面、详细地了解被控制对象的实际情况和生产工艺。与此同时，要搜集各种技术资料，与其他各个专业的工程技术人员、现场操作员工进行沟通和交流，了解工艺过程，明确控制任务和设计要求，拟订出电气控制方案。例如手动、半自动、全自动、单机运行、多机联动运行等。还要明确系统的其他功能，例如诊断检测、故障检测、故障报警、管理功能、通信功能、紧急情况的处理和保护。根据这些具体情况，选择最佳的 PLC 控制方案。

（2）进行 PLC 和外围设备的选型

选择 FX3U 机型的基本原则，是在满足各项功能的前提下，寻求最高的性价比，并能够在一定的范围内升级。具体选择时要考虑到以下几个方面：

① 控制功能的选择。对于以开关量为主，带有少量模拟量控制的电控设备，一般小型 PLC 就可以满足要求。对于以模拟量为主，具有很多闭环控制的系统，可以按照规模的大小和复杂程度，选用中档和高档机。

② 输入输出点数的选择。先列出输入输出元件表，统计出 I/O 元件所需要的点数，据此，确定 PLC 的 I/O 总点数。总点数要比当前的实际点数多出 20％左右，以预备日后的设备改造升级。

③ 存储容量的选择。选择存储容量时，通常采用以下公式：

存储容量（字节）＝开关量 I/O 点数×10＋模拟量 I/O 通道数×100

在一般情况下，FX3U 均能满足存储容量的要求。

④ 其他方面的技术要求。例如诊断和报警功能、特殊控制功能、通信功能、网络功能、外接端口等。

综合考虑以上各个方面的因素，就可以针对性地选择出合适的 FX3U 机型。

PLC 的外围设备主要是供电电源（交流或直流、电压等级）、输入设备（如按钮、转换开关、接近开关、限位开关、模拟量输入元器件）、输出设备（如继电器、接触器、电磁阀、信号灯）等。这些外围设备，也要根据具体的控制要求，进行选择和定型。

（3）分配 I/O 地址，进行 FX3U 控制系统的硬件设计

对输入端口、输出端口进行合理的安排后，列出 I/O 地址分配表，并对输入单元、输出单元进行地址分配。

① 在对输入单元进行地址分配时，可以将所有的控制元件进行集中配置，相同类型的输入端子尽可能地分配在同一个组。对每一种类型的控制元件，按顺序定义输入端子的地址。如果有多余的输入端子，可以将各个输入组（或输入扩展模块）分别配置给同一台设备。如果有噪声大的输入模块，要尽量摆放到远离 CPU 的插槽内，以避免交叉干扰。

② 在对输出单元进行地址分配时，也要尽量将同类型设备的输出端子集中在一起。按照设备的类型，顺序地定义输出地址。如果有多余的输出端子，可以将各输出组（或输出扩展模块）分别配置给同一台设备。对彼此有关联的输出器件，如电动机的正转和反转接触器，其输出地址尽可能地连续分配。

③ FX3U 控制系统的硬件设计，包括电源连接图、输入接线图、输出接线图、辅助电路接线图、电气控制柜接线图、设备安装图等。它们与 PLC 的外围元件一起，构成一个完整的电气控制系统。

（4）编写具体的用户程序

PLC 的所有控制功能，都是以程序的形式表达的，大量的工作将用于程序的设计。

程序的设计包括：对参数表中的各项参数进行具体的定义，绘制程序流程图，编制 PLC 程序，编写程序的文字说明书。

① 对参数表进行定义。参数表包括输入信号表的定义、输出信号表的定义、各个内部继电器的定义、有关存储器的定义等。参数表的格式和定义因人而异，但总的原则是简洁、明确、便于使用。

② 绘制程序流程图。程序流程图也就是程序方框图，它以功能单元的结构形式来表示，其用途是描述系统控制流程的走向，据此可以了解各个控制单元在整个程序中的功能和作用。一个详细的程序流程图，非常有利于程序的编写和调试。

③ 编制 PLC 程序。这是整个工程中的核心内容，一般都是采用梯形图形式的程序。以编程软件（GX Developer、GX Works2 等）为平台，结合一系列编程指令、一系列编程元件，编制出符合实际需要的控制程序。

（5）进行 PLC 程序调试

为了安全起见，在通电调试之前，要将主回路断开，进行预调，确认没有故障之后，再接入主回路。

PLC 程序一般都是在电脑或编程器中编制的。编制完毕后，可以先用装在 PLC 上的模拟开关来模拟输入信号的状态，用输出端子上的指示灯模拟被控制对象，检查所编制的程序有没有错误。

在 GX Works2 软件中，内置了仿真软件，可以用于仿真分析。所谓仿真分析，就是在编制的程序中，先强制某个或某些输入元件的状态，再观察某个或某些输出元件的状态，看看与设计的程序是否相符。这样，在程序下载到 PLC 机器之前，基本上可以检查出程序的设计是否正确。

如果使用的编程软件是 GX Developer，可以在电脑中再安装仿真专用软件 GX Simulator，进行仿真分析。

如果程序正确，就可以通过编程电缆，将编程设备中的程序下载到 FX3U 机器中。然后将 FX3U 接入电源、输入元件、输出元件、主回路，进行"真刀真枪"的实际调试。在调试过程中，让 PLC 驱动所控制的设备，并修改不合理的部分，直到各部分的功能正常，构成一个完整的自动控制系统。

第**3**章 ►►►►
FX3U 的编程软件
GX Developer

编程软件是编制 PLC 控制程序的操作平台，每一个品牌的 PLC，都有自己独立的编程软件。FX3U 的编程软件有 FX-GP/WIN-C、GX Developer、GX Works2 等。FX-GP/WIN-C 是早期的编程软件，功能不够完善。GX Developer 和 GX Works2 是目前广泛使用的两种编程软件。

GX Developer 功能比较完善，使用简体中文，支持梯形图、指令表、SFC 等多种程序语言，可以方便地进行梯形图与指令表的转换。可以进行程序的在线修改、监控、调试。现在介绍 GX Developer 的下载、安装和使用。

3.1 编程软件 GX Developer 的下载和安装

3.1.1 编程软件 GX Developer 的下载

（1）下载途径

初学 PLC 编程的电气技术人员，一般不熟悉 FX3U 编程软件的下载途径，往往为此颇

图 3-1　资料下载　　　　　　　　　　图 3-2　软件下载

费周折，所以很有必要加以引导。

①打开"三菱电机自动化中国有限公司"官方网站，先要进行注册，使自己成为"三菱电机自动化（中国）有限公司"的会员，然后进行登录。如果原来已经注册，就可以直接登录该公司的网站。

②点击图3-1所示的"热点推荐"栏目中的"资料下载"。在"资料下载"选项中，点击图3-2所示的"软件下载"。

③在"软件下载"选项中，点击"类别"栏目中的"请选择软件类别"，选择其中的"控制器"。

④在"关键词"栏目中，输入"GX Developer"，并点击"搜索"，出现图3-3所示的"搜索结果"。

搜索结果

共1项内容符合搜索条件

文件标题	文件类别	大小	上传日期	操作
● GX Developer	可编程控制器MELSEC	286 MB	2015/06/17	查看

图3-3　搜索结果

⑤点击图3-3中的"查看"，弹出图3-4中的"软件下载"和"软件介绍"界面。

软件下载

下载遇到问题?

GX Developer [获取该软件免费序列号]	
版本号：	8.103H
适用产品：	Q系列、FX系列PLC
软件语言：	中文
适用系统：	Windows Xp 32bit Windows Xp 64bit Windows Vista 32bit Windows Vista 64bit Windows 7 32bit Windows 7 64bit
上传日期：	2015-06-17
文件大小：	286 MB

软件介绍

三菱PLC的编程软件。适用于Q、QnU、QS、QnA、AnS、AnA、FX等全系列可编程控制器。支持梯形图、指令表、SFC、ST及FB、Label语言程序设计，网络参数设定，可进行程序的线上更改、监控及调试，具有异地读写PLC程序功能。

图3-4　"软件下载"和"软件介绍"界面

⑥在这个界面的下方，有图3-5所示的下载地址。选择"本地下载"或"云盘下载"

后，即可下载编程软件 GX Developer。如果选择"云盘下载"，则下载的速度要快得多。如果进行光盘申请，三菱电机自动化有限公司就会为用户寄送 GX Developer 的安装光盘。

图 3-5　编程软件 GX Developer 的下载地址

（2）注意事项

① 宜用 IE 浏览器下载，否则下载可能受阻。

② 将所下载的编程软件 GX Developer 保存到指定的文件夹中。要保持原文件夹的名称，不能有中文目录名。

3.1.2　编程软件 GX Developer 的安装

编程软件 GX Developer 支持 Windows 7 32/64bit、Windows XP 32/64bit、Windows vista 32/64bit 操作系统。它是以压缩文件的形式下载的，其名称是"software＿GX Developer"。在安装之前，首先要将这个压缩文件解压，解压后的文件名称是"sw8d5c-gppw-c＿8103h"。

安装步骤如下：

① 打开解压后的安装文件"sw8d5c-gppw-c＿8103h"，弹出图 3-6 所示的一系列文件夹和文件，其中有安装文件"SETUP"（蓝色），但是先不要去点击它，必须先安装通用环境。

图 3-6　弹出文件夹和文件

② 打开图 3-6 中的文件夹"EnvMEL"，弹出图 3-7 所示的画面，双击其内部的安装文件"SETUP"（蓝色），进行"通用环境"的安装。

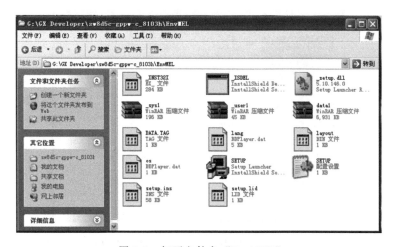

图 3-7　打开文件夹"EnvMEL"

③ 完成"通用环境"的安装后，返回上一路径，回到图 3-6 中，双击安装文件"SETUP"（蓝色），进行 GX Developer 软件的安装。这时，安装文件中会出现图 3-8 所示的界面，要求输入产品序列号。

图 3-8　输入产品系列号的提示

这个序列号一般可用 804-999559933，将 804 键入到左边的小方框中，999559933 键入到右边的长方框中，然后进入下一步。

④ 接着，在安装文件中会出现图 3-9 所示的窗口，提示选择是否安装"结构化文本（ST）语言编辑功能"，一般不需要安装，直接进入下一步。

⑤ 在安装文件中会出现图 3-10 所示的窗口，提示选择是否安装"监视专用 GX Developer"。

这里要特别注意，"监视专用 GX Developer"这里不能打钩，否则软件只能用于监视，不能编程。这是初学者出现问题最多的地方。在安装选项中，每一个步骤都要仔细看，不要盲目打钩，有的选项打钩了反而不利。

⑥ 接着，又提示是否安装"MEDOC 打印文档的读出""从 Melsec Medoc 格式导入"，一般不需要安装。

⑦ 进入下一步后，出现图 3-11 所示的窗口，要求指定一个目标文件夹作为编程软件 GX Developer 的安装路径，可以选择默认的文件夹 C：\ MELSEC，如果改用 C 以外的其他

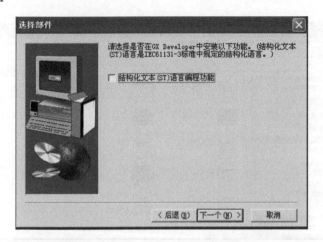

图 3-9　是否安装"结构化文本（ST）语言编辑功能"的提示

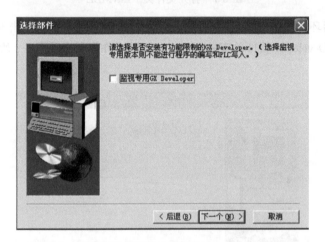

图 3-10　是否安装"监视专用 GX Developer"的提示

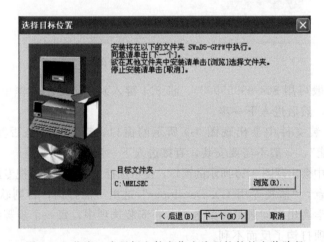

图 3-11　指定一个目标文件夹作为编程软件的安装路径

驱动器，可能会影响编程软件的正常工作。

⑧ 点击"下一个"，进入正式的安装，GX Developer 编程软件会自动安装到 C 盘中。

⑨ 安装完毕后，电脑系统会提示"完成"。

3.2 GX Developer 的梯形图编辑环境

GX Developer 编程软件安装完毕后，在电脑桌面上会自动放置其快捷方式，双击快捷图示，弹出图 3-12 所示的初始启动界面。

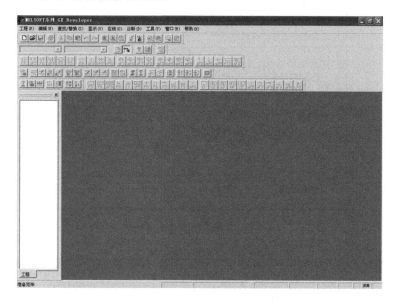

图 3-12 GX Developer 编程软件的初始启动界面

在初始启动界面中，除了主菜单之外，各种工具基本上都是灰色的，不能进行操作，初学者可能不知所措。不要着急，按照下述的步骤操作，就会一步一步地进入到 GX Developer 的编辑界面。

3.2.1 创建新的设计工程

在初始界面中，执行菜单"工程(F)"→"创建新工程(N)..."，弹出"创建新工程"对话框，如图 3-13 所示。

在图 3-13 中，需要对所设计的工程项目进行一些定义：

① PLC 系列：如果选用 FX3U 系列 PLC，或 FX 系列中的其他 PLC，则选择"FXCPU"。

② PLC 类型：对于 FX3U 系列 PLC，选择"FX3U(C)"。

③ 程序类型：选择"梯形图"或"SFC"。

④ 工程名：在一般情况下，都需要为所设计的工程项目确定一个名称，所以要勾选"设置工程名"，然后在"工程名"一栏中写入"皮带输送机"。

⑤ 驱动器/路径：所设计的文件应该放置在指定的文件夹中，以便于保存和随时调用，初学者往往忽视了这个问题，导致找不到自己的文件。默认的保存路径是 C：\ MELSEC \ Gppw，即 C 盘 \ MELSEC 文件夹下面的 Gppw 文件夹。最好是在 C 盘或其他驱动器（D、F、E 等）中建立一个新的文件夹，并将这个文件夹起名为"我的 PLC 设计"。

⑥ 点击图 3-13 右上角的"确定"按钮，弹出图 3-14 所示的 GX Developer 梯形图编辑主界面。

图 3-13 "创建新工程"对话框

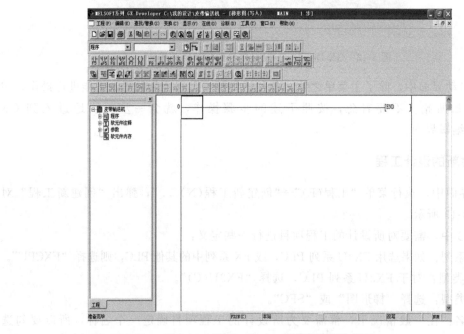

图 3-14 GX Developer 梯形图编辑主界面

3.2.2 梯形图编辑主界面解析

在图 3-14 所示的编辑主界面中，包括菜单栏、工具条、编辑区、工程数据列表、状态条等。

① 菜单栏：如图 3-15 所示。它包括工程（F）、编辑（E）、查找/替换（S）、变换（C）、显示（V）、在线（O）、诊断（D）、工具（T）、窗口（W）、帮助（H）这 10 个菜单。

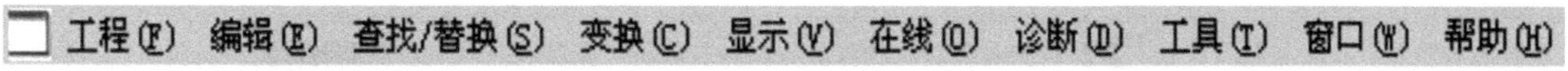

图 3-15 GX Developer 的菜单栏

② 标准工具条：如图 3-16 所示。它用于文档的建立、保存、打印，程序的剪切、复制、粘贴，元件/指令/字符串的查找、替换，PLC 程序的读入、写出，编程元件的登录监视、成批监视、测试，参数检查。

图 3-16 GX Developer 的标准工具条

③ 数据切换工具条：如图 3-17 所示。它通过其右侧的下拉箭头，可以在程序、软元件注释、参数等项目之间进行切换。

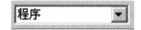

图 3-17 GX Developer 的数据切换工具条

④ 梯形图标记工具条：如图 3-18 所示。它提供编辑梯形图所需要的常开触点、常闭触点、输出线圈、连接线条、应用指令等内容。

图 3-18 GX Developer 的梯形图标记工具条

⑤ 程序工具条：如图 3-19 所示。它进行梯形图/指令表模式的显示切换，程序读出/写入模式的切换，监视/监视写入模式的切换。

图 3-19 GX Developer 的程序工具条

⑥ SFC 符号工具条：如图 3-20 所示。它提供编辑 SFC 程序所需要的步、块启动步、结束步、空步、转移、选择分支、并列分支、选择合并、并列合并、线条等功能键。

图 3-20 GX Developer 的 SFC 符号工具条

⑦ 注释工具条：如图 3-21 所示。它对公共程序/各程序的注释进行设置，或进行注释范围设置。

⑧ 查找工具块：如图 3-22 所示。在 PLC 程序中，向上方或向下方查找所需要的内容。

⑨ SFC 工具条：如图 3-23 所示。它对 SFC 程序进行块变换、块信息设置排序、块监视操作。

⑩ 工程数据列表：如图 3-24 所示。它将 PLC 程序中的内容以树状管理器形式来表示，

图 3-21 GX Developer 的注释工具条

图 3-22 GX Developer 的查找工具块

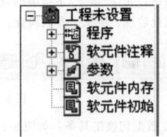

图 3-24 GX Developer 的工程数据列表

图 3-23 GX Developer 的 SFC 工具条

以显示程序、软元件注释、参数、软元件内存等内容。

工程数据列表有时被隐藏，这时可点击菜单"显示"→"工程数据列表"，将这个工具条显示出来。

⑪ 操作编辑区：如图 3-25 所示。它是指编辑主界面中大面积的空白区域，用于对 PLC 程序进行编辑、修改、监控。

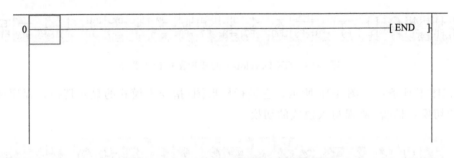

图 3-25 GX Developer 的空白操作编辑区

⑫ 状态条：如图 3-26 所示。它位于电脑显示器的底部，用于提示当前的操作，显示 PLC 的类型和当前的操作状态。

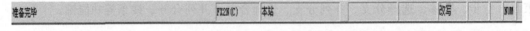

图 3-26 GX Developer 的状态条

3.3 PLC 参数设定

确定 PLC 的型号之后，在开始编程之前，需要根据所选用的 PLC 进行必要的参数设置，否则会影响编程和通信的正常进行。

在编程界面中，打开左侧的导航窗口，点击其中的"参数"→"PLC 参数"，弹出图 3-27 所示的"FX 参数设置"表。表中标签的内容有"内存容量设置""软元件""PLC 名""I/O 分配""PLC 系统（1）""PLC 系统（2）"。要根据实际工程的要求，分别设置这些参数的范围。蓝色的标签表示数据处于已设置状态，红色的标签表示数据处于未设置状态。

① 内存容量设置，已显示在图 3-27 中。这里的"内存容量"最大为 16000，最小为 2000。电气工程技术人员在初学三菱 FX3U 型 PLC 时，所接触的 PLC 程序容量一般不太大，选择 2000 就足够了，这样在计算机与 PLC 通信时，可以提高速度。

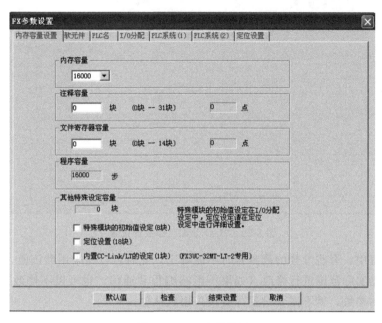

图 3-27　FX 参数设置

表中的"注释容量"设置值最大为 31 块，"文件寄存器容量"设置值最大为 14 块。注意：如果将"注释容量"设置为 0，则在计算机与 PLC 通信时，不能将程序中的"软元件注释"写入到 PLC 控制器中。

② "软元件"参数的设置，见图 3-28。

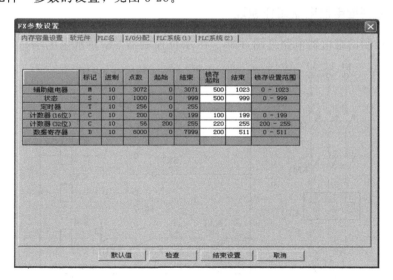

图 3-28　"软元件"参数的设置

③ "I/O 分配"参数的设置，见图 3-29。

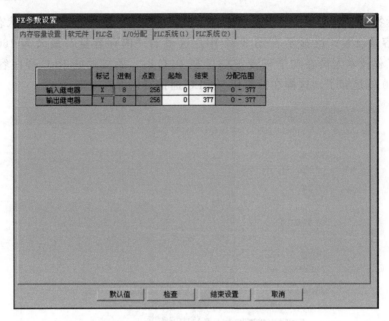

图 3-29 "I/O 分配"参数的设置

在设置过程中，有些参数的范围暂时不能确定，此时可以先采用默认值，或暂定一个范围，以后再根据实际范围进行修改（如果不影响编程和通信，也可以不修改）。对于某些与实际工程无关的参数，就不需要设置，直接采用默认值。

3.4 GX Developer 环境中的编程实例

现在以一个简单的实例——水泵自动控制电路，说明怎样在 GX Developer 编辑环境中进行梯形图主程序的编程。

3.4.1 水泵控制继电器电路工作原理

水泵自动控制的继电器电路见图 3-30。由水位控制器 SK 对水泵电动机进行自动控制。

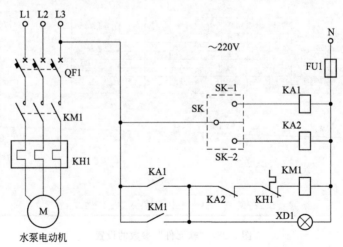

图 3-30 水泵自动控制原理图

当水池内的水位下降到最低位置时，水位控制器 SK-1 的触点接通，继电器 KA1 和接触器 KM1 线圈通电，KM1 吸合并自保，电动机运转，水泵开始向水池注水。

当池内的水位上升到最高位置时，水位控制器 SK-2 的触点接通，继电器 KA2 吸合，其常闭触点断开，接触器 KM1 线圈失电，KM1 释放，电动机停止运转，水池停止注水。

3.4.2 I/O 端子地址分配和 PLC 选型、接线

（1）I/O 端子地址分配

输入/输出元件的 I/O 端子地址分配见表 3-1。这里没有使用输入继电器 X0 和输出继电器 Y0，这是为了适应初学者的习惯。

表 3-1　水泵自动控制电路 I/O 地址分配表

I（输入）			O（输出）		
元件代号	元件名称	地址	元件代号	元件名称	地址
SK-1	低水位常开触点	X001	KM1	交流接触器	Y001
SK-2	高水位常开触点	X002	XD1	运行指示灯	Y002
KH1	热继电器	X003			

（2）PLC 的选型

本电路中，输入和输出端子都很少，可以选用三菱 FX3U-16MR/ES(-A) 型 PLC。从表 1-1 可知，它是 AC 电源，DC 24V 漏型/源型输入通用型，工作电源为交流 100~240V，现在设计为通用的 AC 220V。总点数 16，输入端子 8 个，输出端子 8 个，继电器输出，负载电源为交流，本例也选用 AC 220V。

（3）PLC 接线图

按照上述情况，结合 FX3U-16MR/ES(-A) 型 PLC 的接线端子图（图 1-10），设计出水泵自动控制电路的 PLC 接线图，如图 3-31 所示。

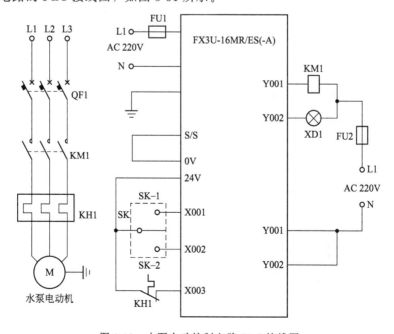

图 3-31　水泵自动控制电路 PLC 接线图

3.4.3 在编程界面中创建 PLC 新工程

点击桌面上的 GX Developer 图标，弹出图 3-12 所示 GX Developer 编程软件的初始启动界面，执行菜单"工程(F)"→"创建新工程(N)"，弹出图 3-13 所示的"创建新工程"对话框。

在"PLC 系列"中，选择"FXCPU"；

在"PLC 类型"中，选择"FX3U(C)"；

在"程序类型"中，选择"梯形图"；

勾选"设置工程名"，然后在"工程名"一栏中写入"水泵自动控制"。

在驱动器/路径中，默认的保存路径是 C：\ MELSEC \ Gppw，也就是将所设计的文件保存在 C 盘 \ MELSEC 文件夹下面的 Gppw 文件夹中。现在为了便于查找，不使用这个文件夹，另外在 D 盘中建立一个新的文件夹，并将这个文件夹起名为"我的 PLC 设计"。

点击图 3-13 中的"确定"按钮之后，弹出图 3-14 所示的 GX Developer 梯形图编辑主界面。在菜单栏中执行"编辑"→"写入模式"。

3.4.4 编程软元件的注释

如果梯形图中的软元件没有添加注释，读图就比较困难，读懂复杂的梯形图更不容易。加上注释后，对梯形图程序就容易理解了，所以添加注释是很有必要的。

点击图 3-24 工程数据列表中的"软元件注释"→"COMMENT"，弹出软元件注释表，如图 3-32 所示。

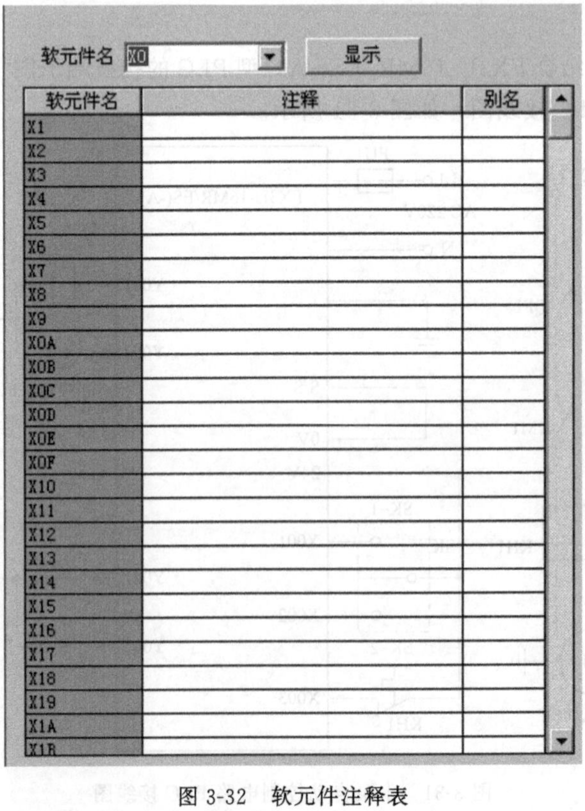

图 3-32 软元件注释表

在本例中，要用到三种编程元件，一是输入继电器 X，二是内部继电器 M，三是输出
继电器 Y。

（1）输入继电器的注释

在图 3-32 左上角的"软元件名"中，写入"X000"，并点击"显示"，则显示输入继电
器 X 的列表，可依次为各个输入软元件添加注释。现在为 X001 加上注释"低水位信号"；
为 X002 加上注释"高水位信号"；为 X003 加上注释"电动机过载"。如图 3-33 所示。

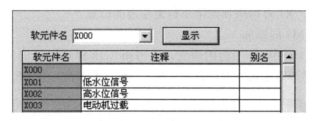

图 3-33 输入继电器 X 的注释

（2）内部继电器的注释

同理，若在左上角"软元件名"中，写入"M0"，并点击"显示"，则显示内部继电器
M 的列表，可以为 M1 加上注释"低水位"；为 M2 加上注释"高水位"，如图 3-34 所示。

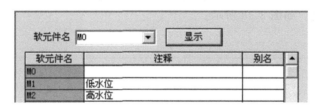

图 3-34 内部继电器 M 的注释

（3）输出继电器的注释

接着，按照同样的方法，在左上角"软元件名"中，写入"Y000"，并点击"显示"，
则显示输出继电器 Y 的列表，可以为 Y001 加上注释"接触器"；为 Y002 加上注释"运行
指示"，如图 3-35 所示。

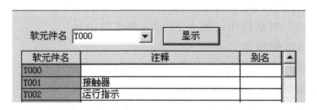

图 3-35 输出继电器 Y 的注释

3.4.5 编程软元件的添加

为编程软元件加上注释后，点击图 3-24 工程数据列表中的"程序"→"MAIN"，回到图
3-14 所示的编辑主界面，就可以在操作编辑区中添加编程元件，正式进入编程。

（1）输入继电器 X1（X001）的添加

将光标框放在操作编辑区第 1 行最左边的位置，点击图 3-18 梯形图标记工具条中的 F5

（常开触点），在弹出的"梯形图输入"对话框中，输入 X001（低水位信号），如图 3-36 所示。

图 3-36　X001 的添加

点击"确定"后，X1 自动添加到第 1 行最左边的位置。

（2）内部继电器 M1 的添加

将光标框放在第 1 行中 X1 右边的位置，点击图 3-18 梯形图标记工具条中的 F7（输出线圈），在弹出的"梯形图输入"对话框中，输入 M1（低水位），如图 3-37 所示。

图 3-37　M1 的添加

点击"确定"后，M1 自动进入第 1 行最右边的位置。

此时，在操作编辑区中生成第 1 行梯形图，它以灰色显示，点击菜单栏中的"变换"，梯形图即转变为白色。如图 3-38 所示。

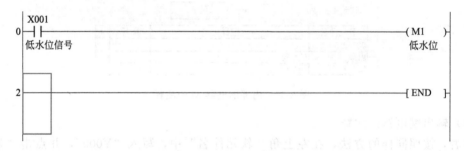

图 3-38　第 1 行梯形图

（3）输入继电器 X2(X002) 的添加

将光标框放在操作编辑区第 2 行最左边的位置，点击标记工具条中的 F5（常开触点），在弹出的"梯形图输入"对话框中，输入 X002（高水位信号）。

（4）内部继电器 M2 的添加

将光标框放在第 2 行中 X2 右边的位置，点击标记工具条中的 F7（输出线圈），在弹出的"梯形图输入"对话框中，输入 M2（高水位）。

添加 X2 和 M2 之后，在操作编辑区中又生成第 2 行梯形图，经"变换"之后，生成如图 3-39 所示的第 1、第 2 行梯形图。

（5）其他编程元件的添加

① M1 常开触点：将光标框放在梯形图第 3 行最左边，点击标记工具条中的 F5（常开触点），在弹出的"梯形图输入"对话框中，输入 M1（低水位）并确认，常开触点 M1 便放置在第 3 行最左边的位置上。

② M2 常闭触点：将光标框放在第 3 行 M1 常开触点的右边，点击标记工具条中的 F6（常闭触点），在弹出的"梯形图输入"对话框中，输入 M2（高水位）并确认，常闭触点

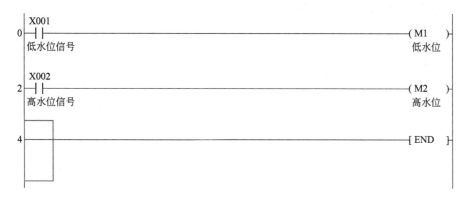

图 3-39   第 1、第 2 行梯形图

M2 便放置在 M1 常开触点的右边。

③ 输入继电器 X3(X003)：它是用于过载保护的热继电器的触点，在正常情况下，这个触点是闭合的，所以在这里它必须以常开触点的形式接入，以保证接触器 Y1 可以正常地吸合。将光标框放在第 3 行 M2 常闭触点的右边，点击标记工具条中的 F5（常开触点），在弹出的“梯形图输入”对话框中，输入 X003（过载保护）并确认，常开触点 X3 便放置在 M2 常闭触点的右边。

④ 输出继电器 Y1(Y001)：将光标框放在第 3 行 X3 的右边，点击标记工具条中的 F7（输出线圈），在弹出的“梯形图输入”对话框中，输入 Y001（接触器）并确认，输出继电器 Y1 便放置在第 3 行的最右边。

⑤ Y1 的常开触点：这个常开触点与 M1 的常开触点并联，起自保作用。将光标框放在 M1 的常开触点的下方，点击标记工具条中的 sF5（常开触点并联），在弹出的“梯形图输入”对话框中，输入 Y001（接触器）并确认，Y1 的常开触点便放置在 M1 常开触点的下方。

⑥ 输出继电器 Y2(Y002)：将光标框放在第 4 行 Y1 常开触点的右边，点击标记工具条中的 F7（输出线圈），在弹出的“梯形图输入”对话框中，输入 Y002（运行指示）并确认，输出继电器 Y2 便放置在第 4 行的最右边。

(6) 添加编程软元件的其他方法

① 键盘输入法，又称指令法。如果对编程指令的助记符号及其含义非常熟悉，就可以利用计算机的键盘直接输入编程指令和参数，提高编程速度。

例如，要将 X001 的常开触点连接到左侧的母线，可以键入 LD X000；要串联 X002 的常闭触点，可以键入 ANI X002；要将一个设置值为 10 的定时器 T100 线圈连接到右侧的母线，可以键入 OUT T100 K10。

用键盘输入时，可以不管程序中各个编程元件的连接关系，直接输入有关的指令和编程元件。但是助记符和操作数之间要用空格隔离开，不能连在一起。出现分支、自保持等关系时，可以直接用竖线补上。

② 对话法。在需要放置元件的位置，双击鼠标左键，弹出编程元件对话框，点击元件下拉箭头，显示元件列表。从列表中选择所需的元件，并输入元件的编号，即可在梯形图中放置指令和编程元件。

3.4.6 梯形图的变换和文件保存

（1）梯形图的变换

"变换"是对梯形图进行查错的一个过程。

在完成上述元件的添加，并点击菜单栏中的"变换"之后，梯形图由灰色转变为白色，完成梯形图的编程，如图 3-40 所示。梯形图中如果有错误，在变换时出错区将保持灰色，需要进行改错，否则不能变换。

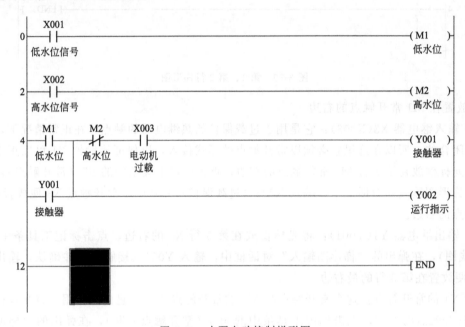

图 3-40　水泵自动控制梯形图

（2）梯形图（图 3-40）的控制原理

在图 3-40 中，当水池内的水位下降到最低水位时，水位控制器 SK-1 的触点接通，梯形图中输入继电器 X001 闭合，辅助继电器 M1 得电，其常开触点闭合，输出继电器 Y001 得电，其常开触点自保，电动机运转，水泵开始向水池注水。

当水池内的水位上升到最高位置时，水位控制器 SK-2 的触点接通，输入继电器 X002 闭合，辅助继电器 M2 得电，其常闭触点断开，Y001 失电，电动机停止运转，水池停止注水。

X003 是热继电器的辅助常闭触点，在正常状态下处于闭合状态。当电动机过载时，X003 断开，Y001 失电，电动机停止运转。

Y002 是运行指示灯，与 Y001 同时得电，同时失电。

显然，图 3-40 的控制原理与图 3-30 完全吻合。

（3）设计文件的保存和查找

在某一驱动器（例如 D 盘）中，建立一个"水泵自动控制"文件夹。然后执行图 3-16 标准工具条中的"保存"，将这个设计文件保存到这个文件夹中。以后只要打开这个文件夹，就可以看到这个文件，可以再进行编辑、修改、打印或下载到 PLC 中进行实际运行。

再次打开图 3-14 所示的梯形图编辑主界面后，如果没有看到原来编制的梯形图，可点击主接口左侧工程参数列表中的"程序"→"MAIN",将梯形图显示在操作编辑区中。

3.5 设计文件的打印

如果需要对设计文件进行打印,点击图 3-16 标准工具条中的"打印"按钮,弹出图 3-41 所示的"打印"画面,可以对打印项目和其他内容分别进行设置。

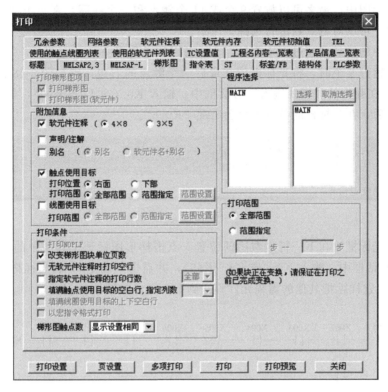

图 3-41 打印项目和内容的设置

3.6 编辑梯形图的注意事项

(1)写入模式/读出模式的选择

如果进行编程,在菜单"编辑"→"读出模式"/"写入模式"中,必须选择"写入模式"。如果选择"读出模式",则不能进行编程,也不能对原来的程序进行任何修改。

(2)指令表的显示

梯形图编辑完毕后,会自动生成指令表。执行菜单"显示"→"列表显示",就可以将指令表显示在操作编辑区。

编写或显示指令表之后,也会自动生成梯形图。执行菜单"显示"→"梯形图显示",就可以将梯形图显示在操作编辑区。

(3)关于注释的显示问题

在菜单"显示"→"注释显示形式"中,可以选择"4×8 字符"(每行 4 个字符、占用 8 行),或"3×5 字符"(每行 3 个字符、占用 5 行)。

在菜单"显示"→"软元件注释行数"中，可以选择1行或2行，此时梯形图显得比较紧凑。一般不要选用3行和4行，否则梯形图的行间距离拉得太大，显得很稀疏，不便于读图和打印。

勾选菜单"显示"→"注释显示"，可以将编程元件的注释在梯形图中显示出来。如果不勾选"注释显示"，则注释可以不显示。

（4）编程元件向下一行的移送

在一行梯形图中，最多可以放置9个或11个触点和一个线圈，在菜单"显示"→"触点数设置"中，可以对触点数进行选择。

如果一行中的触点数超过9（或11）个，可以移送到下一行。

当触点数超过9个时，将光标框放在最后一个触点的右边，点击图3-18梯形图标记工具条中的F9，在弹出的"横线输入"对话框中，输入K0（或K1～K99），如图3-42所示。点击"确定"后，在光标框的位置上就会出现"K0→"。

图3-42　"横线输入"对话框

接着，将光标框放在下一行最左边的位置，点击梯形图标记工具条中的F9，在弹出的"横线设置"对话框中，输入K0（或K1～K99），并点击"确定"，在光标框的位置上也会出现"K0→"，这样就把其他的编程元件移送到下一行，如图3-43所示。

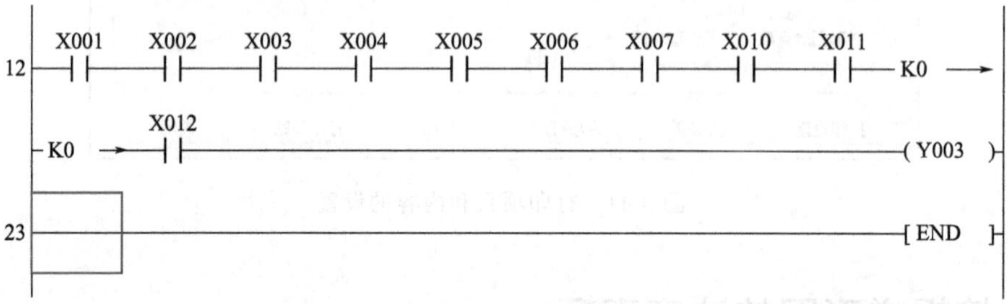

图3-43　编程元件向下一行的移送

（5）元件、线条编辑有关的问题

选中梯形图中的某一个或多个编程元件之后，可以对其进行剪切、复制、粘贴，对多余的元件可以进行删除。

如果添加横向线条，可点击梯形图标记工具条中的F9；如果添加竖向线条，可点击梯形图标记工具条中的sF9。

如果删除横向线条，可点击梯形图标记工具条中的cF9；如果删除竖向线条，可点击梯形图标记工具条中的oF10。

如果需要在两行梯形图中间再插入一行梯形图，可将光标框放置在下面一行的任意位置上，再执行菜单"编辑"→"行插入"。如果需要在左右排列的两个元件中间再插入一个元件，可将光标框放置在右边元件的位置上，再执行菜单"编辑"→"列插入"。

如果需要删除某一行梯形图，可将光标框放置在该行的任意位置上，再执行菜单"编辑"→"行删除"。如果需要删除图 3-44 中的 M1、X005、Y001（它们处在同一列中），可将光标框放置在这 3 个元件中的任意一个上，再执行菜单"编辑"→"列删除"。删除单个元件时，也可以执行"编辑"→"列删除"菜单。

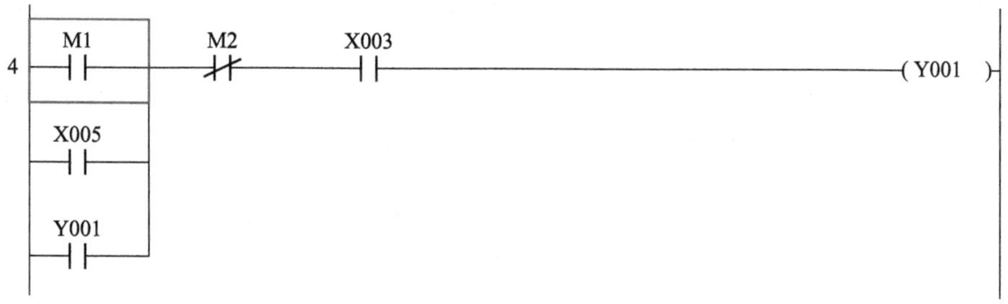

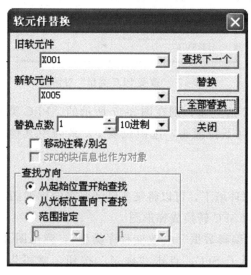

图 3-44　整列元件的删除

（6）注意定时器的时钟脉冲

使用定时器时，时钟脉冲一般有 1ms、10ms、100ms 三种，以适应不同的要求。定时器的编号如果不同，其时钟脉冲就有可能不同。对于同样的定时值，设定值 K 也有不同的数值。

例如，要求的定时值为 10s。当定时器的编号为 T246～T249 时，时钟脉冲为 1ms，设定值 K 应为 10000；当定时器的编号为 T200～T245 时，时钟脉冲为 10ms，设定值 K 应为 1000；当定时器的编号为 T0～T199、T250～T255 时，时钟脉冲为 100ms，设定值 K 应为 100。

（7）编程元件的替换和批量替换

在实际工作中，经常需要对编程元件进行替换，例如当某一输出继电器损坏时，需要用其他的继电器替换。

① 单个编程元件的替换。例如，需要用输入继电器 X005 替换 X001。执行菜单"查找/替换"→"软元件替换"，弹出图 3-45 所示的"软元件替换"对话框。在"旧软元件"中，输入原来的元件 X001；在"新软元件"中，输入新的元件 X005。在查找方向中，选择"从起

图 3-45　"软元件替换"对话框

始位置开始查找",并点击"全部替换"按钮,则梯形图中原来的 X001 都被替换为 X005。

② 多个编程元件的替换。当需要替换多个元件时,应当执行批量替换。

例如,需要用输入继电器 X011、X012、X013 分别替换 X001、X002、X003。执行菜单"查找/替换"→"软元件批量替换",弹出图 3-46 所示的"软元件批量替换"对话框。在"旧软元件"中,输入原来的元件 X001、X002、X003;在"新软元件"中,输入新的元件 X011、X012、X013。"点数"均设置为 1。点击"执行"按钮,则梯形图中原来的 X001 被替换为 X011,原来的 X002 被替换为 X012,原来的 X003 被替换为 X013。

图 3-46 "软元件批量替换"对话框

(8) 改变 PLC 的系列和类型

① 如果需要改变 PLC 的系列,执行菜单"工程"→"改变 PLC 类型",弹出图 3-47 所示的"改变 PLC 类型"对话框。这里有两个栏目,在上面的栏目(PLC 系列)中,通过下拉箭头可以选用三菱 PLC 的其他系列,例如 Q 系列(QCPU)。

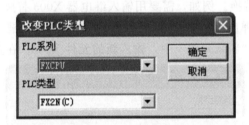

图 3-47 "改变 PLC 类型"对话框

② 如果需要改变 PLC 的类型,则在图 3-47 所示的"PLC 类型"对话框中,进入第 2 个栏目(PLC 类型),通过下拉箭头,选用三菱 FX 系列中其他类型的 PLC,例如 FX1、FX2N(C) 等。

(9) 改变程序类型

在 GX Developer 编辑环境下,可以将某些已经保存的梯形图程序转换成 SFC(顺序功能图),或者将已经保存的 SFC 转换成梯形图。

点击菜单"工程"→"编辑数据"→"改变程序类型",弹出图 3-48 所示的"改变程序类型"对话框,它已经选择了 SFC,点击"确定"按钮,就可以将原来的梯形图转变为 SFC。

图 3-48 "改变程序类型"对话框

3.7 梯形图与指令表的相互转换

在编程软件 GX Developer 中完成梯形图的编辑之后，如果需要将梯形图转换为指令表，可以打开梯形图，然后点击主菜单"显示"→"列表显示"，此时梯形图便自动转换为指令表。

例如，图 3-40 所示的梯形图，经过转换之后，就可以得到图 3-49 所示的指令表。此时的 PLC 程序便由指令表的形式来显示。

0	LD	X001		6	MPS	
	X001	= 低水位信号		7	ANI	M2
1	OUT	M1			M2	= 高水位
	M1	= 低水位		8	AND	X003
2	LD	X002			X003	= 电动机过载
	X002	= 高水位信号		9	OUT	Y001
3	OUT	M2			Y001	= 接触器
	M2	= 高水位		10	MPP	
4	LD	M1		11	OUT	Y002
	M1	= 低水位			Y002	= 运行指示
5	OR	Y001		12	END	
	Y001	= 接触器				

图 3-49 由梯形图（图 3-40）转换而来的指令表

在图 3-40 中，由于 Y001 线圈和 Y002 线圈构成了分支机构，因此在指令表中，出现了压入堆栈指令 MPS 和弹出堆栈指令 MPP。

如果需要将指令表转换为梯形图，可以点击主菜单"显示"→"梯形图显示"，此时图 3-49 所示的指令表便自动转换为图 3-40 所示的梯形图，PLC 程序由梯形图的形式来显示。

第 4 章

FX3U 的编程软件 GX Works2

GX Works2 是三菱电机新一代的综合 PLC 编程软件，是专门用于三菱 PLC 设计、调试、维护的编程工具，具有简单工程（Simple Project）和结构化工程（Structured Project）两种编程方式，支持梯形图、指令表、SFC、ST 及结构化梯形图等编程语言，可以进行程序编辑、参数设定、网络设定、程序监控、调试及在线更改、智能功能模块设置。它适用于 Q、QnU、L、FX 等系列可编程控制器，不支持 FX0N 以下版本 PLC 和 A 系列 PLC 的编程。

与传统的 GX Developer 软件相比，GX Works2 扩展了功能，提高了操作性能，更加容易使用。凡是在 GX Developer 软件中编制的 PLC 程序，都可以利用 GX Works2 打开，并进行修改、编辑或其他各种操作。

GX Works2 支持三菱电机工控产品 iQ Platform 综合管理软件 iQ Works，具有系统标签功能，可实现 PLC 数据与 HMI、运动控制器的数据共享。

随着三菱 PLC 产品的不断升级，一些老型号的 PLC 逐步淘汰，以后的编程和监控功能将以 GX Works2 为主。但是，目前许多地方还在大量使用一些老型号的 PLC（如 FX2N等），所以几种编程软件还要并存一段时间。

4.1 编程软件 GX Works2 的下载和安装

4.1.1 编程软件 GX Works2 的下载

编程软件 GX Works2 下载的途径和方法，与前面的 3.1.1 节基本相同，只要将其中的软件名称由 GX Developer 变换为 GX Works2 即可。

但是，GX Works2 软件压缩包的容量达到 1.87GB，要远远大于 GX Developer，在选择下载地址时，如果选择其中的"本地下载"，往往比较困难，也需要很长的时间。如果选择其中的"云盘下载"，则下载比较快捷。

4.1.2 编程软件 GX Works2 的安装

编程软件 GX Works2 支持 Windows 7 32/64bit、Windows 8 32/64bit、Windows10、

Windows XP 32/64bit、Windows vista 32/64bit 等操作系统。它是以压缩文件的形式下载的，目前这个压缩文件的名称是 "GX Works2 1.576A"。在安装之前，首先要对其进行解压，解压后的文件名称也是 "GX Works2 1.576A"。

① 打开解压后的安装文件 "GX Works2 1.576A"，其中有 Disk1～Disk4 这 4 个文件夹，只有 Disk1 是我们最需要的 GX Works2 安装文件，其他几个文件都是一些辅助的或某些特殊用途的，初学者一般不需要安装。

② 点击 Disk1，在弹出的画面中，有一个灰色的、名称是 "setup" 的文件，如图 4-1 所示，它就是我们所需要的安装文件。

图 4-1 GX Works2 的安装文件

③ 点击 "setup" 后，就开始编程软件 GX Works2 的安装。首先要求输入产品序列号，这个序列号也是 804-999559933，将 804 键入到左边的小方框中，999559933 键入到右边的长方框中。

④ 默认的安装文件夹是 C：\ MELSEC，如果改用 C 以外的其他驱动器，可能会影响编程软件的正常工作。

⑤ 安装完毕后，计算机系统会提示 "完成"，并自动在计算机桌面上放置快捷方式。

4.2 GX Works2 的梯形图编辑环境

双击计算机桌面上的快捷图示，弹出图 4-2 所示的 GX Works2 初始启动界面。

在初始启动界面中，除了主菜单之外，其他各种工具大多数也是灰色的，不能进行操作。不要着急，按照下述的步骤操作，就会进入到 GX Works2 的编辑界面。

4.2.1 新建 FX3U 的设计工程

在初始界面中，执行菜单 "工程(P)"→"新建(N)..."，弹出 "新建" 设计文件的对话框，如图 4-3 所示。

在图 4-3 中，需要对所设计的 FX3U 工程进行一些定义：

① 系列（S）：如果选用 FX3U 系列 PLC，或 FX 系列中的其他 PLC，则选择 "FXCPU"；

② 机型（T）：对于 FX3U 系列 PLC，选择 "FX3U/FX3UC"；

③ 工程类型（P）：选择 "简单工程" 或 "结构化工程"；

④ 程序语言（G）：选择 "梯形图" 或 "SFC"。

完成上述的各项定义之后，点击图 4-3 中的 "确定" 按钮，弹出图 4-4 所示的 GX Works2 梯形图编辑主界面。

Windows XP SP3/SP2、Windows Vista、32/8Hz操作系统。它还可提供强大的监控功能，且有利于……

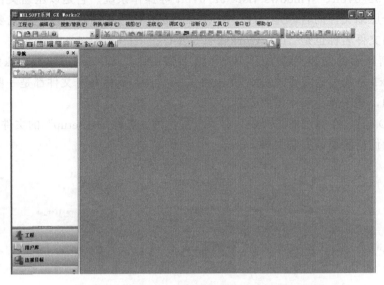

图 4-2 GX Works2 编程软件的初始启动界面

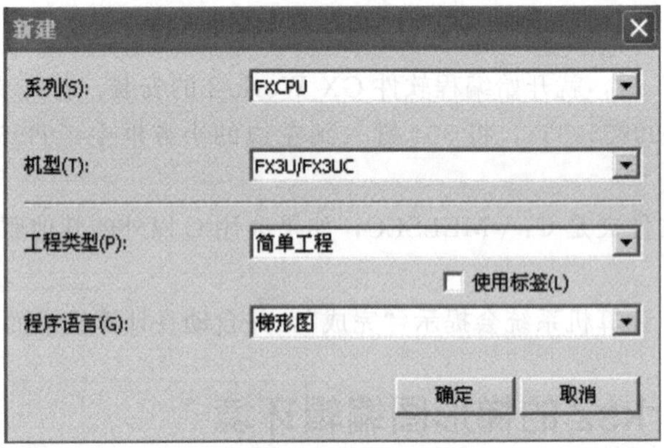

图 4-3 新建 FX3U 工程对话框

4.2.2 梯形图编辑主界面解析

在图 4-4 所示的编辑主界面中，包括菜单栏、工具条、编辑区、工程数据列表、状态区等。

① 主菜单栏，如图 4-5 所示。它包括工程（P）、编辑（E）、搜索/替换（F）、转换/编译（C）、视图（V）、在线（O）、调试（B）、诊断（D）、工具（T）、窗口（W）、帮助（H）这 11 个主菜单。

② 标准工具条，如图 4-6 所示，它包括 6 个标准工具。从左至右依次是：文档的新建、打开、保存、打印、GX Works2 帮助、GX Works2 帮助搜索。

③ 程序通用工具条，如图 4-7 所示，包括 20 个程序通用工具。从左至右依次是：编程元件的剪切、编程元件的复制、编程元件的粘贴、编程操作的撤销、编程操作的恢复、软元件搜索、指令搜索、触点和线圈搜索、PLC 写入、PLC 读取、监视开始（全窗口）、监视停止（全窗口）、监视开始、监视停止、软元件/缓冲存储器批量监视、当前值更改、转换、转

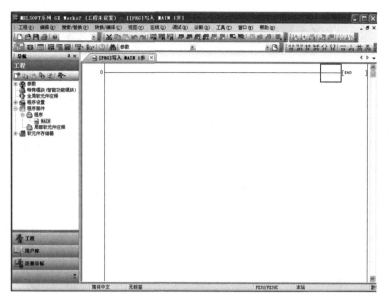

图 4-4 GX Works2 梯形图编辑主界面

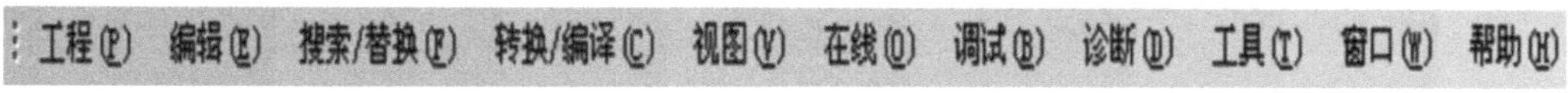

图 4-5 GX Works2 的主菜单栏

图 4-6 GX Works2 的标准工具条

图 4-7 程序通用工具条

换＋RUN 中写入、转换（所有程序）、模拟开始/停止。

④ 切换折叠窗口/工程数据，如图 4-8 所示，包括 12 个窗口。从左至右、从上到下依次是：导航窗口、部件选择窗口、输出窗口、交叉参照窗口、软元件使用列表窗口、软元件分配确认窗口、监看窗口、智能功能模块监视、智能功能模块向导、搜索/替换窗口、参数、PLC 参数/CC-Link。

图 4-8 切换折叠窗口/工程数据

⑤ 智能工程模块，如图 4-9 所示，包括 7 个智能工程模块。从左至右依次是：QD75/LD75 型定位模块的波形跟踪、QD75/LD75 型定位模块的轨迹跟踪、串行通信模块的线路

图 4-9   智能工程模块

跟踪、QD75/LD75 型定位模块的监视、QD75/LD75 型定位模块的测试、温度输入模块的偏置/增益测试、模拟模块的偏置/增益测试。

⑥ 梯形图工具条，如图 4-10 所示，包括 38 个工具。从左至右、从上到下依次是：常开触点、常开触点并联、常闭触点、常闭触点并联、输出线圈、应用指令、横线输入、竖线输入、横线删除、竖线删除、上升沿脉冲、下降沿脉冲、并联上升沿脉冲、并联下降沿脉冲、非上升沿脉冲、非下降沿脉冲、非并联上升沿脉冲、非并联下降沿脉冲、运算结果上升沿脉冲化、运算结果下降沿脉冲化、运算结果取反、划线写入、划线删除、内嵌 ST 框插入、软元件注释编辑、声明编辑、注解编辑、声明/注解批量编辑、行间声明一览、模板显示、模板参数选择（左）、模板参数选择（右）、读取模式、写入模式、监视模式、监视（写入模式）、软元件显示、放大/缩小。

图 4-10   梯形图工具条

⑦ 软元件存储工具条，如图 4-11 所示，包括 16 个存储工具。从左至右依次是：二进制显示、八进制显示、十进制显示、十六进制显示、实数显示、字符串显示、字符串显示（仅限 ASCII）、16 位显示、32 位显示、64 位显示、软元件输入、FILL、从 PLC 中读取软元件存储器、将软元件存储器写入至 PLC、从 Excel 文件读取、写入至 Excel 文件。

图 4-11   软元件存储工具条

⑧ 导航窗口。执行菜单"视图"→"折叠窗口"→"导航"，就可以打开或关闭"导航"窗口，它位于编辑界面的最左边，如图 4-12 所示。其作用是在编程或浏览程序时，引导我们进入不同的界面。其中最主要的就是"工程"界面。这个界面又可以在参数、程序设置、程序部件、软元件存储器等界面之间切换。例如，如果点击其中的"全局软元件注释"，就会切换到软元件注释表；如果点击其中的"程序设置"→"执行程序"→"MAIN"→"MAIN"，就会切换到已经编制好的梯形图（或其他形式的）程序。

以上工具条的种类和数量较多，可能挤占较多的编程界面位置。而在实际编程时，总有一部分工具按钮暂时不需要使用。可以点击工具条最右边的三角箭头，对工具按钮进行勾选，将不使用的工具按钮暂时隐藏起来，这样可以少占用一些编程界面的位置。当需要使用这些工具按钮时，再进行添加。

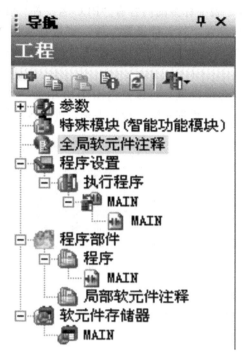

图 4-12　导航窗口

4.3　PLC 参数的设定

确定 PLC 的型号之后，在开始编程之前，需要根据所选用的 PLC 进行必要的参数设置，否则会影响编程和通信的正常进行。

在编程界面中，打开左侧的导航窗口，点击其中的"参数"→"PLC 参数"，弹出图 4-13

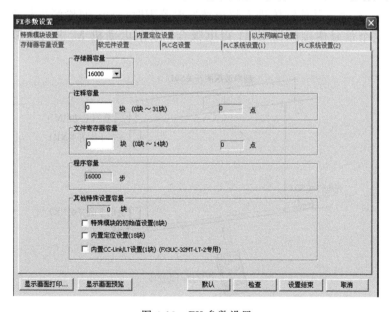

图 4-13　FX 参数设置

所示的"FX参数设置"表。表中标签的内容有"PLC名设置""PLC系统设置（1）""PLC系统设置（2）"存储器容量设置"软元件设置"等。要根据实际工程的要求，分别设置这些参数的范围。蓝色的标签表示数据处于已设置状态，红色的标签表示数据处于未设置状态。

例如，如果需要进行软元件设置，可以点击图 4-13 中的"软元件设置"按钮，弹出图 4-14 所示的软元件设置表，然后根据实际工程的需求，进行各种软元件的参数设置。

	符号	进制	点数	起始	结束	锁存起始	结束	锁存设置范围
辅助继电器	M	10	7680	0	7679	500	1023	0 - 1023
状态	S	10	4096	0	4095	500	999	0 - 999
定时器	T	10	512	0	511			
计数器(16位)	C	10	200	0	199	100	199	0 - 199
计数器(32位)	C	10	56	200	255	220	255	200 - 255
数据寄存器	D	10	8000	0	7999	200	511	0 - 511
扩展寄存器	R	10	32768	0	32767			

图 4-14 软元件设置表

在设置过程中，有些参数的范围暂时不能确定，此时可以先采用默认值，或暂定一个范围，以后再根据实际范围进行修改。对于某些与实际工程无关的参数，就不需要设置，直接采用默认值。

4.4 GX Works2 环境中的编程实例

现在以一个简单的实倒——仓库卷闸门自动开闭电路，说明怎样在 GX Works2 编辑环境中进行梯形图主程序的编程。

4.4.1 仓库卷闸门控制原理

图 4-15 是仓库卷闸门自动开闭示意图。在仓库门的上方，安装有一只超声波探测开关 S01，当有人员、车辆或其他物体进入超声波发射范围时，S01 便检测出超声回波，从而产生控制信号，这个信号使接触器 KM1 得电吸合，卷闸电动机 M 正向运转，仓库卷闸门升起。

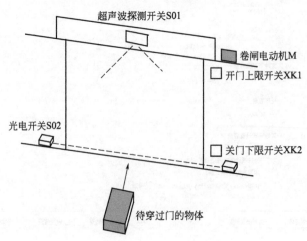

图 4-15 仓库卷闸门自动开闭示意图

在仓库门的下方，安装有一套光电开关 S02，用于检测是否有物体穿过仓库门。光电开关包括两个部件：一个是发光器，用于产生连续的光源；另一个是接收器，用于接收光束，并将其转换成电脉冲。当光束被物体遮断时，S02 便检测到这一物体，并产生电脉冲信号，使仓库门升起，并保持打开的状态。当信号消失后，接触器 KM2 得电吸合，电动机 M 反向运转，仓库门下降并关闭。

图中有两只限位开关，其中一只是 XK1，用于检测仓库门的开门上限，使电动机正转开门停止。另一只是 XK2，用于检测仓库门的关门下限，使电动机反转关门停止。

4.4.2 I/O 地址分配和 PLC 选型、接线

(1) 输入/输出元件的 I/O 地址分配

仓库卷闸门自动开闭电路 I/O 地址分配，见表 4-1。

表 4-1 仓库卷闸门自动开闭电路 I/O 地址分配表

I(输入)			O(输出)		
组件代号	组件名称	地址	组件代号	组件名称	地址
S01	超声波探测开关	X000	KM1	正转接触器	Y000
S02	光电开关	X001	KM2	反转接触器	Y001
XK1	开门上限开关	X002	XD1	开门指示	Y002
XK2	关门下限开关	X003	XD2	关门指示	Y003

(2) PLC 的选型

本电路中，输入和输出端子都比较少，可以选用三菱 FX3U-16MT/ES(-A) 型 PLC，从表 1-1 可知，它是 AC 电源，DC 24V 漏型·源型输入通用型，工作电源为交流 100～240V，现在设计为 AC 220V。总点数 16，输入端子 8 个，输出端子 8 个，晶体管漏型输出，负载电源为直流，本例选用 DC 24V。

(3) PLC 接线图

按照上述要求，结合 FX3U-16MT/ES(-A) 型 PLC 的接线端子图（图1-11），设计出卷闸门自动开闭电路的 PLC 接线图，如图 4-16 所示。

注意：KM1 与 KM2 必须互锁，以防止线圈同时得电，造成主回路短路。对于正反转控制电路，仅仅在梯形图程序中设置"软"互锁是不行的，必须在接线中加上"硬"互锁。将 KM2 的辅助常闭触点串联到 KM1 线圈上；将 KM1 的辅助常闭触点串联到 KM2 线圈上。

4.4.3 在编程软件中创建 PLC 新工程

点击桌面上的 GX Works2 图标，弹出图 4-2 GX Works2 编程软件的初始启动界面，执行菜单"工程(P)"→"新建(N)"，弹出图 4-3 所示的"新建"对话框。

在"系列 (S)"中，选择"FXCPU"；

在"机型 (T)"中，选择"FX3U/FX3UC"；

在"工程类型 (P)"中，选择"结构化工程"；

在"程序语言 (G)"中，选择"梯形图"。

点击图 4-3 中的"确定"按钮之后，弹出图 4-4 所示的 GX Works2 梯形图编辑主界面，就可以进行梯形图的编辑。

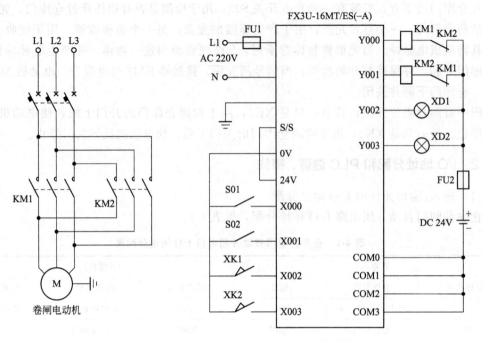

图 4-16 仓库卷闸门自动开闭电路 PLC 接线图

4.4.4 编程软元件的注释

如果梯形图中的软元件没有添加注释，读图就比较困难，读懂复杂的梯形图更不容易。加上注释后，对梯形图程序就容易理解了，所以添加注释是很有必要的。

点击图 4-12 导航窗口中的"工程"→"全局软元件注释"，弹出软元件注释表，如图4-17所示。

图 4-17 软元件注释表

在本例中，要用到两种编程软件，一是输入继电器 X，二是输出继电器 Y。

（1）输入继电器的注释

在图 4-17 左上角的"软元件名"中，写入"X000"，并点击"显示"，则显示输入继电器 X000～X377 的列表，可依次为各个输入元件添加注释。现在为 X000 加上注释"超声波探测开关"；为 X001 加上注释"光电开关"；为 X002 加上注释"开门上限开关"；为 X003 加上注释"关门下限开关"，如图 4-18 所示。

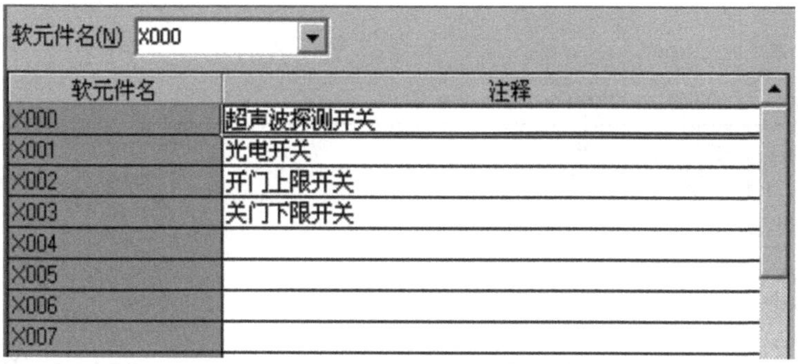

图 4-18　输入继电器 X 的注释

（2）输出继电器的注释

接着，按照同样的方法，在左上角"软元件名"中，写入"Y000"，并点击"显示"，则显示输出继电器 Y000～Y377 的列表。现在为 Y000 加上注释"正转接触器"；为 Y001 加上注释"反转接触器"；为 Y002 加上注释"开门指示"；为 Y003 加上注释"关门指示"。如图 4-19 所示。

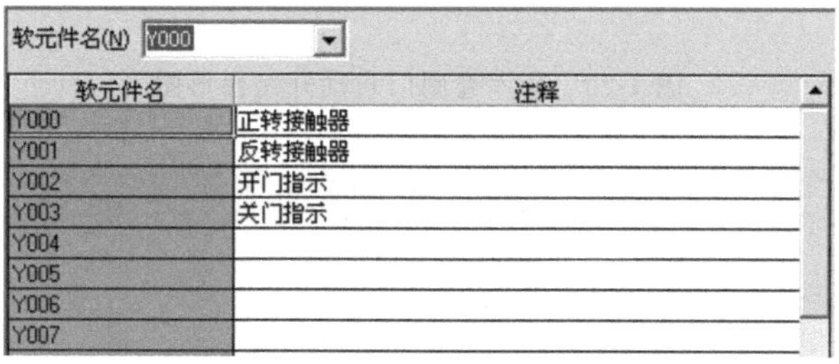

图 4-19　输出继电器 Y 的注释

4.4.5　编程软元件的添加

为编程元件加上注释后，点击图 4-12 导航窗口中的"程序部件"→"程序"→"MAIN"，回到图 4-4 的 GX Works2 梯形图编辑主界面，就可以在操作编辑区中添加编程元件，正式进入编程。

参照 3.4.4 节中的方法，在梯形图编辑主界面中，分别添加输入继电器 X001～X003、输出继电器 Y001～Y003，以及左侧母线、右侧母线、横向连线、竖向连线，便构成图 4-20 所示的仓库卷闸门自动开闭梯形图。

4.4.6　梯形图的转换和文件保存

（1）梯形图的转换

"转换"是对梯形图进行查错的一个过程。没有转换的梯形图文件是不能保存的。

图 4-20 的背景是灰色的，此时如果进行保存，就会弹出图 4-21 所示的对话框，提示梯

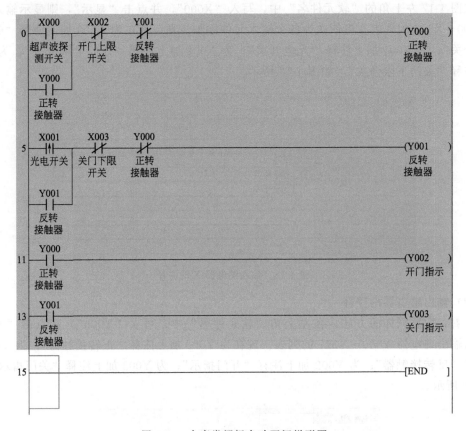

图 4-20　仓库卷闸门自动开闭梯形图

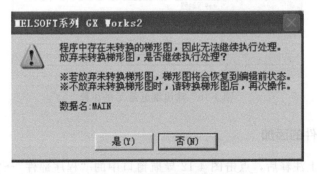

图 4-21　转换梯形图的提示

形图没有转换，不能进行下一步的操作。

点击图 4-21 中的"是"，或点击主菜单栏"转换/编译"下面的子菜单"转换"之后，梯形图的背景由灰色转变为白色，完成梯形图的编程，如图 4-22 所示。梯形图中如果有错误，在变换时出错区将保持灰色，需要进行改错，否则不能变换。

（2）图 4-22 的控制原理

在图 4-22 中，当超声波开关检测到某一物体时，输入继电器 X000 接通，正转接触器 Y000 得电吸合，其常开触点自保，电动机正转，仓库卷闸门上升，让物体通过。开门上限开关 X002 原来的状态是常开触点断开，常闭触点闭合。卷闸门上升到位时，X002 的状态转换，常开触点闭合，常闭触点断开，Y000 失电，电动机正转停止。

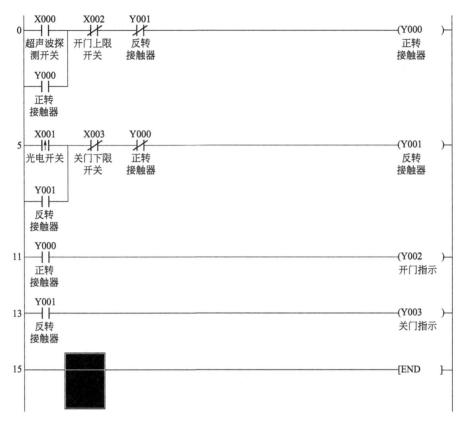

图4-22　转换后的仓库卷闸门自动开闭梯形图

当物体进入卷闸门时，光电开关发射器发出的光源被物体遮断，接收器不能接收光源，X001没有信号。物体通过卷闸门后，接收器接收到光信号，X001输出上升沿脉冲，反转接触器Y001得电吸合，其常开触点自保，电动机反转，仓库卷闸门下降后关闭。关门下限开关X003原来的状态是常开触点断开，常闭触点闭合。卷闸门下降到位时，X003的状态转换，常开触点闭合，常闭触点断开，Y001失电，电动机反转停止。

Y002是开门指示灯，Y003是关门指示灯。

图4-22的控制原理，与图4-15的要求完全吻合。

（3）设计文件的保存和查找

在保存文件之前，先在电脑的某一磁盘驱动器（例如D盘）中创建一个新的文件夹，可以将它命名为"FX3U设计文件"。

点击图4-6标准工具条中的"保存"按钮，弹出图4-23所示的"工程另存为"画面，在保存路径中找到D盘下面的"FX3U设计文件"，在"文件名"中，将这项设计命名为"仓库卷闸门自动开闭电路"。再点击图中的"保存"按钮，这个设计文件便自动保存到D盘下面的"FX3U设计文件"中。

以后，只要打开这个文件夹，就能看到这个文件。可以再进行查看、编辑、修改、打印，或下载到PLC中进行实际运行。

再次打开图4-4所示的梯形图编辑主界面后，如果没有看到原来编制的梯形图，可点击导航窗口中的"程序部件"→"程序"→"MAIN"，将梯形图显示在操作编辑区中。

图 4-23   设计文件的命名和保存

4.5   梯形图编程界面的个性化设计

在梯形图编辑界面中，打开"视图"主菜单，执行某些子菜单的功能，可以根据自己的

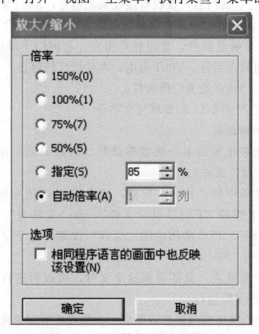

图 4-24   调整梯形图的编程界面

喜好,对梯形图编程界面进行个性化设计。

　　① 点击子菜单"放大/缩小",就会弹出图 4-24 所示的设置画面,可以调整梯形图编程界面的大小,默认的选项是"自动倍率"。

　　② 点击子菜单"注释显示",可以使梯形图中显示出元件的注释,或者不显示注释(将元件的注释隐藏起来)。

　　③ 点击子菜单"软元件注释显示格式",会弹出图 4-25 所示的画面,可以对"注释显示"所占用的行数和列数进行设置。例如,"注释显示"中文字的行数可以在 1～4 行之间选择。占用行数越少,梯形图越紧凑。但是如果选择 1 行,注释显示可能不完整。

图 4-25　软元件注释显示格式的设置

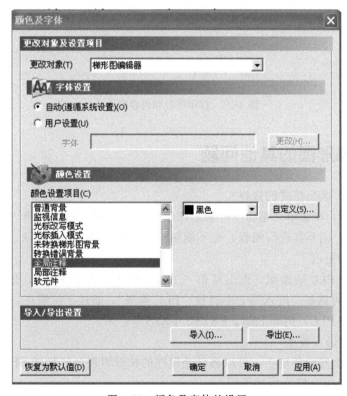

图 4-26　颜色及字体的设置

④ 点击子菜单"颜色及字体",弹出图 4-26 所示的画面,可以对颜色和字体进行设置。例如,在"颜色设置项目"中选择"全局注释",在颜色下拉选框中选择"黑色",就可以将软元件注释中的文字全部设置为黑色,而注释文字默认的颜色是绿色。

⑤ 点击子菜单"字符大小",就可以调整软元件注释文字的大小,使文字与梯形图幅面和编程元件相适应。

4.6 设计文件的打印

如果需要对设计文件进行打印,点击图 4-6 标准工具条中的"打印"按钮,弹出图 4-27 所示的"打印"画面,可以对打印项目和其他内容分别进行设置。

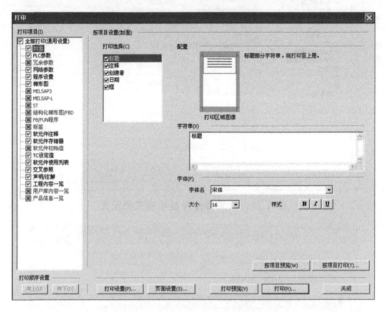

图 4-27 打印项目和内容的设置

4.7 编辑梯形图的其他问题

(1)写入模式/读出模式的选择

如果进行编程,在菜单"编辑"→"梯形图编辑模式"中,必须选择"写入模式"。如果选择"读出模式",则不能进行编程,也不能对原来的程序进行任何修改。

(2)PLC 类型更改

如果需要改变 PLC 的类型,点击菜单"工程"→"PLC 类型更改",弹出图 4-28 所示的"PLC 类型更改"对话框,进入第 2 个栏目"PLC 类型",通过下拉箭头,可以选用三菱 FX 系列中其他类型的 PLC,例如 FX1、FX2N、FX3S 等。

(3)更改程序语言类型

在 GX Works2 编辑环境下,可以将已经保存的梯形图程序转换成 SFC(顺序功能图),或者将已经保存的 SFC 转换成梯形图。

点击菜单"工程"→"工程类型更改",弹出图 4-29 所示的"工程类型更改"对话框,点

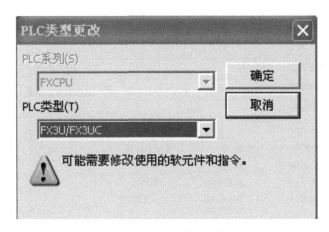

图 4-28　PLC 类型更改

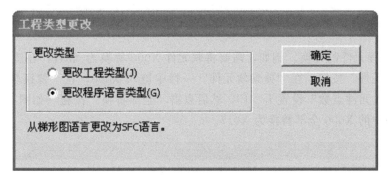

图 4-29　程序语言类型的更改

击"更改程序语言类型（G）"，就可以将原来的梯形图转变为 SFC（顺序功能图），或者将原来的 SFC 更改为梯形图。

（4）在梯形图中添加软元件的其他方法

① 键盘输入法，又称指令法。如果对编程指令的助记符号及其含义非常熟悉，就可以利用计算机的键盘直接输入编程指令和参数，提高编程速度。

例如，要将 X001 的常开触点连接到左侧的母线，可以键入 LD X000；要串联 X002 的常闭触点，可以键入 ANI X002；要将一个设置值为 10 的定时器 T100 线圈连接到右侧的母线，可以键入 OUT T100 K10。

用键盘输入时，可以不考虑程序中各个编程元件的连接关系，直接输入有关的指令和编程元件。但是助记符和操作数之间要用空格隔离开，不能连在一起。出现分支、自保持等关系时，可以直接用竖线补上。

② 对话法。在需要放置元件的位置，双击鼠标左键，弹出编程元件对话框，点击元件下拉箭头，显示元件列表。从列表中选择所需的元件，并输入元件的编号，即可在梯形图中放置指令和编程元件。

（5）替换和批量替换

在实际编程过程中，经常需要对编程软元件、指令、字符串等进行替换，有时需要进行批量替换。此时，点击图 4-8 中的"搜索/替换窗口"按钮，弹出图 4-30 所示的"搜索/替换"窗口，进行搜索和替换。

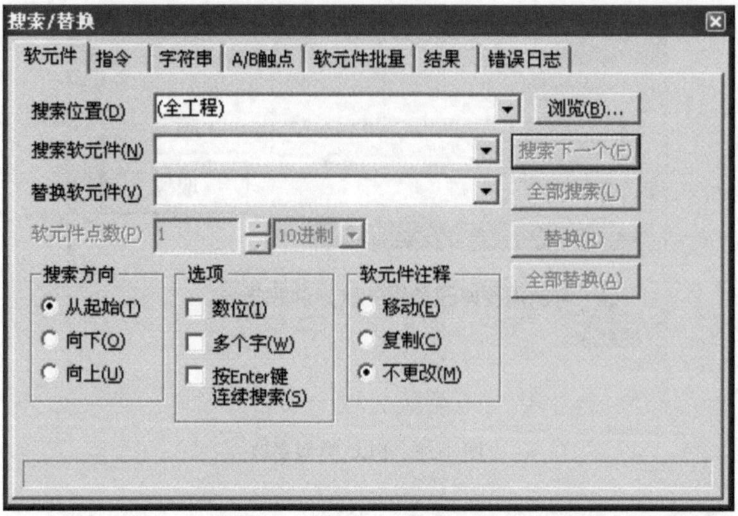

图 4-30 "搜索/替换"窗口

① 单个编程元件的替换。例如，需要将软元件 X000 替换为 X017，在图 4-30 上面一排中，点击"软元件"按钮，在"搜索软元件"一栏中键入 X000，在"替换软元件"一栏中键入 X017，"软元件点数"设置为"1"，然后点击"全部替换"按钮（如图 4-31 所示），就可以将梯形图中的 X000 全部替换为 X017。

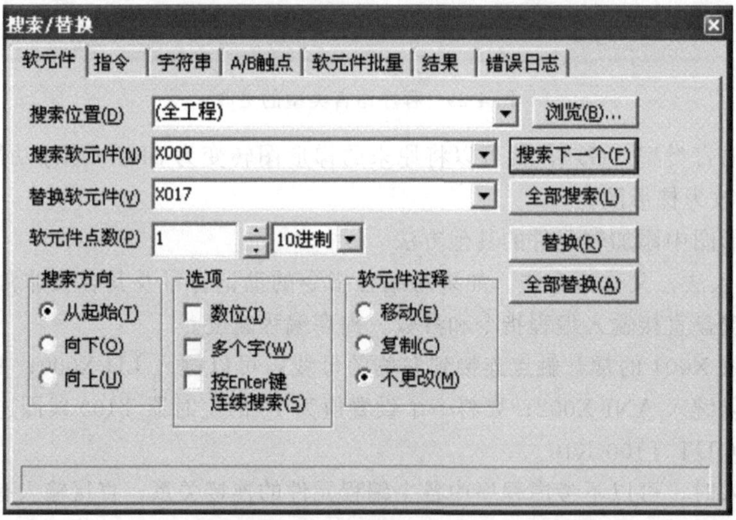

图 4-31 单个编程元件的替换

② 多个软元件的替换。当需要替换多个软元件时，应当执行图 4-30 中的"软元件批量"。

例如，需要用输入继电器 X011、X012、X013 分别替换 X001、X002、X003。点击图 4-30中的"软元件批量"按钮，弹出图 4-32 所示的窗口。在"搜索软元件"一列中，输入原来的元件 X001、X002、X003；在"替换软元件"一列中，输入新的元件 X011、X012、X013。"点数"均设置为 1。点击"执行"按钮，则梯形图中原来的 X001 被替换为 X011，原来的 X002 被替换为 X012，原来的 X003 被替换为 X013。

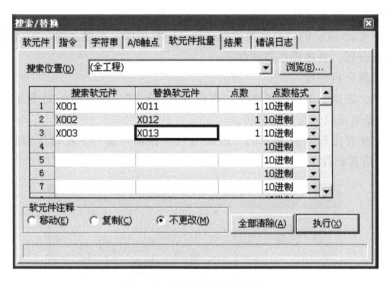

图 4-32 软元件的批量替换

（6）梯形图与指令表的转换问题

在编程软件 GX Works2 中，梯形图不能直接转换为指令表。如果一定要进行转换，则需要采用编程软件 GX Developer。

4.8 GX Works2 编辑环境中的仿真分析

当 PLC 和程序编制完毕后，需要进行调试，检查程序是否符合实际工程的控制要求。依照传统的方法，必须将 PLC 机器连接到输入元件、输出元件、工作电源、输出电源，然后通过编程电缆，把程序下载到 PLC 机器中，才能进行调试和检验。这样调试非常麻烦，如果程序中出错，还可能造成事故。

在 GX Works2 编辑环境中，带有仿真软件"GX Simulator2"，其功能是使编写好的程序在电脑中虚拟运行，以便对所设计的程序进行仿真分析，而不需要连接实际的 PLC。万

图 4-33 "GX Simulator2" 画面

一程序中存在错误，出现异常的输出信号，也能够保证安全。

现在，以图 4-20 所示的"仓库卷闸门自动开闭梯形图"程序为例，在 GX Works2 编辑环境中进行仿真分析，具体操作步骤如下：

（1）进入仿真分析环境

执行主菜单"调试"下面的子菜单"模拟开始/停止"，弹出图 4-33 所示的"GX Simulator2"画面，提示可以进行仿真分析。

与此同时，还弹出图 4-34 所示的"PLC 写入"画面，提示正在将所编制的程序导入到 GX Simulator2 仿真软件中。

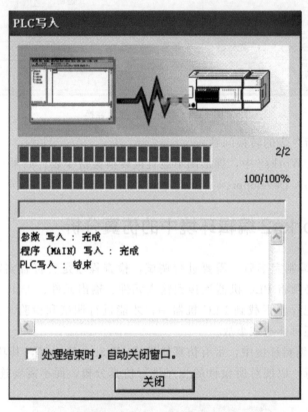

图 4-34 "PLC 写入"画面

"写入"完成后，点击图 4-34 中的"关闭"按钮，将这个写入画面关闭。另外，将图 4-33 最小化，放入电脑的任务栏中，以免影响程序画面。

此时，梯形图已经进入程序仿真运行状态，如图 4-35 所示。原来已经闭合的触点、已经得电的输出线圈，都是深蓝色；而没有闭合的触点、没有得电的输出线圈，都保持原来的白色。从图中可以看到，常闭触点 X000、X001、Y000、Y001 都是深蓝色，表示它们处于闭合状态；而其他触点和输出线图 Y000～Y003 都没有得电，保持原来的白色。

（2）对某些软元件进行强制 ON/OFF，观察程序运行的结果

例如，需要将输入继电器 X000 强制 ON。用鼠标右键点击图 4-35 中的 X000，在弹出的菜单中，执行"调试"→"当前值更改"，弹出图 4-36 所示的"当前值更改"画面。

在"软元件/标签（E）"的下拉框中，输入 X000；在"数据类型（T）"右框中，选择"Bit"。并点击"ON"和"关闭"按钮，得到图 4-37 所示的仿真运行梯形图。

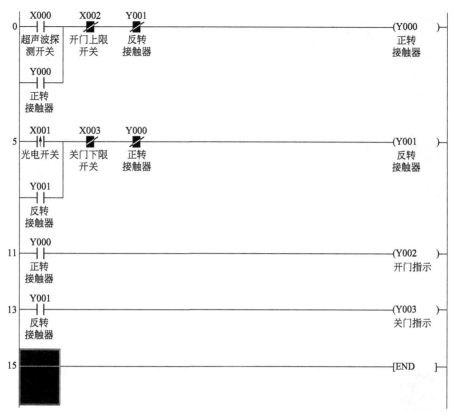

图 4-35 进入程序仿真运行状态的仓库卷闸门自动开闭梯形图

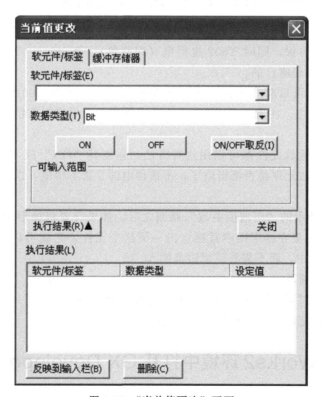

图 4-36 "当前值更改"画面

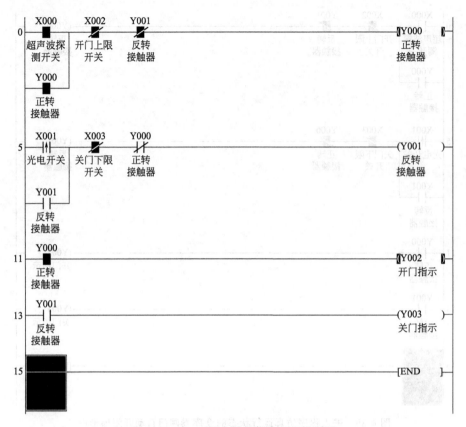

图 4-37　X000 闭合时的仿真运行梯形图

从图 4-37 可知，当强制 X000 闭合时，X000 呈现深蓝色，输出继电器 Y000 也呈现深蓝色，说明它得电并自保，同时 Y002 也得电（深蓝色）。而 Y001、Y003 均不得电（保持白色）。这与设计要求是吻合的。

用同样的方法，可以将 X001 上升沿脉冲强制 ON，观察 Y001 和 Y003 是否得电，Y000 和 Y002 是否失电。注意：此时 X001 上升沿脉冲不会保持深蓝色，因为它只是在瞬间接通。

在梯形图中，其他软元件都可以用这种方法，强制其"ON"或"OFF"，然后观察程序的变化，该得电的软元件是否都得电了，不该得电的是否不得电，以此检验所设计的程序是否符合要求。

在打开图 4-36 所示的"当前值更改"画面之后，如果需要将梯形图中的某个元件强制"ON"或"OFF"，只要在梯形图中直接点击一下这个元件，它就可以直接进入"软元件/标签（E）"的下拉框中，而不需要使用键盘键入。

（3）退出仿真分析环境

再次执行主菜单"调试"下面的子菜单"模拟开始/停止"，就可以退出仿真分析环境，软元件中的深蓝色标记都消失，梯形图恢复到原来的状态。

4.9　在 GX Works2 环境中打开 GX Developer 文件

GX Works2 编程软件功能强大，兼容三菱电机自动化有限公司以前的多种 PLC 编程软件，例如 SWOPC-FXGP/WIN-C、GX Developer 等。

在 GX Works2 的编辑环境中，可以将 GX Developer 的设计文件打开，进行修改并加以利用。例如，我们需要将"水泵自动控制梯形图"打开，具体操作如下：

① 执行菜单"工程"→"打开其他格式数据"→"打开其他格式工程"，弹出"打开其他格式工程"画面，在"查找范围"中，找到原来的保存路径——D 盘中的文件夹"水泵自动控制"，如图 4-38 所示。

图 4-38 "打开其他格式工程"画面

② 图 4-38 中的程序文件"Gppw"，就是在 GX Developer 环境中编辑的"水泵自动控制"梯形图，点击"Gppw"，弹出图 4-39 所示的"读取其他格式工程"对话框。

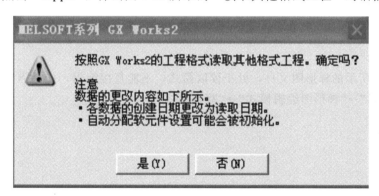

图 4-39 "读取其他格式工程"对话框

③ 点击图 4-39 中的按钮"是"，就可以将设计文件"水泵自动控制"导入到 GX Works2 的梯形图编辑环境中，如图 4-40 所示。但是，此时在梯形图编辑区中，还是一片灰色，没有出现我们所需要的梯形图。

④ 点击图 4-40 左边导航窗口中的"程序设置"→"执行程序"→"MAIN"，就会导出图 4-41所示的"水泵自动控制"梯形图。

⑤ 在图 4-41 中，软元件的注释都没有显示出来。如果需要显示注释，则执行菜单"视

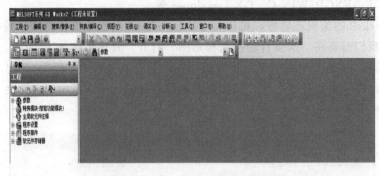

图 4-40　导入设计文件后的画面

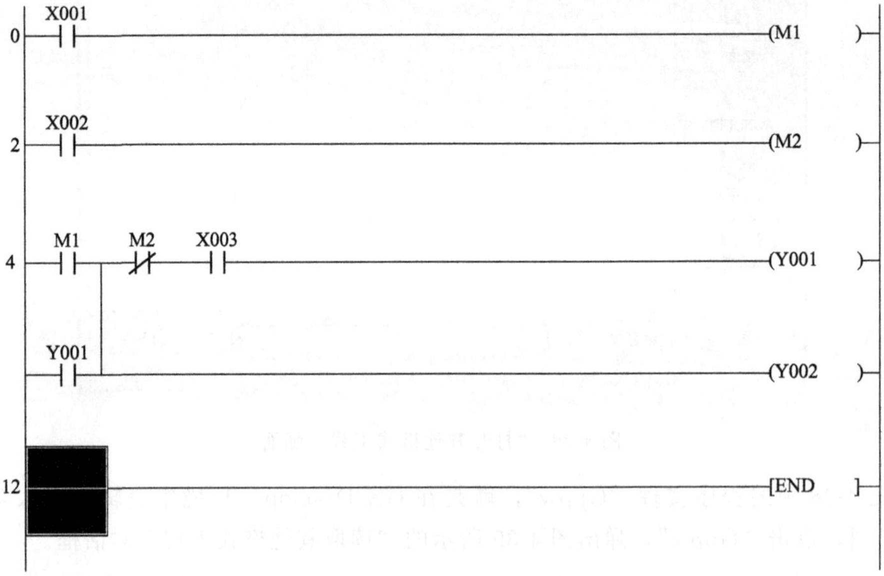

```
      X001
0   ──┤├────────────────────────────────────────(M1    )

      X002
2   ──┤├────────────────────────────────────────(M2    )

      M1    M2    X003
4   ──┤├───┤/├───┤├──────────────────────────────(Y001  )

      Y001
    ──┤├──────────────────────────────────────────(Y002  )


12  ████──────────────────────────────────────────[END   ]
```

图 4-41　导出的"水泵自动控制"梯形图

图"→"注释显示"。

⑥ 图 4-41 所示的梯形图文件，处于读取模式，不能直接编辑，如果需要进行编辑，则执行菜单"编辑"→"梯形图编辑模式"→"写入模式"。

第**5**章 ▸▸▸▸

SFC顺序控制与步进梯形图

梯形图和指令表由于简单和直观，受到广大工程技术人员的欢迎。但是在工业生产过程中，存在着大量的顺序控制。对于比较复杂的顺序控制系统，如果采用梯形图和指令表编程，程序设计就变得比较复杂、冗长，各个环节互相牵扯，编写的程序不容易读懂，后续的调试也有困难。

顺序功能图就是一种非常适合于顺序控制系统的编程方式。FX3U 系列 PLC 在基本指令的基础上，增加了两条简单的步进指令 STL 和 RET，再结合大量的状态继电器 S，可以方便地将顺序功能图转变为梯形图和指令表的形式，使顺序控制系统的设计和编程也变得简单而直观，很容易被初学者接受。

5.1 SFC 顺序控制功能图

所谓顺序控制，就是根据生产工艺所规定的程序，在输入信号的控制下，按照时间顺序，各个执行机构自动而有序地执行规定的动作。

（1）顺序控制功能图的相关概念

① 步。系统的一个工作周期可以分解为若干个顺序相连的阶段，这些阶段称为"步"（Step），每一步都要执行明确的输出，步与步之间由指定的条件进行转换，以完成系统的全部工作。

步可以分为初始步、活动步、非活动步。

a. 初始步。与系统初始状态相对应的步称为初始步，用矩形双线框表示。每一个顺序控制功能图至少有一个初始步。初始状态一般是系统等待启动命令的、相对静止的状态。系统在进入自动控制之前，首先进入规定的初始状态。

b. 活动步。当系统处在某一步所在的阶段时，该步处于活动状态，称为活动步，其相应的动作被执行。

c. 非活动步。处于不活动状态的步称为非活动步，其相应的动作被停止执行。

② 有向连线。有向连线就是状态间的连接线，它决定了状态的转换方向和转换途径。在画顺序控制功能图时，将代表各步的方框按动作的先后次序排列，然后用有向连线连接起来。一般需要用两条以上的连线进行连接，其中一条为输入线，表示上一级的"源状态"；

另一条为输出线，表示下一级的"目标状态"。步的活动状态默认的变化方向是自上而下，从左到右，在这两个方向上的有向连线一般不需要标明箭头。但是对于自下而上的转换，以及向其他方向的转换，必须用箭头标明转换方向。

③ 转换。在有向连线上，与有向连线相垂直的短横线是用来表示"转换"的，它使得相邻的两步分隔开。短横线的旁边要标注相应的控制信号地址。步的活动状态进展是由转换来完成的，转换与控制过程的进展相对应。

④ 转换条件。它是指改变 PLC 状态的控制信号，可以是外部的输入信号，如按钮、主令开关、接近开关等，也可以是 PLC 内部产生的控制信号，如定时器、计数器常开触点接通，还可以是若干个信号的逻辑组合。不同状态间的转换条件可以相同，也可以不同。

当转换条件各不相同时，顺序控制功能图的程序只能选择其中的一种工作状态，即选择一个分支。

（2）SFC 顺序控制功能图的基本结构

在 SFC 顺序控制功能图中，由于控制要求的不同，步与步之间连接的结构形式也不同，可以分为单系列、选择系列、并行系列 3 种结构，如图 5-1 所示。

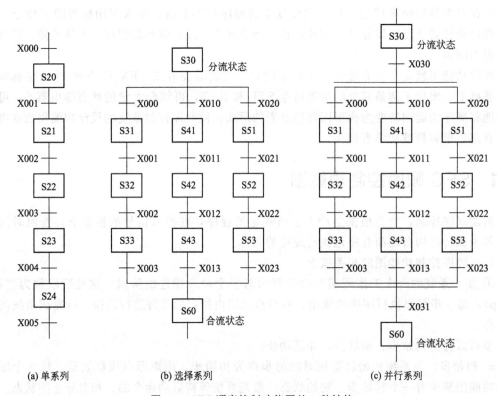

图 5-1　SFC 顺序控制功能图的 3 种结构

① 单系列，如图 5-1(a) 所示。它由一系列相继激活的步组成，每一步的后面只有一个转换，每一个转换的后面也只有一个步。单系列结构的特点是：

a. 只能有一个初始状态。

b. 步与步之间采用自上而下的串联连接方式。

c. 除起始状态和结束状态之外，状态的转换方向始终是自上而下，固定不变。

d. 除转换瞬间之外，一般只有一个步处于活动状态，其余步都处在非活动状态。

e. 定时器可以重复使用，但是在相邻的两个状态里，不能使用同一个定时器。

f. 在状态转换的瞬间，处于一个循环周期内的相邻两状态会同时工作，如果在工艺上不允许它们同时工作，必须在程序中加入"互锁"触点。

② 选择系列，如图 5-1(b) 所示。在选择系列的分支处，每次只允许选择一个系列。在图 5-1(b) 中，在 S30 为活动步的情况下：

当转换条件 X000 有效时，发生由步 S30→S31 的进展；

当转换条件 X010 有效时，发生由步 S30→S41 的进展；

当转换条件 X020 有效时，发生由步 S30→S51 的进展。

在程序执行过程中，这 3 个分支只有一个被选中，不可能同时执行。

选择系列的结束称为合并。在图 5-1(b) 中：

如果 S33 是活动步，并且转换条件 X003 闭合，则发生 S33→S60 的进展；

如果 S43 是活动步，并且转换条件 X013 闭合，则发生 S43→S60 的进展；

如果 S53 是活动步，并且转换条件 X023 闭合，则发生 S53→S60 的进展。

同样，这 3 个分支只有一个被选中，不可能同时执行。

③ 并行系列，如图 5-1(c) 所示。在某一转换之后，几个流程被同时激活，这些流程便称为并行系列，它表示系统中的几个分支同时都在独立地工作。

在图 5-1(c) 中，当 S30 为活动步，并且转换条件 X030 闭合时，S31、S41、S51 这 3 步同时变为活动步，同时 S30 变为非活动步。

图中的水平连线用双线表示，这是为了强调转换的同时实现。在双水平线之上，只允许一个转换条件（X030）。在 S31、S41、S51 被同时激活后，各个分支中活动步的进展是独立的，相互之间没有关联。

并行系列的结束称为合并，在表示同步的双水平线之下，只允许有一个转换条件（X031）。当直接连接在双线上的所有前级步（S33、S43、S53）都处于活动状态，并且转换条件 X031 闭合时，才会发生 S33、S43、S53 到 S60 的进展。此时 S33、S43、S53 同时变为非活动步，而 S60 变为活动步。

在并行系列的设计中，每一个分步点最多允许 8 个系列，而每条支路的步数不受限制。

④ 子步。在 SFC 顺序控制功能图中，某一步又可以包括一系列的子步和转换，如图5-2所示。这些子步表示系统的一个完整的子功能。采用子步后，在总体设计时就可以抓住主要环节，用更加简洁的方式表示系统的控制过程，避免一开始就陷入某些烦琐的细节中。子步中还可以包括更为详细的子步。这种设计方法的逻辑性很强，可以减少设计中的错误。

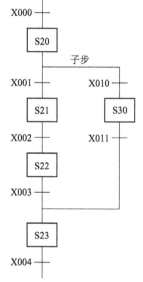

图 5-2　SFC 顺序控制功能图中的子步

5.2　普通的顺序控制梯形图

（1）送料小车的工作过程

图 5-3 是送料小车的工作示意图。小车在 A 点装满物料后，向前方行驶，依次在 B 点、

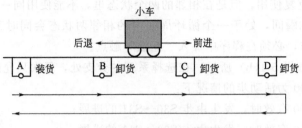

图 5-3 送料小车的工作过程

C 点、D 点停留卸载物料。装载物料耗用的时间是 60s，每个卸载点卸载物料耗用的时间是 10s。D 点卸载完毕后，小车沿着原路线后退，返回到 A 点继续装载物料，进入下一轮的循环。A、B、C、D 点各用一个接近开关定位，装载物料和卸载物料所需的时间用定时器设置。这是一个比较典型的顺序控制过程。

（2）I/O 地址分配和 PLC 选型、接线

① I/O 地址分配。按照图 5-3 所示的工作过程，进行输入/输出元件的 I/O 地址分配，见表 5-1。

表 5-1 输入/输出元件的 I/O 地址分配

I（输入）			O（输出）		
组件代号	组件名称	地址	组件代号	组件名称	地址
SB1	启动旋钮	X000	KM1	正转接触器	Y000
XK1	A 点接近开关	X001	KM2	反转接触器	Y001
XK2	B 点接近开关	X002			
XK3	C 点接近开关	X003			
XK4	D 点接近开关	X004			

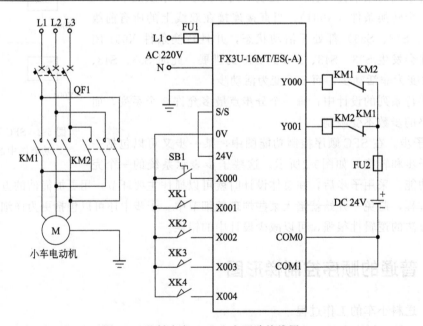

图 5-4 送料小车 PLC 和主回路接线图

② PLC 选型。本电路中，输入和输出端子都比较少，可以选用三菱 FX3U-16MT/ES(-A) 型 PLC。从表 1-1 可知，它是 AC 电源，DC 24V 漏型·源型输入通用型。工作电源为交流 100～240V，现在设计为通用的 AC 220V。总点数 16，输入端子 8 个，输出端子 8 个。晶体管漏型输出。负载电源为直流，本例选用 DC 24V。

③ PLC 和主回路接线图

按照上述要求，结合 FX3U-16MT/ES(-A) 型 PLC 的接线端子图（图 1-11），设计出送料小车的 PLC 和主回路接线图，如图 5-4 所示。

（3）编写 SFC 顺序控制功能图

图 5-5 是送料小车的 SFC 顺序控制功能图，控制流程由旋钮 X000 启动，X001～X004 分别是 A、B、C、D 点的接近开关。A 点定时器为 T1（定时 60s），B、C、D 点定时器为 T2～T4（定时 10s）。小车前进由正转接触器 Y000 执行，小车后退由反转接触器 Y001 执行。

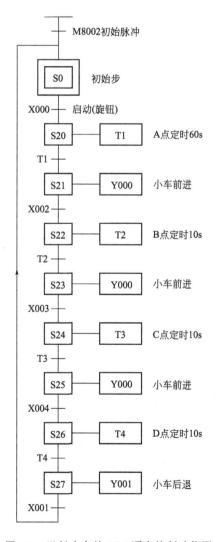

图 5-5 送料小车的 SFC 顺序控制功能图

有了这种 SFC 顺序控制功能图后，对控制流程就比较清楚了。例如，在小车前进到 B 点后，接近开关 X002 闭合，进入流程 S22，S22 成为活动步，定时器 T2 开始计时。与此同时，流程 S21 关闭，S21 变为非活动步，小车停止前进。这样便实现了从 S21 到 S22 的转换。

但是，图 5-5 还不是 PLC 所能识别的程序，不能下载到 FX3U 或其他三菱 PLC 中进行运行，需要进一步地编程，将这种顺序控制功能图编写成顺序控制梯形图。

（4）编写顺序控制梯形图

首先采用启动-保持-停止方式编写，这种编写方法通用性强，编程比较容易，在继电器系统的 PLC 改造中用得较多。

图 5-6 是在图 5-5 送料小车 SFC 顺序控制功能图的基础上，采用启动-保持-停止方式，在 GX Developer 环境下所编辑的顺序控制梯形图。

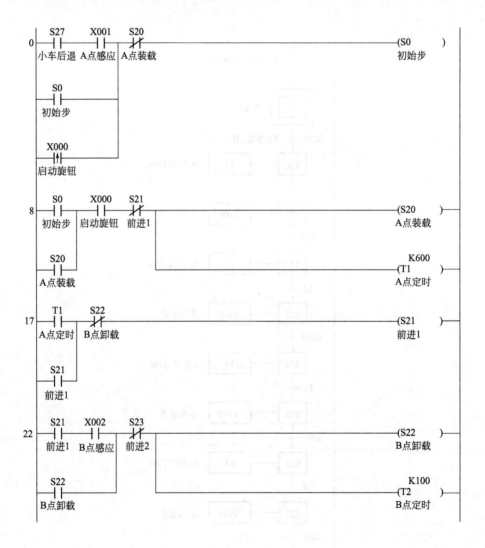

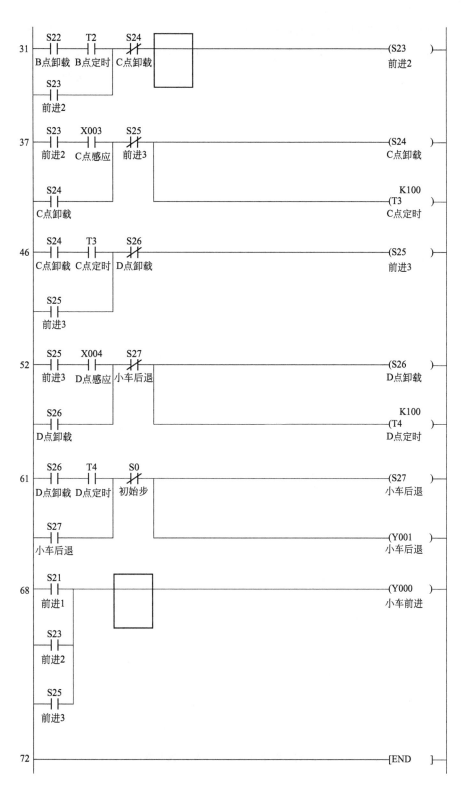

图 5-6 启动-保持-停止方式的小车顺序控制梯形图

（5）指令表

有时，PLC 程序要以指令表的形式出现，此时，可以在 GX Developer 环境下打开梯形图的画面，执行菜单"显示"→"列表显示"，梯形图程序便自动转换为指令表。

例如，打开图 5-6 所示的梯形图程序，再执行菜单"显示"→"列表显示"，图 5-6 便自动转换为图 5-7 所示的指令表。

0	LD	S27			37	LD	S23	
		S27 ＝小车后退					S23 ＝前进2	
1	AND	X001			38	AND	X003	
		X001 ＝A点感应					X003 ＝C点感应	
2	OR	S0			39	OR	S24	
		S0 ＝初始步					S24 ＝C点卸载	
3	ORP	X000			40	ANI	S25	
		X000 ＝启动旋钮					S25 ＝前进3	
5	ANI	S20			41	OUT	S24	
		S20 ＝A点装载					S24 ＝C点卸载	
6	OUT	S0			43	OUT	T3	K100
		S0 ＝初始步					T3 ＝C点定时	
8	LD	S0			46	LD	S24	
		S0 ＝初始步					S24 ＝C点卸载	
9	OR	S20			47	AND	T3	
		S20 ＝A点装载					T3 ＝C点定时	
10	AND	X000			48	OR	S25	
		X000 ＝启动旋钮					S25 ＝前进3	
11	ANI	S21			49	ANI	S26	
		S21 ＝前进1					S26 ＝D点卸载	
12	OUT	S20			50	OUT	S25	
		S20 ＝A点装载					S25 ＝前进3	
14	OUT	T1	K600		52	LD	S25	
		T1 ＝A点定时					S25 ＝前进3	
17	LD	T1			53	AND	X004	
		T1 ＝A点定时					X004 ＝D点感应	
18	OR	S21			54	OR	S26	
		S21 ＝前进1					S26 ＝D点卸载	
19	ANI	S22			55	ANI	S27	
		S22 ＝B点卸载					S27 ＝小车后退	
20	OUT	S21			56	OUT	S26	
		S21 ＝前进1					S26 ＝D点卸载	
22	LD	S21			58	OUT	T4	K100
		S21 ＝前进1					T4 ＝D点定时	
23	AND	X002			61	LD	S26	
		X002 ＝B点感应					S26 ＝D点卸载	
24	OR	S22			62	AND	T4	
		S22 ＝B点卸载					T4 ＝D点定时	
25	ANI	S23			63	OR	S27	
		S23 ＝前进2					S27 ＝小车后退	
26	OUT	S22			64	ANI	S0	
		S22 ＝B点卸载					S0 ＝初始步	
28	OUT	T2	K100		65	OUT	S27	
		T2 ＝B点定时					S27 ＝小车后退	
31	LD	S22			67	OUT	Y001	
		S22 ＝B点卸载					Y001 ＝小车后退	
32	AND	T2			68	LD	S21	
		T2 ＝B点定时					S21 ＝前进1	
33	OR	S23			69	OR	S23	
		S23 ＝前进2					S23 ＝前进2	
34	ANI	S24			70	OR	S25	
		S24 ＝C点卸载					S25 ＝前进3	
35	OUT	S23			71	OUT	Y000	
		S23 ＝前进2					Y000 ＝小车前进	
					72	END		

图 5-7　启动-保持-停止方式的小车顺序控制程序（指令表）

如果需要由指令表转换为梯形图程序，再执行菜单"显示"→"梯形图显示"，图 5-7 便自动转换为图 5-6 所示的梯形图。

5.3 SET 和 RST 指令的顺序控制梯形图

在某些场合，采用 SET 置位和 RST 复位指令编写顺序控制梯形图比较方便，图 5-8 是在图 5-5 送料小车顺序控制功能图的基础上，通过 GX Developer 编程软件，采用 SET 和 RST（置位/复位）指令编写的顺序控制梯形图。

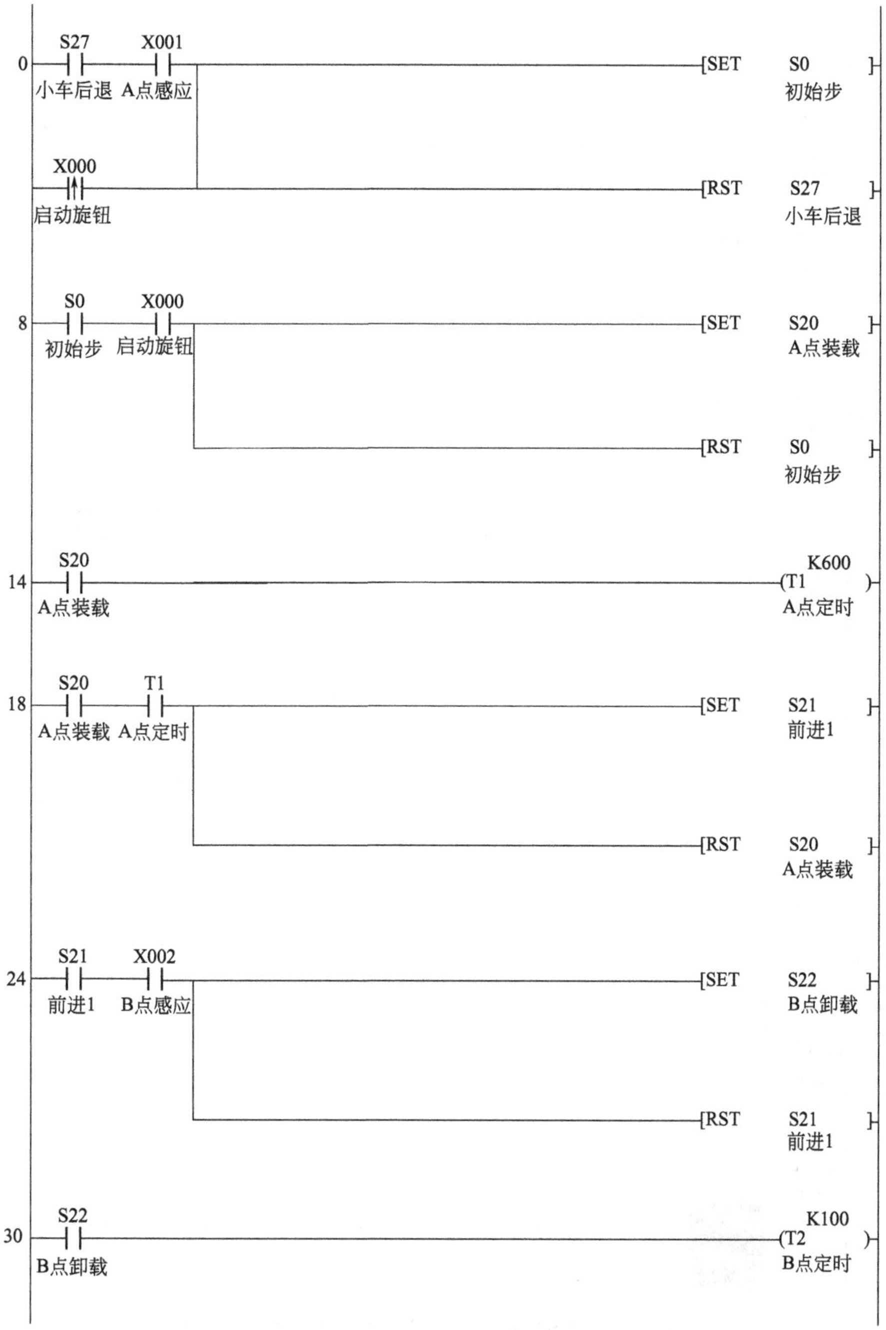

图 5-8

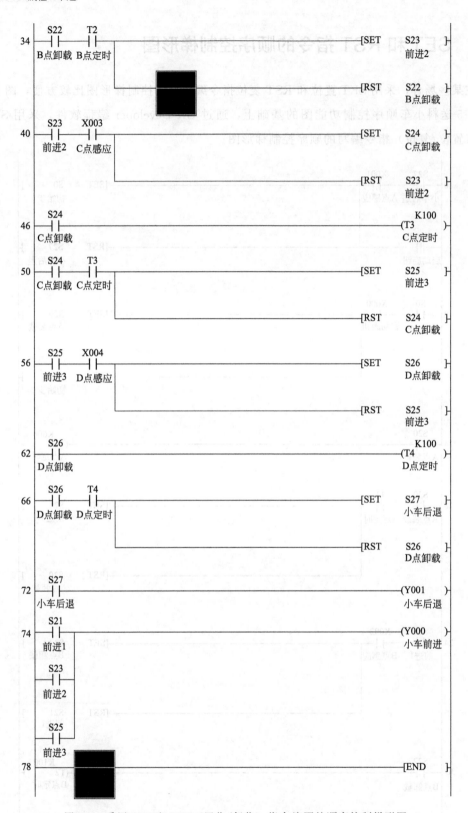

图 5-8 采用 SET 和 RST（置位/复位）指令编写的顺序控制梯形图

5.4 步进指令的顺序控制梯形图

用步进指令编写的步进梯形图程序，在实质上与上述的顺序控制梯形图程序完全相同，只是表达的形式不同。

在 FX3U 系列 PLC 中，采用 STL、RET 步进指令，并结合状态继电器（S）等元件，可以方便地编写步进梯形图。STL 为步进开始指令，与母线相连，表示步进顺序控制开始。RET 为步进结束指令，表示步进控制结束，返回到主程序。

（1）编写步进梯形图须注意的事项

① 在步进梯形图中，经常会使用一些特殊辅助继电器，其名称和功能见表 5-2。

表 5-2 步进梯形图中常用的特殊辅助继电器

编号	名称	功能和用途
M8000	RUN 运行	在 PLC 运行中始终接通,可作为输入条件,或用于 PLC 运行状态的显示
M8002	初始脉冲	在 PLC 接通时,仅在第一个扫描周期内接通,用于程序的初始设定或初始状态的置位、复位
M8040	禁止转移	M8040 接通后,禁止所有状态相互转移,此时各状态内部的程序继续运行,输出不会断开
M8046	STL 动作	任一状态继电器接通时,M8046 都会自动接通,用于避免与其他流程同时启动
M8047	STL 监视有效	M8047 接通后,可以自动读出正在工作元件的状态,并加以显示

② STL 和 RET 是一对指令，在多个 STL 指令后必须加上 RET 指令，表示步进指令结束，后面的母线返回到主程序母线。RET 指令也可以多次使用。

③ 每个状态继电器具有驱动相关负载、指定转移条件、指定转移目标这 3 项功能。

④ STL 触点和继电器触点的功能相似。STL 触点接通时，该状态下的程序执行；STL 触点断开时，一个扫描周期后该状态下的程序不再执行，直接跳转到下一个状态。

⑤ 同一编号的状态继电器，其输出线圈不能重复使用。

⑥ 使用其他输出继电器（除状态继电器之外）时，不同状态内可以重复使用同一编号的输出继电器。

⑦ 使用定时器时，不同状态内可以重复使用同一编号的定时器，但是在相邻的状态内不能重复使用。

⑧ 用置位/复位指令对状态继电器进行操作（如 SET S20、RST S20）时，要占用 2 个程序步。

⑨ 在 STL 触点后面不能直接使用堆栈操作指令 MPS、MRD、MPP，这些指令要在 LD、LDI 指令后面才可以使用。

⑩ 在中断程序和子程序中，不能使用 STL 和 RET 指令，在 STL 指令中，尽量不要使用跳转指令。

（2）步进梯形图

图 5-9 是在图 5-5 送料小车顺序控制功能图的基础上，采用 STL 和 RET 步进指令，通过 GX Developer 编程软件所编写的步进梯形图。如果采用其他编程软件，如 SWOPC-FXGP/WIN-C，则步进梯形图的形式也不相同，但是指令表是相同的。

```
0   M8002                                              [SET   S0      ]
    ┤├                                                        初始步
    初始脉冲

3   ┤─────────────────────────────────────────────── [STL   S0      ]
                                                              初始步

4   X000                                               [SET   S20     ]
    ┤├                                                        A点装载
    启动旋钮

7   ┤─────────────────────────────────────────────── [STL   S20     ]
                                                              A点装载

8   ┤──────────────────────────────────────────────── K600
                                                       (T1     )
                                                        A点定时

11  T1                                                 [SET   S21     ]
    ┤├                                                        前进1
    A点定时

14  ┤─────────────────────────────────────────────── [STL   S21     ]
                                                              前进1

15  ┤──────────────────────────────────────────────── (Y000   )
                                                        小车前进

16  X002                                               [SET   S22     ]
    ┤├                                                        B点卸载
    B点感应

19  ┤─────────────────────────────────────────────── [STL   S22     ]
                                                              B点卸载

20  ┤──────────────────────────────────────────────── K100
                                                       (T2     )
                                                        B点定时

23  T2                                                 [SET   S23     ]
    ┤├                                                        前进2
    B点定时

26  ┤─────────────────────────────────────────────── [STL   S23     ]
                                                              前进2

27  ┤──────────────────────────────────────────────── (Y000   )
                                                        小车前进

28  X003                                               [SET   S24     ]
    ┤├                                                        C点卸载
    C点感应

31  ┤─────────────────────────────────────────────── [STL   S24     ]
                                                              C点卸载

32  ┤──────────────────────────────────────────────── K100
                                                       (T3     )
                                                        C点定时
```

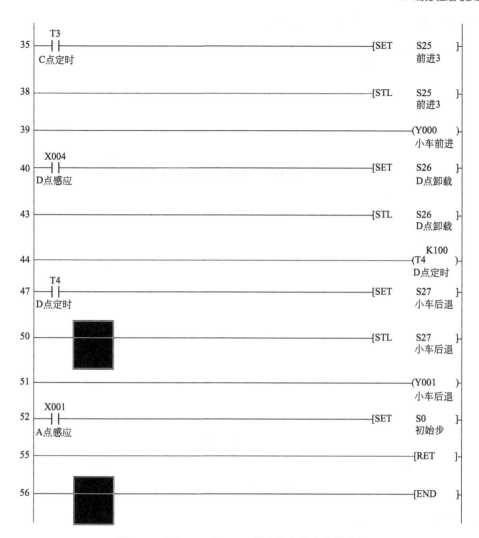

图 5-9 采用 STL 和 RET 步进指令的步进梯形图

在图 5-9 中，输出继电器 Y000 的线圈被多次使用，这在步进梯形图和 SFC 顺序控制梯形图中是允许的，因为在任何时刻只有一个活动步，其他步处于非活动步。但是在转换瞬间，相邻的两步也可能同时处于活动步，所以在相邻的两步中，还是要避免使用同一个输出继电器的线圈。

5.5 单系列 SFC 顺序控制梯形图

在 SFC 窗口中所编写的顺序控制梯形图，可以将顺序功能图与梯形图相结合，将控制程序分解为若干个步序，环环相扣，一步一步地编写出与工艺要求相符合的控制程序。

本节以图 5-3 所示的送料小车为实例，叙述 SFC 顺序控制梯形图的编辑方法。这种梯形图的编辑方法与普通的梯形图有很大区别，初学者对它比较生疏，所以很有必要把编程步骤说得详细一些。

打开 GX Developer 编辑界面，点击菜单"工程"→"创建新工程"，在程序类型中选择"SFC"，将工程名设置为"送料小车"，并给出文件保存路径："C：\ 我的 PLC 设计"。予以确定后，弹出图 5-10 所示的 SFC 程序列表窗口。

图 5-10 SFC 程序列表窗口

SFC 程序主要由初始状态、通用状态、返回状态这三种状态来构成，但是在编程中，这几个状态的编写方式不一样，需要予以注意。

5.5.1 SFC 程序的初始状态

SFC 程序的编辑是从初始状态开始的。

（1）进行块信息设置

双击图 5-10 中"块标题"下面的第一行，弹出"块信息设置"对话框，在"块标题"中输入"初始状态激活"（也可以不设置这一项）。在"块类型"中选择"梯形图块"。如图 5-11 所示。

我们不是在编辑 SFC 程序吗？为什么要首先选择梯形图块，而不是 SFC 块？这是因为 SFC 的初始状态是需要激活的，激活的方法是采用一段梯形图程序，而且这一段梯形图程序必须是放在 SFC 程序的开头部分，也就是第 0 块。

（2）编辑初始状态梯形图

点击图 5-11 中的"执行"按钮，弹出图 5-12 所示的 SFC 程序初始状态的编辑窗口，左边是初始状态的流程编辑窗口，右边是初始状态的梯形图编辑窗口。

在左边的流程编辑窗口中，第 1 行是一个方框，方框的右边是字母"LD"，表示这是起始步。

先把光标框放在右边梯形图编辑窗口中最上面一行起始处（"0"的右边），输入启动条件。如果没有特定的条件，可以利用 PLC 的辅助继电器 M8002（上电初始脉冲）的常开触

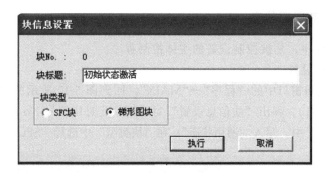

图 5-11   初始状态的"块信息设置"对话框

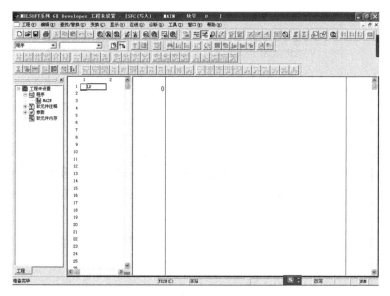

图 5-12   初始状态的编辑窗口

点作为启动条件。添加 M8002 的常开触点后，再把光标放在它的右边，点击工具栏中的 F8，在梯形图输入对话框中输入"SET S0"（置位指令 SET 和状态继电器 S0），完成第一行梯形图的输入。

单击"变换"菜单，选择"变换"项，实行梯形图的变换，得到图 5-13 所示的程序，这样就可以将初始步 S0 激活。

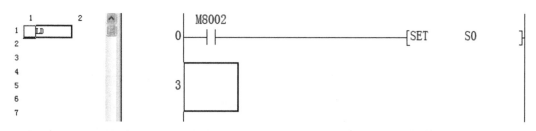

图 5-13   激活初始步 S0 的程序

在以后的 SFC 编程中，初始状态的激活都必须采用这种方法，编写一段梯形图程序，将它放置在 SFC 程序的最前面。

5.5.2 SFC 程序的通用状态

通用状态下的程序，是被控制设备的主体控制程序。

（1）进行块信息设置

点击左边流程编辑窗口中的"程序"→"MAIN"，回到图 5-10 所示的 SFC 程序列表窗口，点击第 1 行（不是 0 行），弹出"块信息设置"对话框，此时块编号 No 已经由前面的"0"变为"1"。在"块标题"中，写入"通用状态"；在"块类型"中选择"SFC 块"。如图5-14所示。

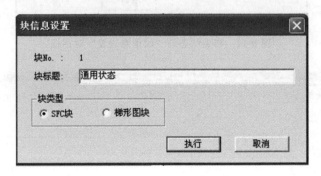

图 5-14　通用状态的"块信息设置"对话框

（2）编辑通用状态梯形图

点击图 5-14 中的"执行"按钮，弹出图 5-15 所示的 SFC 程序通用状态编辑窗口，左边是通用状态的流程编辑窗口，右边是 SFC 通用状态的梯形图编辑窗口。要注意左边编辑窗口的内容已经与图 5-12 不同了。

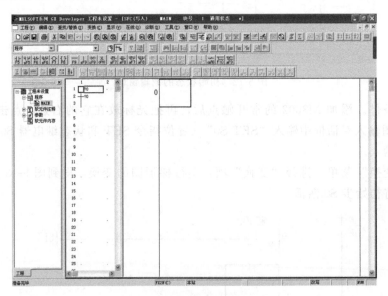

图 5-15　通用状态的编辑窗口

在 SFC 流程编辑窗口中，又出现了一个初始步，即第一行小方框和它右边的"？0"。它没有什么用途，不用理会它，程序会自动进行处理。

现在一步一步地进行 SFC 通用状态程序的编辑。

第 1 步，把光标框移到第 1 个转换条件的符号"？0"处（即流程编辑窗口中第 2 行的

"？0"处，而不是上面一行的"？0"处），再把光标框放在右边梯形图编辑窗口中最上面一行梯形图起始处，输入状态转换条件 X000（启动旋钮）。

第2步，双击 X000 触点右边的光标框，在弹出的梯形图输入对话框中，输入"TRAN"，意思是"转换（Transfer)"，而不要输入某一个继电器线圈，这一点务必注意。在 SFC 程序中，所有的转换都用"TRAN"表示，不可以采用置位指令 SET 再加上状态继电器 S×××的形式表示，否则将告知出错。

第3步，单击"变换"菜单，选择"变换"项，实行梯形图的变换，得到图 5-16 所示的第 1 部分程序。变换后梯形图由原来的灰色变成亮白色。完成变换后，再看左边的流程编辑窗口，第 2 行"？0"中的问号"？"已经消失，只剩下"0"了。

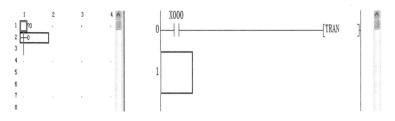

图 5-16　通用状态中的第 1 部分程序

需要注意的是，每编辑完一个转移条件后，都需要进行变换，将梯形图由原来的灰色变成亮白色，并使流程编辑窗口中对应部位的问号消失。

第4步，将光标框放置在左边流程窗口的第 4 行，也就是竖向有向连线的下方（"4"的右边），点击 SFC 符号工具条中的 F5（带有方框的），弹出图 5-17 所示的"SFC 符号输入"对话框。

图 5-17　"SFC 符号输入"对话框

在这个对话框中，默认的步序标号是 10，但是一般习惯上从 20 开始，可以将它改为 20。

输入步序标号"20"后点击确定，这时光标框自动向下移动。此时，可以看到步序标号"20"前面也有一个问号（?），同时右边的梯形图编辑窗口呈现为灰色，表明这一步现在还没有进行梯形图编辑。

第5步，点击步序标号"20"，梯形图编辑窗口呈现为白色，可以进行编辑了。注意：这里的梯形图程序，就是指步序"20"需要驱动哪个输出线圈。

将光标框放在右边梯形图编辑窗口中最上面一行起始处，输入定时器 T1，其时钟脉冲为 100ms，即 0.1s，要求的定时为 60s，设置值

$$K = 60/0.1 = 600$$

完成梯形图的输入，并进行梯形图的变换后，梯形图由原来的灰色变成亮白色。在流程编辑窗口中，"？20"中的问号已经消失，得到图 5-18 所示的第 2 部分程序。

第6步，把光标框移到步序标号 20 下面（第 5 行），点击 SFC 符号工具条中的 F5（带

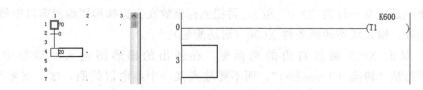

图 5-18　通用状态中的第 2 部分程序

有"十"字线），在弹出的 SFC 符号输入对话框中，输入第 2 个转换条件的符号"1"。再把光标框放在右边梯形图编辑窗口中，在 0 行的右边，输入第 2 个转换条件——T1（A 点定时器）的常开触点，以及转换指令"TRAN"。

第 7 步，把光标框放在流程窗口的第 7 行，在该处放置步序标号 21，并在梯形图窗口中编辑其梯形图，第 1 次驱动输出继电器 Y000（小车前进）的线圈。

第 8 步，在流程窗口的第 8 行，输入第 3 个转换条件的符号"2"，在梯形图窗口中，输入第 3 个转换条件——X002（B 点接近开关的常开触点），以及转换指令"TRAN"。

第 9 步，在流程窗口的第 10 行，放置步序标号 22，在梯形图窗口中编辑其梯形图，驱动 T2（B 点定时器）的线圈，定时设置值 K 为 100。

第 10 步，在流程窗口的第 11 行，输入第 4 个转换条件的符号"3"，在梯形图窗口中，输入第 4 个转换条件——T2 的常开触点，并输入转换指令"TRAN"。

第 11 步，在流程窗口的第 13 行，放置步序标号 23，在梯形图窗口中编辑其梯形图，第 2 次驱动输出继电器 Y000 的线圈。

第 12 步，在流程窗口的第 14 行，输入第 5 个转换条件的符号"4"，在梯形图窗口中，输入第 5 个转换条件——X003（C 点接近开关的常开触点），并输入转换指令"TRAN"。

第 13 步，在流程窗口的第 16 行，放置步序标号 24，在梯形图窗口中编辑其梯形图，驱动 T3（C 点定时器）的线圈，定时设置值 K 为 100。

第 14 步，在流程窗口的第 17 行，输入第 6 个转换条件的符号"5"，在梯形图窗口中，输入第 6 个转换条件——T3 的常开触点，并输入转换指令"TRAN"。

第 15 步，在流程窗口的第 19 行，放置步序标号 25，在梯形图窗口中编辑其梯形图，第 3 次驱动输出继电器 Y000 的线圈。

第 16 步，在流程窗口的第 20 行，输入第 7 个转换条件的符号"6"，在梯形图窗口中，输入第 7 个转换条件——X004（D 点接近开关的常开触点），并输入转换指令"TRAN"。

第 17 步，在流程窗口的第 22 行，放置步序标号 26，在梯形图窗口中编辑其梯形图，驱动 T4（D 点定时器）的线圈，定时设置值 K 为 100。

第 18 步，在流程窗口的第 23 行，输入第 8 个转换条件的符号"7"，在梯形图窗口中，输入第 8 个转换条件——T4 的常开触点，并输入转换指令"TRAN"。

第 19 步，在流程窗口的第 25 行，放置步序标号 27，在梯形图窗口中编辑其梯形图，驱动输出继电器 Y001（小车后退）的线圈。

至此，通用状态的程序编辑完毕。

5.5.3　SFC 程序的返回状态

返回状态是指从通用状态返回到初始状态。在 SFC 程序中，执行完通用状态后，必须返回到初始状态，以便进行循环操作。

首先进行块信息的设置。

点击左边流程编辑窗口中的"程序"→"MAIN",回到图 5-10 所示的 SFC 程序列表窗口,点击第 2 行(通用状态下面的一行),弹出"块信息设置"对话框,此时块编号 No 已经由前面的"1"变为"2"。在"块标题"中,写入"返回状态";在"块类型"中选择"SFC 块"。如图 5-19 所示。

图 5-19 返回状态的"块信息设置"对话框

然而在本例中,返回状态与通用状态的流程是紧密联系在一起的,控制流程不可分割,否则不能"变换"并告之出错。所以返回状态的流程不能在流程窗口中单独编辑,而要与通用状态连成一体。另一方面,图 5-19 所示的"返回状态"块信息设置也可以省略。

现在,将返回状态的流程与通用状态的流程衔接在一起:

第 20 步,在流程窗口的第 26 行,输入第 9 个转换条件的符号"8",在梯形图窗口中,输入第 9 个转换条件——X001(A 点接近开关的常开触点),并输入转换指令"TRAN"。

第 21 步,将光标框放置在流程窗口的第 28 行,点击 SFC 符号工具条中的跳转按钮 F8,弹出"SFC 符号输入"对话框,在"步属性"中输入跳转后需要到达的步序标号,在这里就是初始状态"0",如图 5-20 所示。

图 5-20 返回状态的"SFC 符号输入"对话框

第 22 步,点击图 5-20 中的"确定"按钮,在流程图中生成跳转符号,程序从这里返回到初始步 S0,使 S0 成为活动步,而不需要其他的转移条件。

至此,完成了 SFC 程序的编辑,得到图 5-21 所示的送料小车 SFC 流程图(单系列)。而梯形图(包括初始步状态激活梯形图、转移条件 0~9 的梯形图、步序 20~27 的梯形图)则以多个局部梯形图的方式,在梯形图窗口中分别表达。

5.5.4 SFC 程序的特点

在上述编程过程中,我们了解到单系列 SFC 顺序控制梯形图具有以下一些特点:

① 编程界面分为"流程""梯形图"两个窗口。

② 程序中有一个初始状态,初始状态用梯形图启动。

③ 整个工艺过程被一步一步地分解为若干个步序,上下连贯,层次分明。

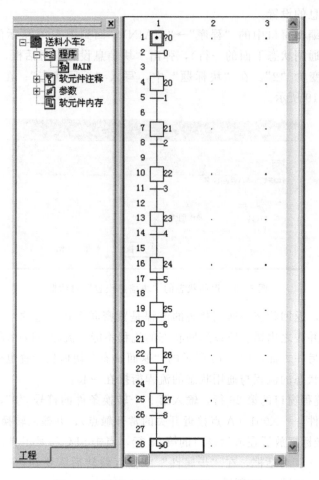

图 5-21　送料小车 SFC 流程图（单系列）

④ 步与步之间采用自上而下的串联连接方式，转换方向始终是自上而下（返回状态除外）。在上一步与下一步之间，都有一个特定的转换条件。

⑤ 每一个转换条件都有对应的梯形图，对转换条件进行具体的表达。

⑥ 每一个步序都有对应的梯形图，表明该步所驱动的对象。

⑦ 除转换瞬间之外，通常仅有一个步处于活动状态。

⑧ 同一个输出线圈（例如 Y000）在梯形图中可以多次出现，这是因为在 SFC 中只有某一个步序处于活动状态。

5.5.5　SFC 程序与梯形图的转换

在 GX Developer 环境中，送料小车的 SFC 程序编辑完毕后，如果需要转换为整体梯形图，可以打开 SFC 程序的编程界面，执行菜单"工程"→"编辑数据"→"改变程序类型"，弹出图 3-48 所示的"改变程序类型"对话框，选择"梯形图"并予以确定，SFC 程序便转换为整体梯形图。这个梯形图与图 5-9 完全相同，没有必要将它重新画出。但是两个梯形图的编辑方法是不同的，前者是采用 STL、RET 指令，并结合状态继电器（S）等元件所编写的步进梯形图；后者则是先编辑 SFC 程序，再将 SFC 程序转换为整体梯形图。但是殊途同归，最后得到了完全相同的梯形图程序。

完成转换之后，送料小车的程序以整体梯形图的形式出现。如果要回到 SFC 程序，可以再打开图 3-48 所示的"改变程序类型"对话框，选择"SFC 块"并予以确定，梯形图便转换为 SFC 程序。

5.5.6　设计文件的查找

初学者在进行 PLC 编程时，容易忽视文件的保存，导致辛辛苦苦编制的 PLC 程序怎么也找不到，甚至于前功尽弃。

我们刚刚完成的这个文件，工程名是"送料小车"。在本节（5.5 节）的开头部分，已经给定了文件保存路径："C：\ 我的 PLC 设计"。也就是说，它在 C 盘下面的文件夹"我的 PLC 设计"中。如果要打开这个文件，查找路径是：我的电脑 \ C 盘 \ 我的 PLC 设计 \ 送料小车。

5.6　选择系列的 SFC 顺序控制

现在以图 5-22 所示的机械手大小球分拣系统为例，具体介绍选择系列的 SFC 顺序控制。其顺序功能图属于图 5-1(b) 的形式，当然比图 5-1(a) 的单系列要复杂一些。

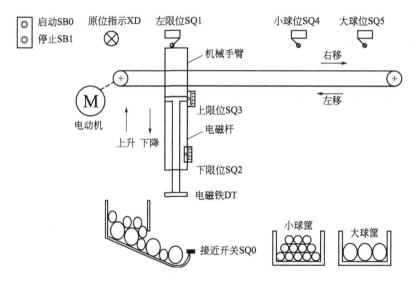

图 5-22　机械手大小球分拣系统示意图

在图 5-22 中，M 是手臂移动电动机，机械手臂的原始位置在左限位，电磁杆在上限位。接近开关 SQ0 用于检测是否有球，SQ1～SQ5 分别是机械手臂在运行过程中的左限位、下限位、上限位、小球位、大球位。

（1）控制要求

通电启动后，如果接近开关 SQ0 检测到有球，电磁杆就下降。当电磁铁 DT 碰到大球时，下限位 SQ2 不动作；碰到小球时，SQ2 动作。电磁杆下降 2s 后，电磁铁将钢球吸住，吸住 1s 后电磁杆上升。到达上限位 SQ3 后，机械手臂向右移动。如果吸住的是小球，机械手臂就停止在小球位 SQ4，随后电磁杆下降，2s 后电磁铁断电，将小球释放到小球筐。如果吸住的是大球，机械手臂就停止在大球位 SQ5，随后电磁杆下降，2s 后电磁铁断电，将大球释放到大球筐。钢球释放后停留 1s，电磁杆再次上升，到达上限位 SQ3 时，上升停止。接着机械手臂向左移动，到达左限位 SQ1 时停止。然后重复上述的循环动作。

机械手如果要停止工作,必须完成上述的一整套循环动作,并到达左限位 SQ1。

(2) I/O 地址分配和 PLC 选型、接线

① I/O 地址分配。按照图 5-22 的工作原理和元件设置,进行输入/输出元件的 I/O 地址分配,如表 5-3 所示。

表 5-3　机械手大小球分拣系统输入/输出元件的 I/O 地址分配

I(输入)			O(输出)		
组件代号	组件名称	地址	组件代号	组件名称	地址
SB0	启动按钮	X000	YV1	电磁杆下降	Y000
SB1	停止按钮	X001	DT	吸球电磁铁	Y001
SQ0	接近开关	X002	YV2	电磁杆上升	Y002
SQ1	左限位	X003	KM1	电磁杆右移	Y003
SQ2	下限位	X004	KM2	电磁杆左移	Y004
SQ3	上限位	X005	XD	原位指示灯	Y005
SQ4	小球位	X006			
SQ5	大球位	X007			

② PLC 选型。在图 5-22 中,执行元件接触器和电磁阀必须频繁通电、断电。如果选择继电器输出,则 PLC 内部输出继电器的触点容易磨损,造成一些故障。所以不宜选用继电器输出型,可以采用晶闸管输出。结合表 5-3,可选用 FX3U-32MS/ES 型 PLC。从表 1-1 可知,它是 AC 电源/DC 24V 漏型·源型输入通用型。工作电源为 AC 100~240V,现在设计为通用的 AC 220V。总点数 32,输入端子 16 个,输出端子 16 个。双向晶闸管输出,负载电源为 AC,本例也选用 AC 220V。

③ PLC 接线图。按照上述控制要求,结合 FX3U-32MS/ES 型 PLC 的接线端子图 (图 1-13),设计出机械手大小球分拣系统的 PLC 接线图,如图 5-23 所示。

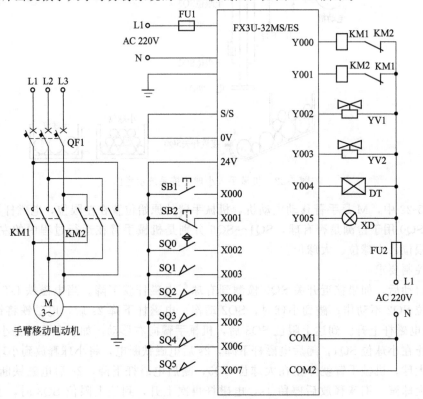

图 5-23　机械手大小球分拣系统 PLC 接线图

（3）编写 SFC 顺序控制功能图

根据分拣系统的控制要求和 PLC 资源配置，先设计出 SFC 顺序控制功能图，如图 5-24 所示。在分拣过程中，抓到的可能是大球，也可能是小球。如果抓到的是大球，必须按照大球来控制；如果抓到的是小球，则必须按照小球来控制。因此，这是一种选择性的控制，需要采用"选择系列"的 SFC 顺序控制功能图，它属于 5-1（b）的形式。

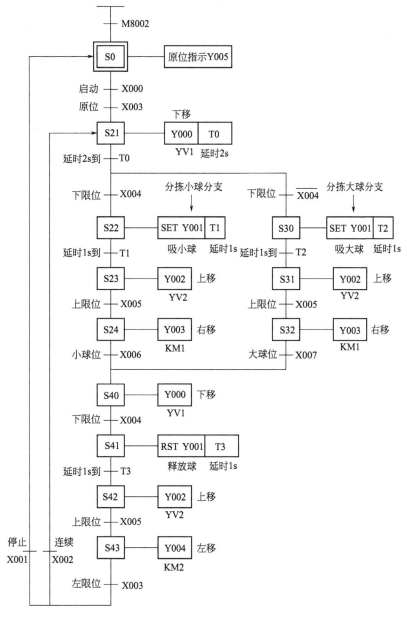

图 5-24　分拣系统的 SFC 顺序控制功能图（选择系列）

（4）采用步进指令的 SFC 顺序控制梯形图

图 5-25 是在图 5-24 所示的 SFC 顺序控制功能图的基础上，采用 STL 和 RET 步进指令，通过 GX Works2 编程软件所编写的 SFC 步进梯形图。

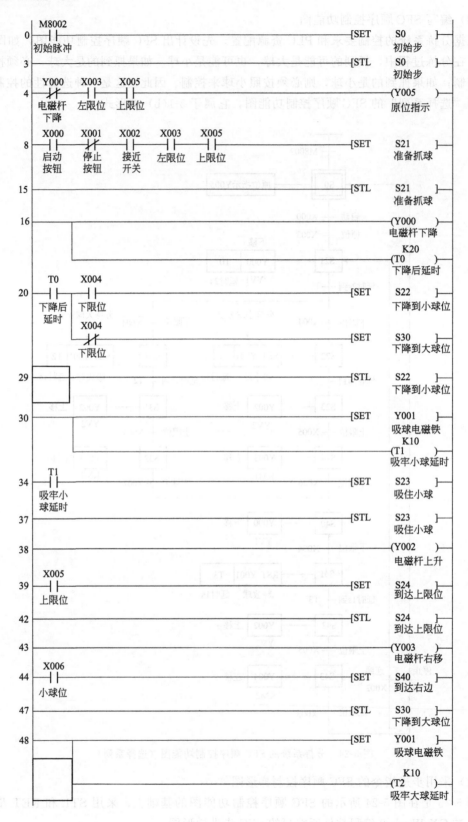

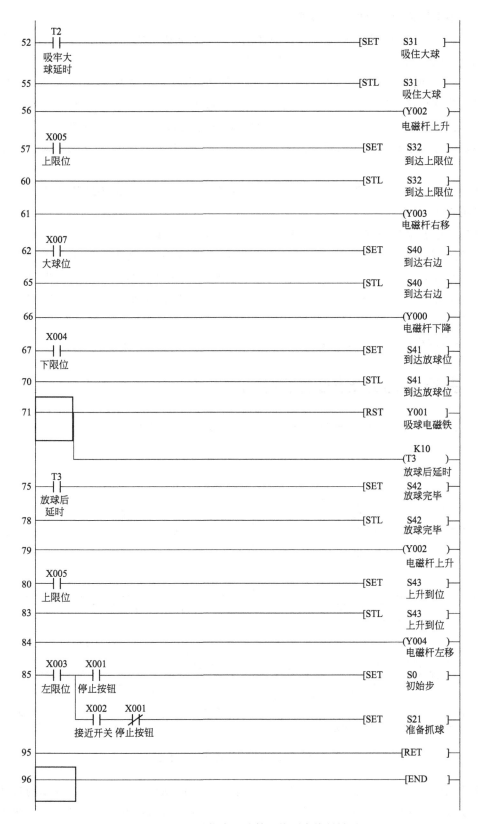

图 5-25　采用步进指令的分拣系统顺序控制梯形图

（5）编辑梯形图程序的注意事项

图 5-25 中带有选择性分支，它是在图 5-24 顺序控制功能图的基础上，采用 STL 和 RET 步进指令所编写的，有些特殊的问题需要注意。

① 怎样实现"选择性分支"？图 5-25 中，第 20 步就是"选择性分支"：X004 为"1"时，进入分拣小球的流程 S22；X004 为"0"时，进入分拣大球的流程 S30。显然，这两个"分支"是不能同时工作的。"SET S30"写入的位置要按图所示，紧接在"SET S22"后面。不能把分拣小球的程序编写完之后，再来编写"SET S30"，否则分拣大球的程序不能执行。

在编写"SET S30"之后，再接着编写"STL S22"，以及分拣小球的其他程序。这个分支是第 29～46 步。

然后，接着编写分拣大球的分支程序，它是第 47～64 步。

② 怎样实现"合流"？分拣小球的分支程序，在第 46 步结束，转入合流程序"SET S40"。但是在它后面，还不能紧接着写入"STL S40"，因为分拣大球的分支程序还没有编写完。这个程序在第 47 步接着编写，至第 64 步完成，所以此处也是"SET S40"。在它之后，才能编写"STL S40"，转入"合流"程序。

③ 在步进程序结束之后，要写入"RET"，它是步进结束指令。

5.7 并行系列的 SFC 顺序控制

现在以图 5-26 所示的双面钻孔机床控制系统为例，具体介绍并行系列的 SFC 顺序控制。其顺序功能图属于图 5-1(c) 的形式。

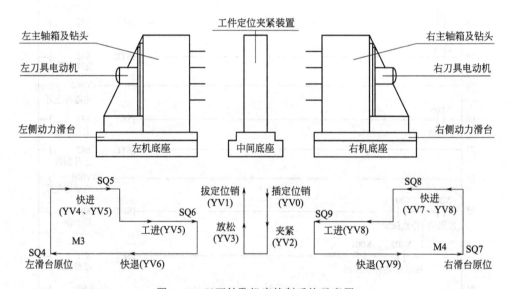

图 5-26 双面钻孔机床控制系统示意图

这种双面钻孔机床，是在工件的两个相对表面上同时钻孔，它是一种高效率的自动化专用加工设备。机床的两个液压动力滑台面对面布置，左、右刀具电动机分别固定在两边的滑台上，中间的底座上安装有工件定位夹紧装置。

（1）控制要求

① 机床的驱动系统。采用电动机和液压系统相结合的方式，需使用 4 台电动机。M1 为液压泵电动机，M2 为冷却泵电动机，M3 为左动力滑台的驱动电动机，M4 为右动力滑台的驱动电动机。在进入 SFC 顺序控制之前，先启动液压泵电动机 M1，在机床供油系统正常工作后，才能启动左、右滑台驱动电动机 M3 和 M4。冷却泵电动机 M2 用手动方式控制，可以与液压电动机同时启停。在左、右动力滑台快速进给的同时，刀具电动机 M3、M4 启动运转，滑台退回原位后，M3、M4 停止运转。

② 机床的进给系统。机床的动力滑台、工件定位、夹紧装置，均由液压系统中的电磁阀驱动。

在工件定位夹紧装置中，由电磁阀 YV0 执行定位销插入，YV1 执行定位销拔出，YV2 执行工件夹紧，YV3 执行放松。SQ1 为定位行程开关，限位开关 SQ2 闭合为夹紧到位，SQ3 闭合为放松到位。

在左动力滑台中，由电磁阀 YV4 和 YV5 执行快进，YV5 执行工进，YV6 执行快退。接近开关 SQ4 是左滑台原位，SQ5 是左快进限位，SQ6 是左工进限位。

在右动力滑台中，由电磁阀 YV7 和 YV8 执行快进，YV8 执行工进，YV9 执行快退。接近开关 SQ7 是右滑台原位，SQ8 是右快进限位，SQ9 是右工进限位。

各个电磁阀线圈的通电、断电状态见表 5-4。表中的"＋"表示电磁阀处于通电状态。

表 5-4　各电磁阀线圈的通电、断电状态

工步	定位销		工件		动力滑台					
	插入	拔出	夹紧	放松	左侧			右侧		
	YV0	YV1	YV2	YV3	YV4	YV5	YV6	YV7	YV8	YV9
插定位销	＋									
工件夹紧			＋							
滑台快进			＋		＋	＋		＋	＋	
滑台工进			＋			＋			＋	
滑台快退			＋				＋			＋
工件放松				＋						
拔定位销		＋								
停止										

（2）I/O 地址分配、PLC 选型、主回路和控制系统接线

① I/O 地址分配。按照图 5-26 的工作原理和元件设置，进行输入/输出元件的 I/O 地址分配，如表 5-5 所示。

② PLC 选型。按照图 5-26 的控制要求，结合表 5-4，可以选用 FX3U-32MT/ES(-A) 型 PLC。从表 1-1 可知，它是 AC 电源，DC 24V 漏型·源型输入通用型。工作电源为 AC 100～240V，现在设计为通用的 AC 220V。总点数 32，输入端子 16 个，输出端子 16 个。晶体管漏型输出，负载电源为直流，现在选用通用的 DC 24V。

③ 主回路和控制系统接线。按照上述控制要求，结合 FX3U-32MT/ES(-A) 型 PLC 的接线端子图（图 1-13）、晶体管漏型输出的接口电路（图 1-46），设计出双面钻孔机床控制系统的电动机主回路接线图，如图 5-27 所示。PLC 接线图如图 5-28 所示。

（3）编写 SFC 顺序控制功能图

表 5-5　双面钻孔机床输入/输出元件的 I/O 地址分配

I(输入)			O(输出)		
组件代号	组件名称	地址	组件代号	组件名称	地址
SB0	循环启动	X000	YV0	工件定位电磁阀	Y000
SB1	液压启动按钮	X001	YV1	拔定位销电磁阀	Y001
SB2	液压停止按钮	X002	YV2	工件夹紧电磁阀	Y002
SB3	冷却启动按钮	X003	YV3	工件放松电磁阀	Y003
SB4	冷却停止按钮	X004	YV4	左滑台快进电磁阀	Y004
SQ1	定位行程开关	X005	YV5	左侧快/工进电磁阀	Y005
SQ2	夹紧限位开关	X006	YV6	左滑台快退电磁阀	Y006
SQ3	放松限位开关	X007	YV7	右滑台快进电磁阀	Y007
SQ4	左滑台原位	X010	YV8	右侧快/工进电磁阀	Y010
SQ5	左快进限位	X011	YV9	右滑台快退电磁阀	Y011
SQ6	左工进限位	X012	KM1	液压电动机接触器	Y014
SQ7	右滑台原位	X013	KM2	冷却电动机接触器	Y015
SQ8	右快进限位	X014	KM3	左滑台电动机	Y016
SQ9	右工进限位	X015	KM4	右滑台电动机	Y017

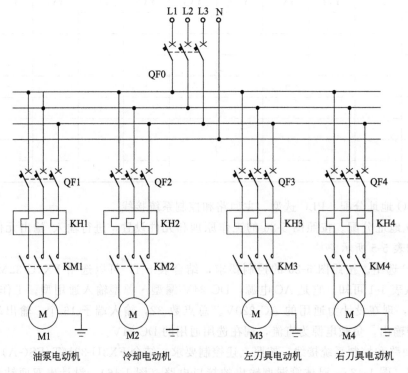

图 5-27　双面钻孔机床控制系统的电动机主回路接线图

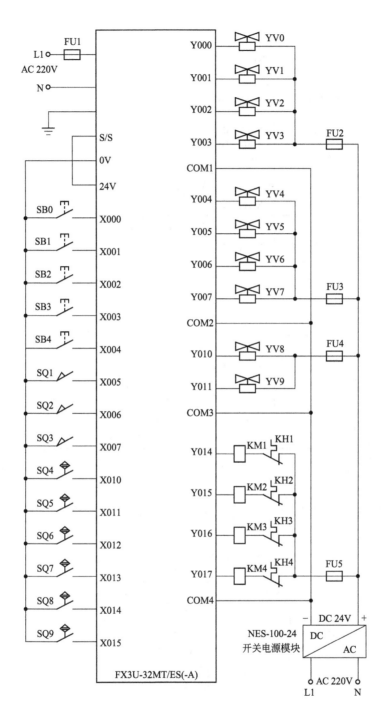

图 5-28　双面钻孔机床 PLC 接线图

　　根据双面钻孔机床的控制要求，以及 PLC 的资源配置，设计出 SFC 顺序控制功能图，如图 5-29 所示。由于左右两个动力头是同时进行钻孔，因此在 SFC 顺序控制功能图中，这一部分是并行系列的流程，属于图 5-1(c) 的形式。

　　(4) 编写步进指令的 SFC 顺序控制梯形图

　　图 5-30 是在图 5-29 SFC 顺序控制功能图的基础上，采用 STL 和 RET 步进指令，通过

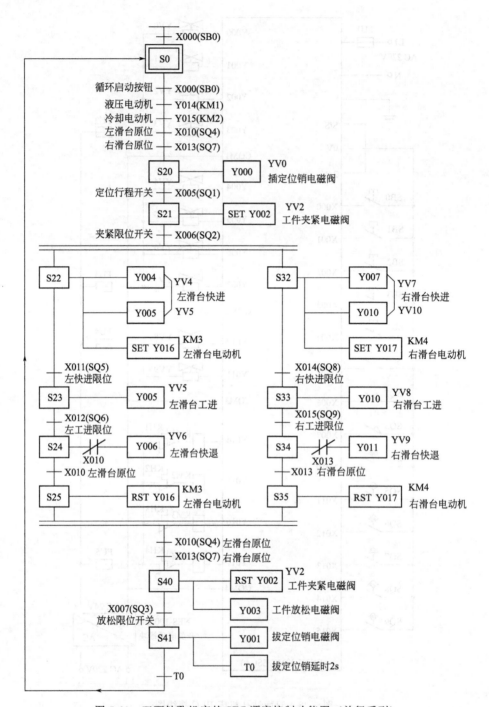

图 5-29 双面钻孔机床的 SFC 顺序控制功能图（并行系列）

GX Works2 编程软件所编写的步进梯形图。

（5）编辑顺序控制梯形图程序的注意事项

① 怎样实现"并行分支"？图 5-30 中，第 26 步就是"并行分支"：当 X006 为"1"时，同时进入左侧滑台的流程 S22 和右侧滑台的流程 S32。显然，这两个分支是同时工作的。"SET S32"写入的位置要按图所示，紧接在"SET S22"后面。不能把左侧滑台的程序编

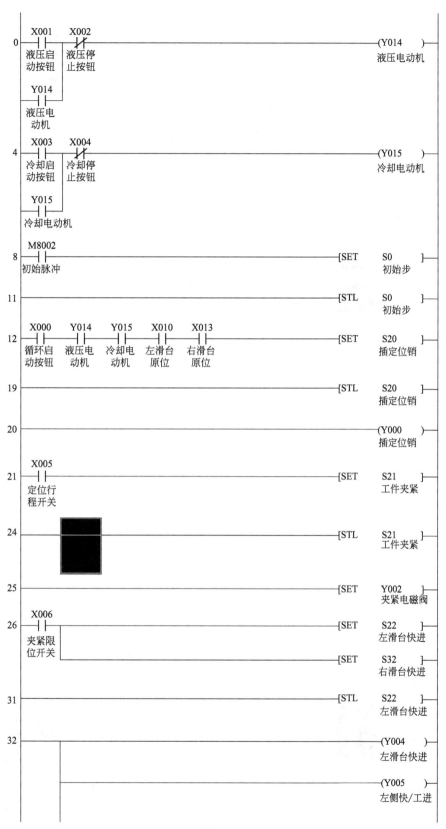

图 5-30

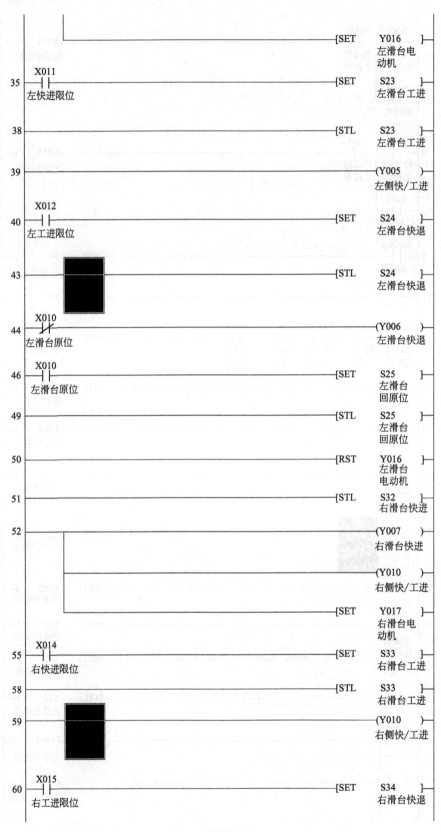

                                                    ─[SET   Y016   ]─
                                                            左滑台电
                                                            动机

35 X011   ─[SET   S23   ]─
    ├─┤├   左滑台工进
    左快进限位

38   ─[STL   S23   ]─
                                                            左滑台工进

39   ─(Y005   )─
                                                            左侧快/工进

40 X012   ─[SET   S24   ]─
    ├─┤├   左滑台快退
    左工进限位

43   ─[STL   S24   ]─
                                                            左滑台快退

44 X010   ─(Y006   )─
    ├─┤/├   左滑台快退
    左滑台原位

46 X010   ─[SET   S25   ]─
    ├─┤├   左滑台
    左滑台原位   回原位

49   ─[STL   S25   ]─
                                                            左滑台
                                                            回原位

50   ─[RST   Y016   ]─
                                                            左滑台
                                                            电动机

51   ─[STL   S32   ]─
                                                            右滑台快进

52   ─(Y007   )─
                                                            右滑台快进

                                                          ─(Y010   )─
                                                            右侧快/工进

                                                    ─[SET   Y017   ]─
                                                            右滑台电
                                                            动机

55 X014   ─[SET   S33   ]─
    ├─┤├   右滑台工进
    右快进限位

58   ─[STL   S33   ]─
                                                            右滑台工进

59   ─(Y010   )─
                                                            右侧快/工进

60 X015   ─[SET   S34   ]─
    ├─┤├   右滑台快退
    右工进限位

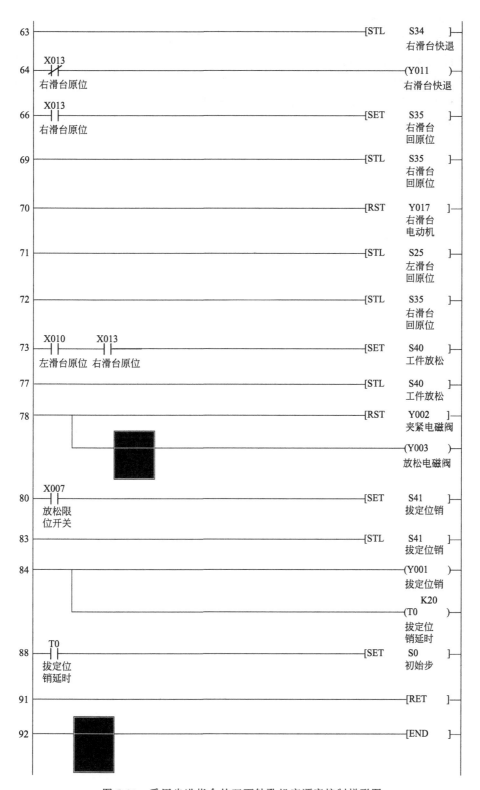

图 5-30 采用步进指令的双面钻孔机床顺序控制梯形图

写完之后，再来编写"SET S32"。

左侧分支的程序是从第 31～50 步；右侧分支的程序是从第 51～70 步。

② 怎样实现"合流"？右侧滑台的分支程序，在第 70 步结束，转入第 73 步的合流程序。但是在写入"SET S40"之前，还要再写入"STL S25"和"STL S35"。虽然前面的第 49 步已经有了"STL S25"，第 69 步已经有了"STL S35"，但是还必须再编写一次，才能转入"合流"程序。

第 **6** 章

FX3U 系列 PLC 与计算机的通信

6.1 通信的基本概念

通信就是指 PLC 与计算机之间，或与其他设备之间的信息传送。这种信息是由数字"0"和"1"组成的，具有一定规则的一个数据或一组数据，也就是我们所说的 PLC 控制程序或工艺参数。

PLC 与计算机（电脑）的通信，就是进行 PLC 程序的写入和读取，以及在程序运行过程中进行监视和某些调试。

PLC 程序的编辑必须采用计算机（电脑）。在计算机中完成 PLC 程序的编辑后，必须将程序写入（下载）到 PLC 中，以控制有关设备的运行。否则所编辑的程序只是"空中楼阁"，没有一点实际用途。

除此之外，有时需要将 PLC 内部原有的程序读取（上传）到计算机中。例如，某些 PLC 内部原有的程序是设备制造厂家编写的，用户往往需要将这些程序复制下来，以便于保存，或修改原有程序中不合理的部分。此时，用户就必须读取 PLC 内部原有的程序，并保存到自己的计算机中。

（1）串行通信的基本知识

基本的数据通信方式有并行通信和串行通信两种。

并行通信是以字节（B）为单位的数据传输方式。除了 8 根（或 16 根）数据线、一根公共线之外，还需要数据通信联络用的控制线。并行通信所用的传输线根数很多，但是数据的各个位同时进行传输，传送速度很快。

并行通信一般用于近距离的传送，例如 PLC 内部 IC 元件之间、主机与扩展单元之间、主机与扩展模块之间、近距离智能模块之间的数据通信。

串行通信是以二进制的位（bit）为单位的数据传输方式，每次只传送一位。除了公共线之外，在一个数据传输方向上只需要一根数据线。这根线既作为数据线，同时又作为通信联络控制线，数据和联络信号在这根线上按位进行传送。串行通信需要的信号线很少，两三根线就可以了，适用于传输距离较远的场所。

串行通信的连接方式有单工方式、半双工方式、全双工方式三种。单工方式只允许数据按照一个固定的方向传送。在通信的两端中，一端为发送端，另一端为接收端，而且这种确定是不可更改的。采用半双工方式时，信息可以在两个方向上传输。但是在某个特定的时刻，接收和发送是确定的。全双工方式则同时可以进行双向通信，两端可以同时作为发送端和接收端。

串行通信一般用于 PLC 与计算机之间、多台 PLC 之间的数据通信。在工业自动控制中，一般都是使用串行通信。PLC 和计算机上都安装有通用的串行通信接口。

进行串行通信时，要指定传输速率。传输速率一般用比特率（每秒传送的二进制数的位数）来表示，其单位是 bit/s。传送速率是反映通信速度的重要指标。常用的标准传输速率有 300bit/s、600bit/s、1200bit/s、2400bit/s、4800bit/s、9600bit/s、19200bit/s 等。不同的传输速率，传送速度相差极大，有的只有几百 bit/s，有的高达 100Mbit/s。使用 FX3U 型 PLC 时，传输速率一般选用 9600bit/s，或 19200bit/s。

（2）计算机和 PLC 的通信接口

计算机（电脑）目前采用两种通信接口：

① RS-232 通信口，它就是台式计算机机箱后面的 D 型 9 芯插座。在它的旁边，一般有标识"｜O｜O｜"。机箱上一般有 1~2 个，但是笔记本电脑和某些计算机上可能没有。

② USB 通信口，计算机的机箱前后一般都有几个。

PLC 通信接口：三菱 FX 系列 PLC（FX3U 等）目前采用 RS-422 通信口，圆形。

（3）RS-232C 串行接口标准

目前，RS-232C 计算机与通信工业中应用最为普遍的一种串行接口。它是美国电子工业协会（EIA）于 1970 年联合贝尔系统、调制解调器制造厂家、计算机终端生产厂家共同制定的串行通信接口标准。它的全名是"数据终端设备（DTE）和数据通信设备（DCE）之间串行二进制数据交换接口技术标准"。"RS"是英文"推荐标准"一词的缩写，"232"是标志号，"C"表示此标准修改的次数。RS-232C 既是一种协议标准，又是一种电气标准，它规定了终端和通信设备之间信息交换的功能和方式。计算机中通常设置有 RS-232C 接口。在通信距离较短、波特率要求不高的场合，直接采用 RS-232C 接口，既简单又方便。

RS-232C 被定义为一种在低速率串行通信中的单端标准，以非平衡数据传输的界面方式工作。它属于全双工传输模式，以一根信号线相对于接地信号线的电压来表示一个逻辑状态，可以独立地发送数据及接收数据。图 6-1 是 RS-232C 的一种典型连接方式。

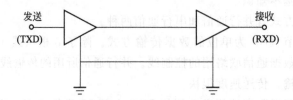

图 6-1　RS-232C 的典型连接方式

RS-232C 传输电缆的长度不能超过 15.24m，或电容值不能超过 2500pF。如果采用带有屏蔽层的传输电缆，则允许更长一些。而在有干扰的环境下，传输电缆的长度需要缩短。

目前，RS-232C 串行接口标准还存在以下不足之处：

① 传输距离较短。

② 传输速率较低，在异步传输时，波特率为 20000bit/s。

③ 接口的信号电平值较高，容易损坏接口电路中的芯片。

④ 接口使用一根信号线、一根返回线，构成共地的传输方式。这种共地传输容易产生共模干扰，所以抗噪声干扰能力比较差。随着波特率的提高，抗干扰能力会极速地下降。

（4）RS-422A 串行接口标准

RS-422A 采用平衡驱动、差分接收电路，其典型连接方式如图 6-2 所示，它从根本上取消了信号地线。平衡驱动器相当于两个单端驱动器，其输入信号相同，两个输出信号互为反相（图中的小圆圈表示反相）。因为接收器是差分输入，所以共模信号可以互相抵消。而外部输入的干扰信号是以共模方式出现的，在两根传输线上，共模干扰信号相同，因此只要接收器具有足够的抗共模干扰能力，就能从干扰信号中识别出驱动器输出的有用信号，从而克服外部干扰的不良影响。RS-422A 在最大传输速率（10Mbit/s）时，允许的最大通信距离为 12m；传输速率为 100kbit/s 时，允许的最大通信距离为 1200m。在同一台驱动器上，可以同时连接 10 台接收器。

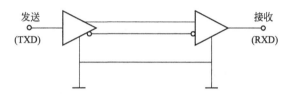

图 6-2　RS-422A 的典型连接方式

6.2　编程电缆与驱动程序

PLC 一般都是现场使用，所以编程所用的计算机绝大多数都是手提电脑（笔记本），以便于与 PLC 通信，进行程序的写入、读取和监视。

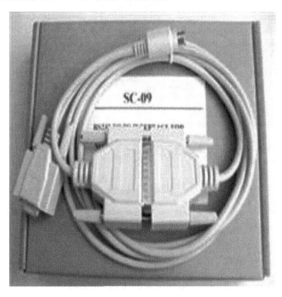

图 6-3　编程电缆 SC-09

（1）编程电缆

通信中必须使用编程电缆。编程电缆的一端与计算机连接，另一端与 PLC 连接。

三菱 FX 系列 PLC 目前采用 RS-422 通信口，而台式计算机、手提电脑（笔记本）中应用最广泛的一种串行通信接口是 RS-232。

① FX3U 型 PLC 与计算机接口 RS-232 的连接。PLC 与计算机的 RS-232 通信接口连接时，编程电缆的型号是 SC-09，如图 6-3 所示，电缆中间的器件是转接器。9 孔 D 型插头的一端连接到计算机的 RS-232 接口，8 针圆头的一端则连接到 PLC。要注意 8 针圆头的一侧有一个标记（小箭头），这个标记要朝向右边，在插入时要小心地对准。如果没有对准，很容易损坏插接件。

② FX3U 型 PLC 与计算机接口 USB 的连接。PLC 与计算机的 USB 通信接口连接时，编程电缆的型号是 USB-SC09-FX，如图 6-4 所示，电缆中间的器件是转接器。扁平接口的一端连接到计算机的 USB 接口，8 针圆头接口的一端则连接到 PLC，在插入时要小心翼翼地对准。

图 6-4　编程电缆 USB-SC09-FX

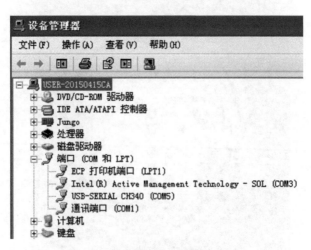

图 6-5　电脑指定的 USB 通信端口

（2）驱动程序

仅仅有编程电缆还不能进行通信，还必须有相应的驱动程序。当从网上购买编程电缆 SC-09 或 USB-SC09-FX 时，它一般都附带有一个小光盘，编程电缆的驱动程序就在其中，可以直接安装到电脑中。

如果没有这种光盘，可以从网上下载"驱动精灵"软件，再将编程电缆连接到计算机上，此时计算机也会自动安装编程电缆的驱动程序。

驱动程序安装完毕后，计算机会自动指定一个 USB 通信端口。右击"我的电脑"，找到"设备管理器"→"端口"，就可以看到这个 USB 端口的编号，例如图 6-5 所示的"USB-SER-IAL CH340（COM5）"。要记住这个端口的编号。

6.3 PLC 程序的写入

图 6-6 所示的梯形图程序，就是第 3 章中的图 3-40"水泵自动控制"梯形图，它是在 GX Developer 环境下编写的。现在，需要在 GX Developer 环境下，将这个梯形图程序写入到三菱 FX3U-16MR/ES(-A) 型 PLC，或其他 FX 系列的 PLC 中，操作步骤如下。

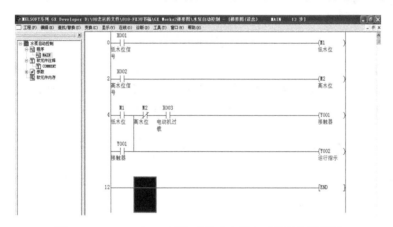

图 6-6　GX Developer 环境下的"水泵自动控制"梯形图

① 通过编程电缆 USB-SC09-FX，将手提电脑与 PLC 连接起来。

② 接通 PLC 的电源，将其运行开关（在通信接口左边）置于"STOP"位置，即让 PLC 停止程序的运行。也可以省去这一步，在写入时电脑会自动进行处理。

打开梯形图界面左边的"工程数据列表"，点击"参数"→"PLC 参数"，弹出图 3-27 所示的"FX 参数设置"表，进行一些必要的设置。例如在"注释容量"栏目中，应当设置为"1"或其他数目，如果采用默认值"0"块，则不能将软元件的注释写入到 PLC 中，以后从 PLC 中读取程序时，程序中就不包括注释方面的内容，对程序的理解就比较费劲了。再者，"内存容量"的默认值是最大为 16000，最小为 2000。对于比较简单的 PLC 程序，选择 2000 就足够了，这样在电脑与 PLC 通信时，可以缩短时间。

③ 执行菜单栏中的"在线"→"PLC 写入"→"传输设置"，弹出图 6-7 所示的"传输设置"界面。

④ 双击图中左上角的"串行/USB"按钮，弹出图 6-8 所示的"PC I/F 串口详细设置"对话框，在指定"RS-232C"之后，先选择"COM 端口"的编号，这个编号必须与图 6-5

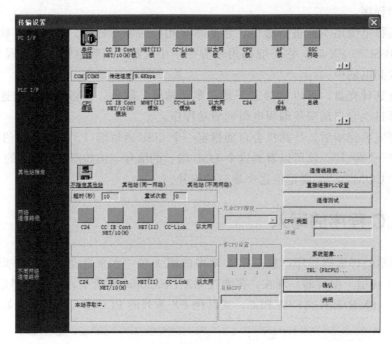

图 6-7 "传输设置"界面

中电脑所指定的 USB 通信端口一致，而且必须从图 6-8 的"COM 端口"右侧通过下拉箭头
查找。如果端口不对，不要去改换电脑的 USB 插接口。然后选择"传送速度"，一般都是选
择默认的 9.6Kbps（即 9600bit/s），或 19.2Kbps（即 19200bit/s）。

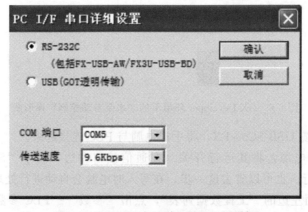

图 6-8 "PC I/F 串口详细设置"对话框

　　此时，如果出现图 6-9 所示的文字提示，则无法进行通信，其原因可能是 PLC 没有接
通电源、编程电缆没有连接好、通信端口的编号选错等。必须查明原因并予以纠正。

　　⑤ 点击图 6-8 中的"确认"按钮，再点击图 6-7 中的"确认"按钮，回到图 6-6 所示的
电动机正反转梯形图界面，执行菜单栏中的"在线"→"PLC 写入"，弹出图 6-10 所示的
"PLC 写入"界面。

　　⑥ 在图 6-10 的右侧，有一个"清除 PLC 内存"的按钮，需要进行有关的操作。因为
PLC 内部可能有以前存留的内容，如果不将它清除，会影响新程序的正常运行。

　　点击"清除 PLC 内存"的按钮，弹出"清除 PLC 内存"的界面，如图 6-11 所示。

图 6-9　无法通信时的提示

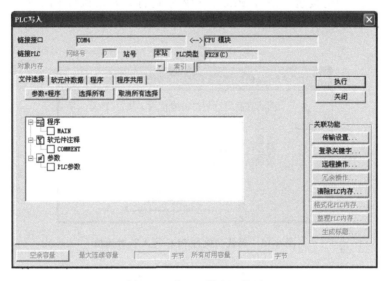

图 6-10　"PLC写入"界面

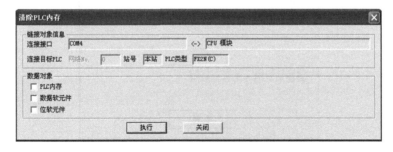

图 6-11　"清除 PLC 内存"的界面

⑦ 在图 6-11 中，有 3 个选项（PLC 内存、数据软元件、位软元件），将它们全部勾选，勾选之后点击"执行"按钮，就可以彻底清除原来的内容。

⑧ 完成清除后，关闭图 6-11 所示的界面，回到图 6-10 所示的"PLC 写入"界面。这里通常有 3 个选项（程序、软元件注释、参数），一般都需要勾选，以便将这些内容全部装载到 PLC 中。勾选之后点击"执行"按钮，弹出图 6-12 所示的"是否执行 PLC 写入"对话框。

⑨ 点击图 6-12 中的按钮"是"，弹出图 6-13 所示的对话框。询问是否停止 PLC 程序的

图 6-12 "是否执行 PLC 写入"对话框

运行,然后执行写入。

⑩ 点击图 6-13 中的按钮"是",PLC 自动停止运行,开始执行 PLC 写入,也就是将电脑中编写的 PLC 程序、软元件注释、参数等,都装载到实际的 PLC 控制器中,如图 6-14 所示。

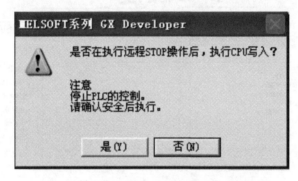

图 6-13 确认"执行 PLC 写入"对话框

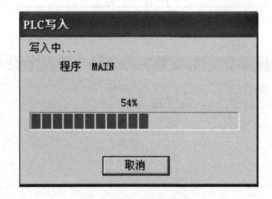

图 6-14 PLC 程序的写入

⑪ 当写入进度达到 100%时,程序的写入完成。此时,有可能出现图 6-15 所示的信息。这个信息说明 PLC 中不能写入"注释"等内容。其原因是:在通过图 3-27 进行 PLC 参数的设置时,在"注释容量"栏目中,采用了默认值"0"块,正确的做法是将这一项设置为"1"或其他数目。

如果需要往 PLC 中写入"软元件注释",可以回到图 3-27 中,重新进行 PLC 参数的设置,将"注释容量"设置为"1"或其他数目。

如果不需要写入"软元件注释",可以不关注图 6-15 的具体内容,直接点击其中的"确

图 6-15 无法读取或写入超过存储卡容量的数据

定"按钮，弹出图 6-16 所示的"是否执行远程运行"对话框。

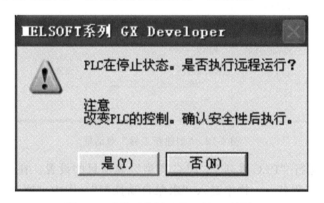

图 6-16 "是否执行远程运行"对话框

⑫ 如果需要 PLC 运行，则点击图 6-16 中的按钮"是"；如果不需要 PLC 运行，则点击图 6-16 中的按钮"否"。此时出现图 6-17 所示的画面，提示 PLC 的"写入"已经完成。

图 6-17 "写入"完成的提示

⑬ 点击图 6-17 中的"确定"按钮，完成 PLC 程序的写入。

6.4 PLC 程序的读取

例如，在一台 FX3U-16MR/ES(-A) 型 PLC 中，装载有图 3-40 所示的"水泵自动控制"梯形图程序，现在要将这个程序读取到手提电脑中，操作步骤如下：

① 通过编程电缆 SC-09 或 USB-SC09-FX，将计算机与 PLC 连接起来。

② 打开 FX3U 的编程软件 GX Developer，点击菜单"工程"→"创建新工程"，弹出"创建新工程"对话框，如图 6-18 所示。

图 6-18 "创建新工程"对话框

③ 在对话框中进行"PLC 系列""PLC 类型"等项目的设置。在这里需要勾选"设置工程名"，然后在"工程名"一栏中键入"水泵自动控制"。图中"驱动器/路径"一般选用默认的"C：\ MELSEC \ Gppw"。

④ 点击图 6-18 中的"确定"按钮后，弹出图 6-19 所示的"新建工程"对话框，要求对新建的工程"水泵自动控制"进行确认。

图 6-19 "新建工程"对话框

⑤ 点击图 6-19 中的按钮"是"，弹出空白梯形图界面，如图 6-20 所示。

⑥ 执行菜单栏中的"在线"→"传输设置"，弹出图 6-7 所示的"传输设置"界面。

⑦ 双击图 6-7 中左上角的"串行/USB"按钮，弹出图 6-8 所示的"PC I/F 串口详细设置"对话框，在指定"RS-232C"之后，先选择"COM 端口"的编号。查找这个编号的方法是：依次打开电脑中的"控制面板"→"系统"→"硬件"→"设备管理器"→"端口"，出现图 6-5所示的画面，在这个画面中可以看到指定的 USB 端口是 COM5。如果选择错了，通信就无法进行。然后选择"传送速度"，可以选择默认的 9.6Kbps，或选择 19.2Kbps，后者可以提高读取的速度。

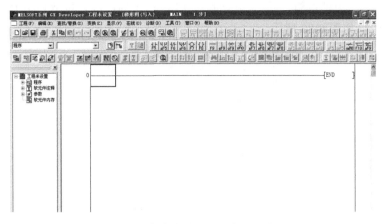

图 6-20　准备读取梯形图程序的空白界面

⑧ 对上述选项进行确认后，执行菜单栏中的"在线"→"PLC 读取"，弹出图 6-21 所示的"PLC 读取"对话框。

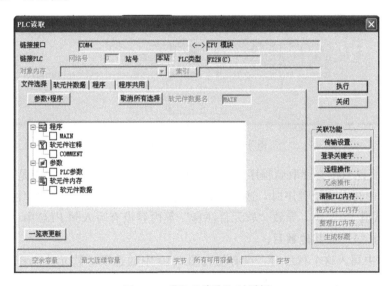

图 6-21　"PLC 读取"对话框

⑨ 在图 6-21 中，通常有 4 个选项（程序、软元件注释、参数、软元件内存），一般都需要全部勾选，以便将程序中的内容全部读取到电脑中。勾选之后点击"执行"按钮，弹出图 6-22 所示的"是否执行 PLC 读取"对话框。

图 6-22　"是否执行 PLC 读取"的对话框

⑩ 点击图 6-22 中的按钮 "是",开始执行 PLC 程序的读取,也就是将 PLC 中的控制程序读取到电脑中,如图 6-23 所示。

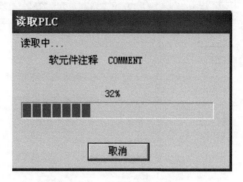

图 6-23　PLC 程序的读取

⑪ 当读取进度达到 100% 时,PLC 程序的读取完成。此时,可能会出现图 6-24 所示的画面。

图 6-24　PLC 程序读取完成

⑫ 这个画面说明没有读取到程序中的 "软元件注释" 等内容。其原因是:

a. 向 PLC 中写入这个程序时,通过图 3-27 进行 FX 参数的设置,在 "注释容量" 栏目中,采用了默认值 "0" 块,导致 "软元件注释" 等内容没有写入到 PLC 中。正确的做法是将这一项设置为 "1" 或其他数目。

b. 向 PLC 中写入这个程序时,没有勾选图 6-10 中的选项 "软元件注释",导致 "软元件注释" 等内容没有写入到 PLC 中。

c. 从 PLC 中读取程序时,没有勾选图 6-21 中的选项 "软元件注释",以致没有读取到程序中有关注释的内容。

在读取的 PLC 程序中,如果不需要 "软元件注释" 等内容,可以不去理会图 6-24 画面的具体内容,直接点击其中的 "确定" 按钮,完成 PLC 程序的读取,电脑中便读取到图 6-6 所示的 "水泵自动控制" 梯形图。

⑬ 对读取的 PLC 程序进行保存。前面已经为这个 PLC 程序建立了一个文件夹,即 C 驱动器中的 MELSEC \ Gppw \ "水泵自动控制" 文件夹。直接点击标准工具条中的 "保存" 按钮,图 6-6 所示的梯形图便自动保存到这个文件夹中。

6.5　PLC 程序在运行中的监视

在实际工作中,经常需要对运行中的 PLC 程序进行监视,以检验编制的程序有无错误之处，程序是否合乎工艺要求，输入/输出元件之间的逻辑关系是否正确，程序的运行是否正常。当 PLC 出现某些故障时，有时也需要通过监视查找产生故障的具体原因。

在监视状态下，PLC 内部和外部触点闭合或线圈得电（即状态为"1"）的元件，以深蓝色显示。而触点没有闭合或线圈没有得电（即状态为"0"）的元件，以白色（即原来的颜色）显示。反过来说，如果某一触点或输出线圈显示为深蓝色，说明触点已经接通或线圈已经得电；如果某一触点或输出线圈显示为白色，说明触点没有接通或线圈没有得电。

第 7.2.3 节的内容是"正反转控制电路"，其中的图 7-14 是"电动机正反转控制梯形图"。这个梯形图是在 GX Developer 环境下编辑的，我们将它装载到 FX3U-16MT/ES(-A) 型 PLC 之后，以它为例，说明监视的具体方法和步骤。

（1）监视之前的准备工作

① 通过编程电缆 SC-09 或 USB-SC09-FX，将手提电脑与 PLC 连接起来。

② 接通 PLC 的电源，将其运行开关（在通信接口左边）置于"RUN"位置，即让 PLC 程序进行运行。

③ 打开梯形图界面，如图 7-14 所示。为了提高插图的清晰度，可以关掉梯形图左边的工程参数列表，因为它与通信无关。

④ 执行菜单"在线"→"监视"→"监视模式"（或"监视开始"）。

（2）对整个梯形图进行监视

① 未按下 X001、X002 时的监视画面。此时的画面如图 6-25 所示。可以看到 X003（停止按钮）、X004（热继电器常闭触点）呈现深蓝色，说明这两个元件的触点平时是接通的。而 X001、X002 的常开触点呈现白色，说明这两个按钮都没有接通。此时 Y001～Y004 的线圈也是白色，说明这 4 个线圈都没有得电，电动机既不能正向运转，也不能反向运转。由于 Y001 的线圈没有得电，其常闭触点接通（呈现深蓝色），允许电动机反向运转；由于 Y003

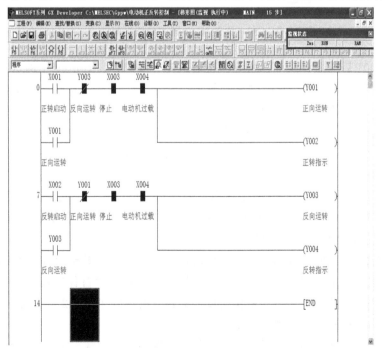

图 6-25　未按下 X001、X002 时的监视画面

的线圈没有得电，其常闭触点接通（呈现深蓝色），允许电动机正向运转。

② 按下 X001 瞬间的监视画面。此时的监视画面如图 6-26 所示。图中 X001 的常开触点呈现深蓝色，说明正向运转按钮已经按下，其常开触点已经接通。此时 Y001 和 Y002 的线圈也是深蓝色，说明这两个线圈已经得电，电动机正向运转。由于 Y001 的线圈得电，Y001 的常开触点（呈现深蓝色）接通进行自保，Y001 的常闭触点（呈现白色）断开，对 Y003（反向运转）进行联锁。

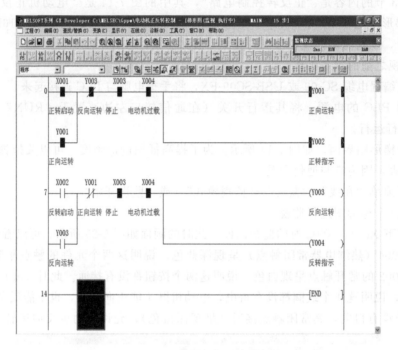

图 6-26　按下 X001 瞬间的监视画面

③ 松开 X001 后的监视画面。松开"正向运转"按钮后，图 6-26 中的 X001 的常开触点会恢复为白色。但是，由于 Y001 的常开触点已经接通，具有"自保"功能，Y001 的线圈仍然是深蓝色，线圈仍然得电，电动机保持正向运转。所以除了 X001 的常开触点变为白色之外，其余部分的监视画面仍然如图 6-26 所示。

④ 按下 X002 瞬间的监视画面。此时的监视画面如图 6-27 所示。在图 6-27 中，X002 的常开触点呈现深蓝色，说明反向运转按钮已经按下，其常开触点已经接通。此时 Y003 和 Y004 的线圈也是深蓝色，说明这两个线圈已经得电，电动机反向运转。由于 Y003 的线圈得电，Y003 的常开触点（呈现深蓝色）接通进行自保，Y003 的常闭触点（呈现白色）断开，对 Y001（正向运转）进行联锁。

⑤ 松开 X002 后的监视画面。松开"反向运转"按钮后，图 6-27 中 X002 的常开触点会恢复为白色。但是，由于 Y003 的常开触点已经接通，具有"自保"功能，Y003 的线圈仍然是深蓝色，线圈仍然得电，电动机保持反向运转。所以除了 X002 的常开触点变为白色之外，其余部分的监视画面仍然如图 6-27 所示。

从以上的监视画面可知，在采用监视功能后，哪些元件的状态为"0"，哪些元件的状态为"1"，一目了然地展现在梯形图画面中。

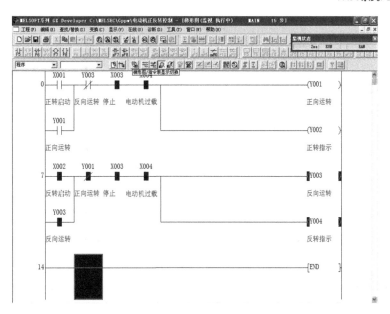

图 6-27　按下 X002 瞬间的监视画面

（3）对指定的元件进行监视

例如，在图 7-14 中，输出继电器 Y001 和 Y002 受按钮 X001 的控制，输出继电器 Y003 和 Y004 受按钮 X002 的控制。通过编程软件的"监视"功能，可以验证这种控制逻辑是否正确。

① 按下 X001 后，不要松开按钮，执行图 6-25 菜单栏中的"在线"→"监视"→"软元件登录"，弹出图 6-28 所示的"软元件登录监视"画面。此时画面中的所有栏目都是空白的。

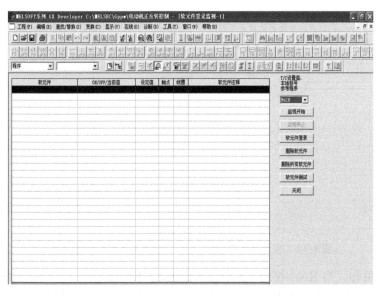

图 6-28　"软元件登录监视"画面

② 点击图 6-28 右侧的"软元件登录"按钮，弹出图 6-29 所示的"软元件登录"对话框。

③ 在"软元件"下面的空白栏中，写入"X001"，然后点击图中的"登录"按钮，此时

图 6-29　"软元件登录"对话框

在图 6-28 的第一栏中便注入具体的内容。"软元件"栏目中的内容是"X001","软元件注释"栏目的内容是"正转启动"。

④ 点击图 6-29 右上角的"×",将这个对话框关闭。再点击图 6-28 右侧的"监视开始"按钮,在图 6-28 中,"ON/OFF/当前值"一栏便出现了具体的监视结果"1",它表示 X001(正转启动按钮)处于接通状态。

⑤ 用同样的方法,可以将按钮 X002、输出继电器 Y001～Y004 登录,然后进行监视,最后得到图 6-30 所示的监视结果。

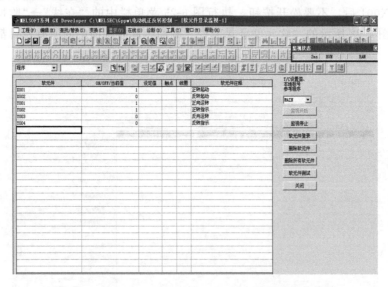

图 6-30　对 X001～X002、Y001～Y004 进行监视的结果

从图 6-30 可知,当 X001 接通,X002 未接通时,X001、Y001、Y002 的状态都为"1",而 X002、Y003、Y004 的状态都为"0",这与设计要求是完全相符的。

在本章中,PLC 程序的写入、读取、监控,都是在 GX Developer 环境下进行的,如果使用的编程软件是 GX Works2 等,则操作方法大同小异,读者可以参照本章的方法来执行。

第 7 章

电气单元电路编程实例

7.1 定时电路

在自动控制电路中，定时器的使用非常广泛。但是，在继电器-接触器控制电路中，定时器的名称是"时间继电器"，它包括电磁线圈、瞬动触点、延时触点、连接导线等。一方面接线繁杂，另一方面故障率高。而在 PLC 中，定时器只是一个内部继电器，没有线圈、触点、导线，不需要输出端子，大大简化了电路，降低了故障率。为了便于初学者对 PLC 定时电路的理解，先画出对应的继电器控制电路，通过它来说明工作原理。

7.1.1 瞬时接通、延时断开电路

（1）继电器控制电路工作原理

如图 7-1 所示，按下启动按钮 SB1-1，接触器 KM1 的线圈通电，KM1 瞬时吸合，辅助常开触点闭合自保。松开按钮之后，SB1-2 闭合，时间继电器 KT1 的线圈通电进行延时。

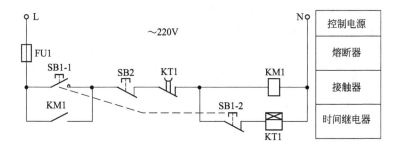

图 7-1 瞬时接通、延时断开电路

到达设定的时间（10s）后，KT1 动作，其延时断开的常闭触点断开，切断 KM1 的电流通路，KM1 失电。

在延时过程中，如果需要将设备停止，按下停止按钮 SB2 即可终止延时，使 KM1 的线圈不能得电。

（2）输入/输出元件的 I/O 地址分配

输入元件是启动按钮 SB1、停止按钮 SB2。输出元件只有一只接触器 KM1，元件的 I/O 地址分配如表 7-1 所示。

表 7-1 瞬时接通，延时断开电路 I/O 地址分配表

I（输入）			O（输出）		
元件代号	元件名称	地址	元件代号	元件名称	地址
SB1	启动按钮	X001	KM1	接触器	Y001
SB2	停止按钮	X002			

（3）编写 PLC 的梯形图程序

瞬时接通、延时断开电路的 PLC 梯形图见图 7-2。图中的定时器编号是 T1，其时钟脉冲为 100ms（即 0.1s），因此设定值为 100。

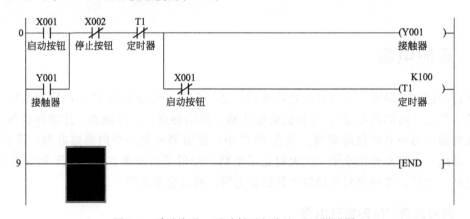

图 7-2　瞬时接通、延时断开电路的 PLC 梯形图

（4）梯形图控制原理

① 按下启动按钮 SB1，输入单元中 X001 接通，输出单元中 Y001 线圈立即得电，接触器 KM1 吸合。

② 松开 SB1，Y001 线圈保持得电，定时器 T1 线圈得电，开始延时 10s。

③ 10s 后，T1 定时时间到，其常闭触点断开，Y001 线圈失电，接触器 KM1 释放。

④ 在运行和延时过程中，如果需要将设备停止，按下停止按钮 SB2，图 7-2 中 X002 的常开触点便断开，使 T1 终止延时，并使 Y001 的线圈不能得电。

7.1.2　延时接通、延时断开电路

（1）继电器控制电路工作原理

如图 7-3 所示，按下启动按钮 SB1-1，时间继电器 KT1 的线圈通电进行延时。KT1 瞬动常开触点 KT1-1 闭合，松开按钮后继续自保。

到达设定的时间（5s）后，KT1 动作，其延时闭合的常开触点 KT1-2 接通，接触器 KM1 的线圈通电，KM1 吸合，实现了延时接通。KM1 的辅助常开触点闭合自保。

松开按钮之后，SB1-2 闭合，时间继电器 KT2 的线圈通电开始延时。KT2 瞬动常闭触点 KT2-1 断开，切断 KT1 的电流通路。

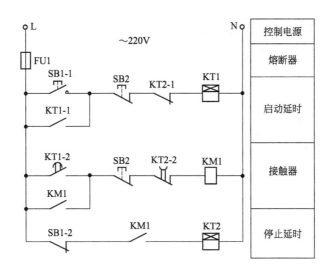

图 7-3 延时接通、延时断开电路

到达设定的时间（10s）后，KT2 动作，其延时断开的常闭触点 KT2-2 断开，KM1 的线圈断电，KM1 释放，实现了延时断开。

（2）输入/输出元件的 I/O 地址分配

输入元件是启动按钮 SB1、停止按钮 SB2。输出元件只有一只接触器 KM1，两只定时器都是 PLC 内部的继电器，不需要输出端子。元件的 I/O 地址分配如表 7-2 所示。

表 7-2 延时接通，延时断开电路 I/O 地址分配表

I（输入）			O（输出）		
元件代号	元件名称	地址	元件代号	元件名称	地址
SB1	启动按钮	X001	KM1	接触器	Y001
SB2	停止按钮	X002			

（3）编写 PLC 的梯形图程序

延时接通、延时断开电路的 PLC 梯形图见图 7-4。图中的定时器编号是 T1 和 T2，其时钟脉冲都是 100ms（即 0.1s），因此两只定时器的设定值分别为 50 和 100。

（4）梯形图控制原理

① 按下启动按钮 SB1，X001 接通，定时器 T1 线圈得电，开始延时 5s。这里取 X001 的上升沿脉冲。图中使用了一个内部继电器 M1，其作用是"启动保持"，即在 T1 线圈通电后，通过 M1 的常开触点实现自保。这样不需要长时间按住 SB1，控制功能更为精确。

② 5s 后，T1 定时时间到，输出单元中 Y001 线圈得电，接触器 KM1 吸合。

③ Y001 线圈得电后，定时器 T2 线圈得电，开始延时 10s。

④ 10s 后，T2 定时时间到，Y001 线圈失电，KM1 释放。M1 和 T1 的线圈也失电，电路恢复到起始状态。

⑤ 在运行和延时过程中，如果需要将设备停止，按下停止按钮 SB2，图 7-4 中 X002 的常开触点即可断开，终止 T1 和 T2 的延时，并使 Y001 的线圈不能得电。

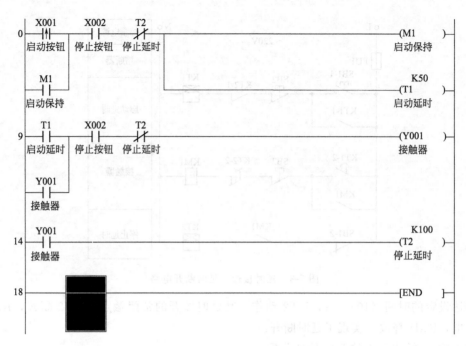

图 7-4　延时接通、延时断开电路的 PLC 梯形图

7.1.3　两台设备间隔定时启动电路

（1）继电器控制电路工作原理

如图 7-5 所示，按下启动按钮 SB1，时间继电器 KT1（设备 A 延时）的线圈通电进行延时，KT1 的瞬动常开触点 KT1-1 闭合实现自保。

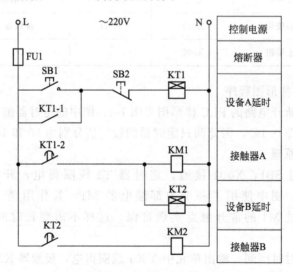

图 7-5　两台设备间隔定时启动电路

到达设定的时间（5s）后，KT1 动作，其延时闭合的常开触点 KT1-2 接通，接触器 KM1 的线圈通电，KM1 吸合，设备 A 启动。

与此同时，时间继电器 KT2（设备 B 延时）的线圈通电进行延时。

到达设定的时间（10s）后，KT2 动作，其延时闭合的常开触点接通，KM2 的线圈通电，KM2 吸合，设备 B 启动。

按下停止按钮 SB2，KT1 线圈失电，KM1 释放。KT1 失电后又导致 KT2 线圈失电，KM2 释放。

（2）输入/输出元件的 I/O 地址分配

输入元件是启动按钮 SB1、停止按钮 SB2。输出元件是接触器 KM1、KM2。两只定时器都是 PLC 内部的继电器，不需要输出端子。元件的 I/O 地址分配如表 7-3 所示。

表 7-3　两台设备间隔定时启动电路 I/O 地址分配表

I（输入）			O（输出）		
元件代号	元件名称	地址	元件代号	元件名称	地址
SB1	启动按钮	X001	KM1	接触器	Y001
SB2	停止按钮	X002	KM2	接触器	Y002

（3）编写 PLC 的梯形图程序

两台设备间隔定时启动电路的 PLC 梯形图见图 7-6。图中的定时器编号是 T1 和 T2，其时钟脉冲都是 100ms（即 0.1s），因此两只定时器的设定值分别为 50 和 100。

与图 7-4 一样，图 7-6 中也使用了一个内部继电器 M1，通过 M1 的常开触点实现自保。

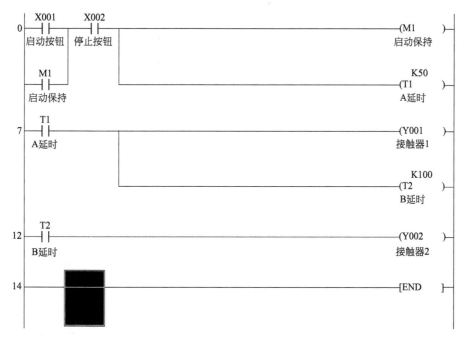

图 7-6　两台设备间隔定时启动电路的 PLC 梯形图

（4）梯形图控制原理

① 按下启动按钮 SB1，X001 接通，定时器 T1 线圈得电，开始延时 5s，M1 线圈得电自保。

② 5s 后，T1 定时时间到，其延时闭合的常开触点接通，输出单元中 Y001 线圈得电，接触器 KM1 吸合。与此同时，定时器 T2 线圈得电，开始延时 10s。

③ 10s 后，T2 定时时间到，其延时闭合的常开触点接通，输出单元中 Y002 线圈得电，接触器 KM2 吸合。

④ 按下停止按钮 SB2，X002 断开，T1、T2、Y001、Y002 的线圈均失电，KM1 和 KM2 释放。注意，停止按钮 SB2 与 PLC 的输入端连接时，要以常闭触点接入，使梯形图中的 X002 平时处于闭合状态。

7.1.4 长达 2h 的延时电路

（1）输入/输出元件的 I/O 地址分配

输入元件是启动按钮 SB1、停止按钮 SB2。输出元件是接触器 KM1。3 只定时器都是 PLC 内部的继电器，不需要输出端子。I/O 地址分配见表 7-4。

表 7-4　2h 延时电路 I/O 地址分配表

I（输入）			O（输出）		
元件代号	元件名称	地址	元件代号	元件名称	地址
SB1	启动按钮	X001	KM1	接触器	Y001
SB2	停止按钮	X002			

（2）编写 PLC 的梯形图程序

在 FX3U 的定时器中，最长的定时时间为 3276.7s，而 2h 等于 7200s，单独一个定时器无法实现，但是可以采用多个定时器进行组合，一级一级地进行接力。

图 7-7 采用 3 个定时器（T1、T2、T3）组合，实现 2h 延时。3 个定时器的延时分别为 3000s、3000s、1200s。

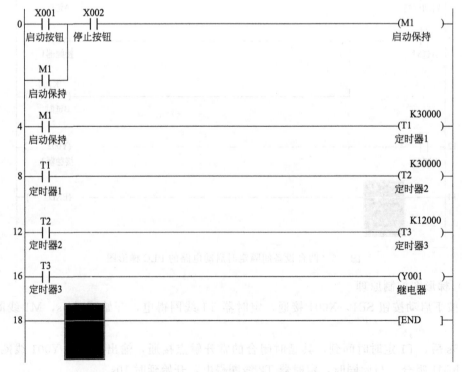

图 7-7　3 个定时器组合的 2h 延时电路 PLC 梯形图

（3）梯形图控制原理

① 按下启动按钮 X001，T1 定时器线圈得电，开始延时 3000s。

② 到达 3000s 时，T1 延时闭合的常开触点接通，T2 线圈得电，再延时 3000s。

③ 到达 6000s（从 X001 接通时算起）时，T2 延时闭合的常开触点接通，T3 线圈得电，进行 1200s 的延时。

④ 到达 7200s（从 X001 接通时算起）时，T3 延时闭合的常开触点接通，输出继电器 Y001 线圈得电。

⑤ 在运行过程中，可以按下停止按钮 SB2，使延时停止，Y001 线圈失电。

7.1.5 定时器与计数器联合电路

（1）输入/输出元件的 I/O 地址分配

输入元件是启动按钮 SB1、停止按钮 SB2。输出元件是接触器 KM1。定时器和计数器都是 PLC 内部的继电器，不需要输出端子。I/O 地址分配见表 7-5。

表 7-5　定时器与计数器联合的延时电路 I/O 地址分配表

I（输入）			O（输出）		
元件代号	元件名称	地址	元件代号	元件名称	地址
SB1	启动按钮	X001	KM1	接触器	Y001
SB2	停止按钮	X002			

（2）编写 PLC 的梯形图程序

见图 7-8，它是由一个定时器和一个计数器组合，构成 5000s 长延时电路。

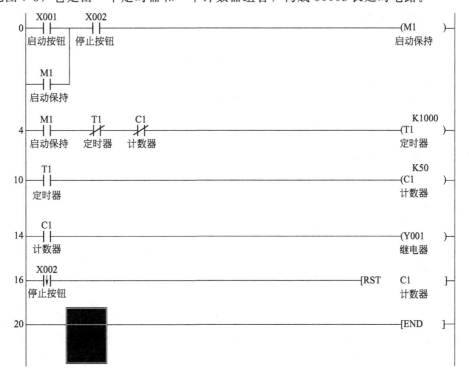

图 7-8　定时器与计数器联合的延时电路 PLC 梯形图

（3）梯形图控制原理

① T1 是一个设定值为 100s 的自复位定时器。它与计数器 C1 联合后，形成倍乘定时器。

② 按下启动按钮 X001 后，内部继电器 M1 线圈得电并自保，T1 的线圈得电开始延时，到达 100s 时，T1 延时闭合的常开触点接通，送出第一个脉冲。

③ 当 T1 延时闭合的常开触点接通时，其延时断开的常闭触点也断开，T1 线圈失电，使脉冲消失。

④ T1 线圈失电后，其延时断开的常闭触点又恢复到接通状态，T1 线圈再次得电延时，100s 之后，送出第二个脉冲。如此反复循环，连续不断地送出计数脉冲。

⑤ 计数器 C1 对 T1 送出的脉冲进行计数，当计数值达到设定值 50 后，C1 的线圈得电，其常开触点闭合，使输出继电器 Y001 线圈得电。总体延时时间

$$T_z = (\Delta t + t_1) \times 50$$

式中，Δt 为脉冲持续时间；t_1 为定时器设定时间（100s）。由于脉冲持续时间很短，可以忽略不计，因此

$$T_z \approx t_1 \times 50 = 100 \times 50 = 5000(\text{s})$$

⑥ 电路功能检查：按启动按钮 X001，5000s 后，Y001 线圈得电，其指示灯亮。再按停止按钮 X002，Y001 线圈失电，其指示灯熄灭。

注意：停止按钮 X002 与 PLC 的输入端连接时，要以常闭触点接入。此外，用停止按钮对计数器 C1 进行复位时，要按图 7-8 所示，使用 X002 的下降沿。如果使用 X002 的常开触点，则 C1 始终处于复位状态，不能进行计数，无法实现控制功能。

7.2 电动机控制中的单元电路

电动机控制电路中，常用的单元电路有：启动-保持-停止电路、带有点动的启动-保持-停止电路、正反转控制电路、行程开关控制的自动循环电路、Y-△降压启动电路、串联电阻启动电路、异步电动机三速控制电路等。这些单元电路是自动控制中广泛使用的基础电路，现在介绍它们的 PLC 控制方法。

7.2.1 启动-保持-停止电路

（1）控制要求

通过两只按钮，对电动机进行启动-保持-停止控制。

（2）输入/输出元件的 I/O 地址分配

输入元件是启动按钮 SB1、停止按钮 SB2、电动机过载保护热继电器 KH1；输出元件是接触器 KM1、运行指示灯 XD1、停止指示灯 XD2。I/O 地址分配见表 7-6。

（3）PLC 选型

本例采用三菱 FX3U-16MR/ES(-A) 型 PLC。从表 1-1 可知，PLC 是 AC 电源，DC 24V 漏型·源型输入通用型，工作电源为交流 100～240V，现在设计为 AC 220V。总点数 16，输入端子 8 个，输出端子 8 个，继电器输出，负载电源为交流，本例选用通用的 AC 220V。

表 7-6　启动-保持-停止电路 I/O 地址分配表

I(输入)			O(输出)		
元件代号	元件名称	地址	元件代号	元件名称	地址
SB1	启动按钮	X001	KM1	接触器	Y001
SB2	停止按钮	X002	XD1	运行指示	Y002
KH1	热继电器	X003	XD2	停止指示	Y003

（4）主回路和 PLC 接线图

启动-保持-停止电路的主回路和 PLC 接线图见图 7-9。这是一种最为简单的 PLC 控制电路。

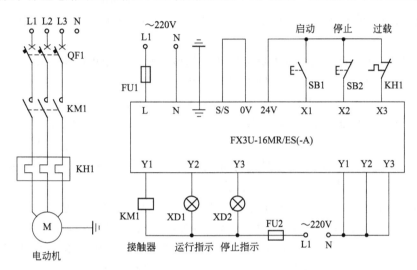

图 7-9　启动-保持-停止电路的主回路和 PLC 接线

（5）编写 PLC 的梯形图程序

启动-保持-停止电路的梯形图见图 7-10。

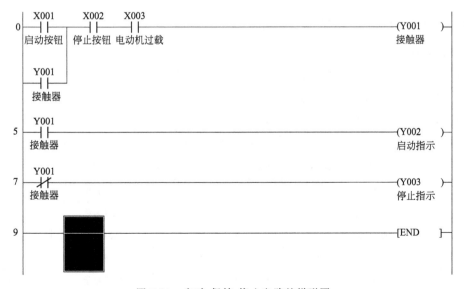

图 7-10　启动-保持-停止电路的梯形图

（6）梯形图控制原理

① 按下启动按钮 SB1（X001），Y001 线圈得电，其常开触点闭合自保。按下停止按钮 SB2（X002），Y001 线圈失电。

② Y001 线圈得电时，Y002 线圈也得电，指示电动机在运转；Y001 线圈失电时，Y003 线圈得电，指示电动机停止运转。

③ 过载保护：由热继电器执行。如果电动机过载，则图 7-10 中的 X003 断开，电动机停止运转。

（7）梯形图编写说明

① 梯形图中的"END"表示程序结束，它是程序自动生成的。

② 在接线图、梯形图、文字叙述中，X1 就是 X001，Y1 就是 Y001，其他编程元件的编号也是如此。

③ 图 7-10 所示的梯形图与继电器电路非常相似，只是将停止按钮 X002 放置在启动按钮 X001 的右边，这是为了便于梯形图的编写，也是编写梯形图的一种习惯。

④ 在 PLC 中，输入继电器 X 的序号是从 X000 开始，输出继电器 Y 的序号也是从 Y000 开始，这与继电器系统的元件代号不一致。在继电器系统中，我们总是习惯于从"1"开始。为了减少初学者的困难，在本书中一般没有使用 X000、Y000 等编号，将它们空置起来，尽量使元件的序号与 I/O 地址的序号相对应。在实际工作中，也是可以这样处理的。还可以将 X000、Y000 作为备用的 I/O 端子。

⑤ 在图 7-9 的接线图中，按照继电器电路的习惯，停止按钮 X2 使用了常闭触点，平时处于闭合状态。与此对应，在图 7-10 的梯形图中 X002 应该使用常开触点，这个触点平时是接通的。反之，如果在图 7-9 中 X2 使用常开触点，则在图 7-10 中，X002 应使用常闭触点。

⑥ 在图 7-9 中，热继电器 KH1 是以常闭触点与 PLC 的输入端子 X3 连接的，在未过载时这个触点是接通的，所以在梯形图中 X003 应该使用常开触点。

⑦ 在本例和后面实例中，为了便于阐述梯形图的控制原理，我们认为某个输出继电器得电，就是代表它的控制对象得电，例如本例中的 Y001 得电就是接触器 KM1 通电吸合。

7.2.2 带有点动的启动-保持-停止电路

（1）控制要求

通过三只按钮，对电动机进行带有点动的启动-保持-停止控制。

（2）输入/输出元件的 I/O 地址分配

输入元件是点动按钮 SB1、启动按钮 SB2、停止按钮 SB3、电动机过载保护热继电器 KH1；输出元件是接触器 KM1、运行指示灯 XD1、停止指示灯 XD2。I/O 地址分配见表 7-7。

表 7-7　带有点动的启动-保持-停止电路 I/O 地址分配表

I（输入）			O（输出）		
元件代号	元件名称	地址	元件代号	元件名称	地址
SB1	点动按钮	X001	KM1	接触器	Y001
SB2	启动按钮	X002	XD1	运行指示	Y002
SB3	停止按钮	X003	XD2	停止指示	Y003
KH1	热继电器	X004			

（3）PLC 选型

本例仍采用三菱 FX3U-16MR/ES(-A) 型 PLC。

（4）主回路和 PLC 接线图

主回路和 PLC 接线图见图 7-11。这个电路与图 7-9 基本相同，只是增加了一个点动按钮，也是一种非常简单的 PLC 控制电路。

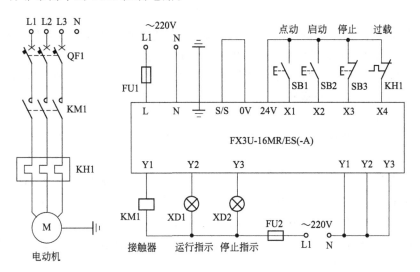

图 7-11　带有点动的启动-保持-停止电路的主回路和 PLC 接线

（5）编写 PLC 的梯形图程序

带有点动的启动-保持-停止电路的梯形图见图 7-12。

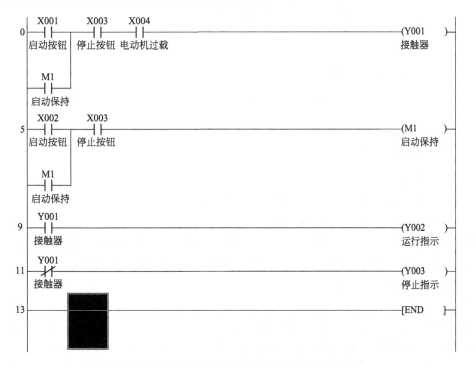

图 7-12　带有点动的启动-保持-停止电路的梯形图

（6）梯形图控制原理

① 按下点动按钮 SB1（X001），Y001 线圈得电，KM1 吸合，电动机启动运转。松开 SB1，Y001 线圈失电，KM1 释放，电动机停止运转。

② 按下启动按钮 SB2（X002），内部继电器 M1 的线圈得电，其两对常开触点闭合，一对用于自保，另外一对使 Y001 线圈得电，接触器 KM1 吸合。

③ 按下停止按钮 SB3（X003），Y001 线圈失电。

④ Y001 线圈得电时，运转指示灯 Y002 线圈也得电，指示电动机在运转；Y001 线圈失电时，停止指示灯 Y003 线圈得电，指示电动机停止运转。

⑤ 过载保护：由热继电器执行。如果电动机过载，则图 7-12 中的热继电器 X004 断开，Y001 线圈失电，电动机停止运转。

（7）一个"细节"问题

在与图 7-11 功能类似的继电器控制电路中，通常将 KM1 的一对常开触点与启动按钮 SB2 并联，以实现自保。当按下 SB2，使 KM1 得电后，这对常开触点闭合以实现自保。而点动控制时不允许自保，为了实现这个要求，一般都是将点动按钮 SB1 的常闭触点与 KM1 的自保触点串联，在点动控制时 SB1 按下，这对常闭触点断开，因而 KM1 不能自保。

但是，在图 7-12 的梯形图中，如果照搬继电器控制电路的方法，将 X001 的常闭触点与 Y001 的自保触点串联，则在 SB1 松开后，并不能使 Y001 的线圈失电，此时电动机还会继续运转，导致电动机失控。

究其原因，是因为在梯形图中，X001 的常闭触点不是真正的触点，而是与 X001 常开触点状态相反的逻辑触点。当点动按钮松开时，X001 的常开触点断开，常闭触点在瞬间便得以闭合。但是，输出继电器 Y001 线圈得电的状态不能在瞬间改变，要经过 PLC 内部从输入单元到输出单元之间多个元器件一系列的动作过程。

在这种情况下，当点动按钮 SB1 松开后，Y001 的线圈不能失电，仍然处在自保状态，达不到点动控制的要求。

按照图 7-12 进行编程，则避免了这一问题。

所以，PLC 的梯形图与继电器电路既有许多类似之处，又有一些不同之处。

在编制 PLC 控制程序时，有不少这样的"细节"问题需要注意。

7.2.3　正反转控制电路

（1）控制要求

通过 3 只按钮对电动机进行正反转可逆运转控制。

（2）输入/输出元件的 I/O 地址分配

输入元件是正转启动按钮 SB1、反转启动按钮 SB2、停止按钮 SB3、电动机过载保护热继电器 KH1；输出元件是正转接触器 KM1、反转接触器 KM2、正转指示灯 XD1、反转指示灯 XD2。I/O 地址分配见表 7-8。

（3）PLC 选型

在本例中，采用三菱 FX3U-16MT/ES(-A) 型 PLC。从表 1-1 可知，它是 AC 电源，DC 24V 漏型·源型输入通用型，工作电源为交流 100～240V，现在设计为 AC 220V。总点数 16，输入端子 8 个，输出端子 8 个，晶体管（漏型）输出，负载电源为直流，本例选用通用的 DC 24V。

表 7-8　正反转控制电路 I/O 地址分配表

I(输入)			O(输出)		
元件代号	元件名称	地址	元件代号	元件名称	地址
SB1	正转启动按钮	X001	KM1	正转接触器	Y001
SB2	反转启动按钮	X002	XD1	正转运行指示	Y002
SB3	停止按钮	X003	KM2	反转接触器	Y003
KH1	热继电器	X004	XD2	反转停止指示	Y004

（4）主回路和 PLC 接线图

正反转控制电路的主回路和 PLC 接线图见图 7-13。

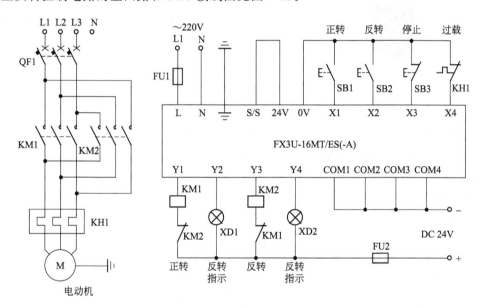

图 7-13　正反转控制电路的主回路和 PLC 接线

（5）PLC 的梯形图程序

正反转控制的 PLC 梯形图见图 7-14。

（6）梯形图控制原理

① 需要正转时，按下正转启动按钮 SB1，X001 接通，Y001 线圈得电，接触器 KM1 吸合，电动机通电正向运转，指示灯 XD1（Y002，正转指示）亮起。松开按钮后，由 Y001 的常开触点实现"自保"，维持 KM1 的吸合。

② 需要停止正转时，按下停止按钮 SB3，X003 断开，Y001 和 Y002 线圈均失电，KM1 释放，XD1 熄灭。

③ 需要反转时，按下反转启动按钮 SB2，X002 接通，Y002 线圈得电，接触器 KM2 吸合，电动机通电反向运转，指示灯 XD2（Y004，反转指示）亮起。松开按钮后，由 Y003 的常开触点实现"自保"，维持 KM2 的吸合。

④ 需要停止反转时，按下停止按钮 SB3，X003 断开，Y003 和 Y004 线圈均失电，KM2 释放，XD2 熄灭。

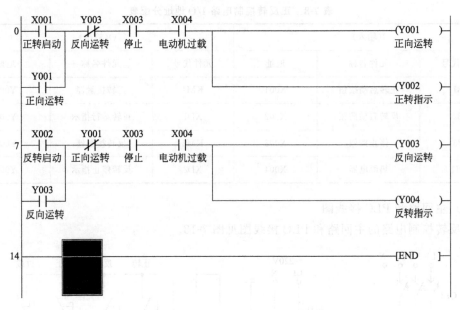

图 7-14 电动机正反转控制的 PLC 梯形图

⑤ 联锁环节：在梯形图程序中，Y001 的常闭触点串联在 Y003 线圈的控制回路中，Y003 的常闭触点串联在 Y001 线圈的控制回路中。在硬接线中也设置了联锁，而且这是更重要的联锁：KM1 的辅助常闭触点串联在 KM2 的线圈回路中，KM2 的辅助常闭触点也串联在 KM1 的线圈回路中。

⑥ 过载保护：由热继电器执行。当电动机过载时，KH1（X004）的常闭触点断开，Y001～Y004 线圈不能得电，KM1、KM2 释放。

7.2.4 置位-复位指令的正反转控制电路

（1）控制要求

本例的控制对象与 7.2.3 节的相同，通过按钮对电动机进行正反转可逆控制，但是梯形图程序中采用置位-复位指令。

（2）输入/输出元件的 I/O 地址分配

同表 7-8。

（3）PLC 选型

与 7.2.3 节相同，选用三菱 FX3U-16MT/ES(-A) 型 PLC。

（4）主回路和 PLC 接线图

见 7.2.3 节中的图 7-13。

（5）PLC 的梯形图程序

采用置位-复位指令的电动机正反转控制 PLC 梯形图见图 7-15。

（6）梯形图控制原理

与图 7-14 基本相同，但要注意以下几个问题：

① SET（置位）就是使输出线圈得电；RST（复位）就是使输出线圈失电。采用 SET 指令后，如果 Y001（Y003）线圈已经吸合，即使启动按钮 X001（X002）断开，Y001（Y003）线圈仍然保持吸合，不需要再加"保持"。

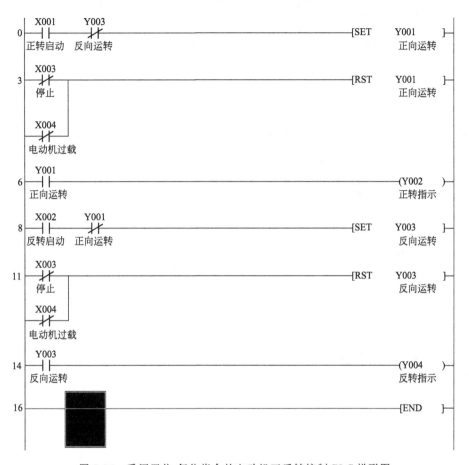

图 7-15　采用置位-复位指令的电动机正反转控制 PLC 梯形图

　　② 由于在图 7-13 的电路中，X3 是以常闭触点连接，如果需要执行复位功能，则在图 7-15 中也必须使用常闭触点。按下停止按钮时，图 7-13 中的 X3 断开，图 7-15 的 X003 则闭合，使 Y001（或 Y003）线圈复位断电。

　　③ X004 也是如此，在图 7-13 的电路中它是以常闭触点连接，在正常状态下它是接通的，图 7-15 中的常闭触点则是断开的，不执行复位功能。在过载时，图 7-13 中的实际触点是断开的，图 7-15 中的常闭触点 X004 则是闭合的，使 Y001（或 Y003）线圈复位断电。

7.2.5　行程开关控制的自动循环电路

　　（1）控制要求

　　采用两只交流接触器，对电动机进行正转、反转自动循环控制。电动机的正转限位、反转限位、正转极限保护、反转极限保护均由行程开关控制。

　　（2）输入/输出元件的 I/O 地址分配

　　输入元件是正转启动按钮 SB1、反转启动按钮 SB2、停止按钮 SB3、电动机过载保护热继电器 KH1、正/反转限位开关 SQ1 和 SQ2、正/反转极限保护开关 SQ3 和 SQ4。输出元件是正/反转接触器 KM1 和 KM2、正/反转指示灯 XD1 和 XD2。I/O 地址分配见表 7-9。

表 7-9　行程开关控制的自动循环电路 I/O 地址分配表

I(输入)			O(输出)		
元件代号	元件名称	地址	元件代号	元件名称	地址
SB1	正转启动按钮	X000	KM1	正转接触器	Y001
SB2	反转启动按钮	X001	XD1	正转运行指示	Y002
SB3	停止按钮	X002	KM2	反转接触器	Y003
KH1	热继电器	X003	XD2	反转停止指示	Y004
SQ1	正转限位开关	X004			
SQ2	反转限位开关	X005			
SQ3	正转极限保护	X006			
SQ4	反转极限保护	X007			

（3）PLC 选型

在本例中，采用三菱 FX3U-32MS/ES 型 PLC。从表 1-1 可知，它是 AC 电源，DC 24V 漏型·源型输入通用型，工作电源为交流 $100\sim240V$，现在设计为 AC 220V。总点数 32，输入端子 16 个，输出端子 16 个，晶闸管输出，负载电源为交流，本例选用通用的 AC 220V。

（4）主回路和 PLC 接线图

由行程开关控制的自动循环电路见图 7-16。

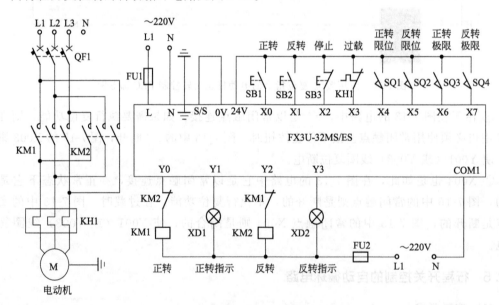

图 7-16　自动循环电路的主回路和 PLC 接线

（5）PLC 的梯形图程序

自动循环电路的梯形图见图 7-17。

（6）梯形图控制原理

① 按下正转启动按钮 SB1，输入继电器 X000 接通，输出继电器 Y000 线圈得电，接触器 KM1 吸合，电动机正向运转。Y001 线圈也得电，XD1 发出正转指示。

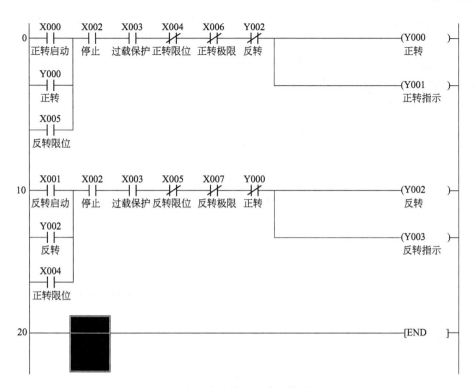

图 7-17　自动循环电路的梯形图

② 电动机正转到达"正转限位"位置时，行程开关 SQ1（X004）接通，其常闭触点断开，Y000 和 Y001 和线圈都失电，电动机正向运转停止。与此同时，X004 的常开触点接通，Y002 线圈得电，接触器 KM2 吸合，电动机反向运转。Y003 线圈也得电，XD2 发出反转指示。反向运转也可以由按钮 SB2（X001）来启动。

③ 电动机反转到达"反转限位"位置时，行程开关 SQ2（X005）接通，其常闭触点断开，Y002 和 Y003 线圈都失电，电动机反向运转停止。与此同时，X005 的常开触点接通，Y000 线圈得电，KM1 吸合，电动机再次正向运转。XD1 再次发出正转指示。

④ 安全保护：如果正向运转到达"正转极限"位置，则 SQ3 闭合，X006 接通，Y000 和 Y001 线圈均失电，电动机正向运转停止。如果反向运转到达"反转极限"位置，则 SQ4 闭合，X007 接通，Y002 和 Y003 线圈均失电，电动机反向运转停止。

⑤ 过载保护：由热继电器执行。如果电动机过载，则图 7-16 中 KH1 的实际触点断开，图 7-17 中的 X003 也断开，Y000～Y003 均失电，电动机停止运转。

7.2.6　Y-△降压启动电路

（1）控制要求和电路工作流程

对一台 55kW 的电动机进行 Y-△降压启动控制。启动时，首先将电动机接成 Y 形，各相绕组上加上～220V 相电压，以降低启动电流。延时 10s 后，将电动机转接为△形，各相绕组上加上～380V 线电压，电动机转入全压运转。

（2）输入/输出元件的 I/O 地址分配

根据工艺流程和控制要求，PLC 系统中需要配置以下元件：

① 2 只按钮，一只用于启动，另一只用于停止。

② 3 只接触器，第 1 只为主接触器，第 2 只为 "Y 启动" 接触器，第 3 只为 "△运转"
接触器。

③ 2 只指示灯，分别用于启动和运转指示。

④ 1 只热继电器，用于电动机的过载保护。

PLC 的 I/O 地址分配见表 7-10。

表 7-10　电动机 Y-△降压启动电路的 I/O 地址分配

I(输入)				O(输出)			
元件代号	元件名称	地址	用途	元件代号	元件名称	地址	用途
SB1	按钮 1	X001	启动	KM1	接触器 1	Y001	主接触器
SB2	按钮 2	X002	停止	KM2	接触器 2	Y002	Y 启动
KH1	热继电器	X003	过载保护	XD1	指示灯 1	Y003	启动指示
				KM3	接触器 3	Y004	△运转
				XD2	指示灯 2	Y005	运转指示

（3）PLC 选型

根据电路工作流程和表 7-10，可选用三菱 FX3U-16MR/ES(-A) 型 PLC。

（4）主回路和 PLC 接线图

主回路和 PLC 接线图见图 7-18，要注意几个问题：

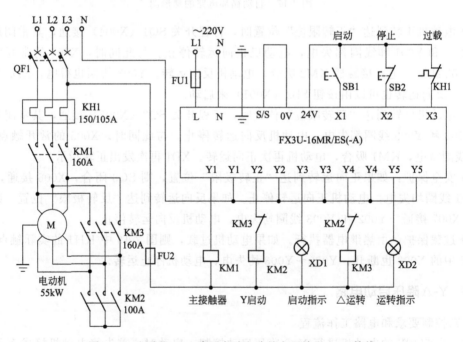

图 7-18　电动机 Y-△降压启动电路的主回路和 PLC 接线

① 在 FX3U-16MR/ES(-A) 型 PLC 中，输出单元采用各路独立的输出方式（见图
1-10），Y0～Y7 各有两个端子。在 PLC 内部，这两个端子之间就是继电器的一对常开触点，
所以各路都可以采用独立的电源。现在各路输出使用同一个电源，所以从每一路中取出一个
端子，将它们并接在一起，作为公共端子连接到中性线 N。

② KM2 是 "Y 启动" 接触器，KM3 是 "△运转" 接触器，它们不能同时得电，必须加上互锁。除了程序中的联锁之外，还必须有硬接线联锁，将交流接触器辅助常闭触点与对方的线圈串联。

③ KM1～KM3 是 3 只功率较大的交流接触器，在实际接线中，PLC 的输出端不宜直接连接这类功率较大的交流接触器，应该用中间继电器进行转换。此处为了便于学习梯形图，省略了这个环节。

（5）编写 PLC 的梯形图程序

电动机 Y-△降压启动电路的梯形图见图 7-19。

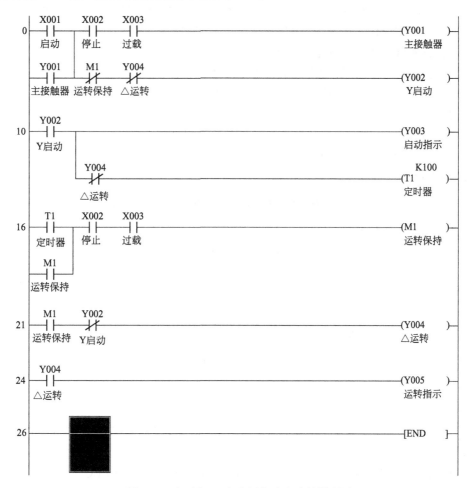

图 7-19　电动机 Y-△降压启动电路的梯形图

（6）梯形图控制原理

① 按下启动按钮 X001，Y001 线圈得电，主接触器 KM1 吸合。Y002 线圈也得电，启动接触器 KM2 吸合，系统在 "Y 启动" 状态。

② Y002 线圈得电后，定时器 T1 线圈得电，开始 10s 延时。

③ 10s 后，延时时间到，内部继电器 M1 线圈得电。M1 的常闭触点断开，使 Y002 线圈失电，"Y 启动" 结束；M1 的常开触点闭合，使 Y004 线圈得电，转入 "△运转"。

④ 按下停止按钮 SB2，则 Y001～Y005 线圈全部失电。过载时，图 7-18 中的 X003 断

开，Y001~Y005 线圈也全部失电。

⑤ 过载保护：由热继电器执行。如果电动机过载，则图 7-18 中 KH1（X003）的触点断开，Y001~Y004 均失电，电动机停止运转。

7.2.7 绕线电动机串联电阻启动电路

（1）控制要求和电路工作流程

电动机的定子回路由接触器 KM1 控制。在转子回路中，串联了 3 节电阻 R1、R2、R3，它们分别由接触器 KM2~KM4 控制。

按下启动按钮，电动机带着电阻以低速启动。3 个定时器按照 5s、4s、3s 的间隔，依次将转子回路中的电阻 R1~R3 切除，使转速一步一步地提高，最后达到额定转速。

（2）输入/输出元件的 I/O 地址分配

根据控制要求，PLC 系统中需要配置以下元件：

① 2 只按钮，一只用于启动，另一只用于停止。

② 4 只接触器，用于控制定子回路和 3 节电阻。

③ 2 只指示灯，分别指示电动机的启动状态和停止状态。

④ 1 只热继电器，用于电动机的过载保护。

PLC 的 I/O 地址分配见表 7-11。

表 7-11　绕线电动机串联电阻启动电路的 I/O 地址分配

I（输入）				O（输出）			
元件代号	元件名称	地址	用途	元件代号	元件名称	地址	用途
SB1	按钮 1	X001	启动	KM1	接触器 1	Y001	定子回路
SB2	按钮 2	X002	停止	KM2	接触器 2	Y002	第 1 节电阻
KH1	热继电器	X003	过载保护	KM3	接触器 3	Y003	第 2 节电阻
				KM4	接触器 4	Y004	第 3 节电阻
				XD1	指示灯 1	Y005	运转指示
				XD2	指示灯 2	Y006	停止指示

（3）PLC 选型

根据控制要求和表 7-11，可选用三菱 FX3U-16MR/ES(-A) 型 PLC。

（4）主回路和 PLC 接线

主回路和 PLC 接线见图 7-20。

（5）编制 PLC 的梯形图程序

绕线电动机串联电阻启动电路的 PLC 梯形图见图 7-21。

（6）梯形图控制原理

① 按下启动按钮 SB1，Y001 线圈得电并自保，电动机开始启动。与此同时，定时器 T1 线圈得电，开始计时 5s。

② 5s 后，T1 到达设定的时间，T1 的常开触点闭合，Y002 线圈得电并自保，接触器 KM2 吸合，将主回路中的启动电阻 R1 切除（R1 被短接），并使定时器 T2 线圈得电，开始

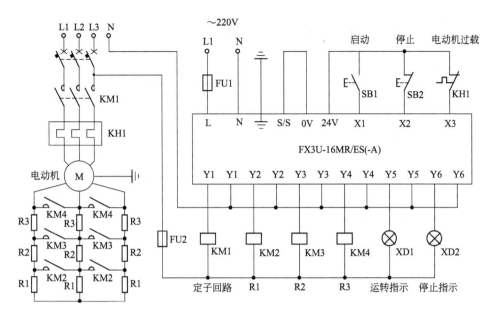

图 7-20　绕线电动机串联电阻启动电路主回路和 PLC 接线

计时 4s。Y002 的辅助常闭触点断开，使 T1 线圈断电。

③ 4s 后，T2 到达设定的时间，T2 的常开触点闭合，Y003 线圈得电并自保，接触器 KM3 吸合，将主回路中的启动电阻 R2 切除，并使定时器 T3 线圈得电，开始计时 3s。Y003 的辅助常闭触点断开，使 T2 线圈断电。

④ 3s 后，T3 到达设定的时间，T3 的常开触点闭合，Y004 线圈得电并自保，接触器 KM4 吸合，将主回路中的启动电阻 R3 切除。Y004 的辅助常闭触点断开，使 T3 线圈断电。

⑤ 按下停止按钮 SB2，X002 断开，Y001～Y004 线圈均失电，电动机停止运转。

⑥ 联锁环节：如果 KM2、KM3、KM4 没有释放，则定子主回路不能再次启动。

⑦ 过载保护：由热继电器 KH1 执行。如果电动机过载，则 X003 断开，Y001 线圈失电，KM1 释放，电动机停止运转。与此同时，Y002～Y004 的线圈也全部失电。

7.2.8　异步电动机三速控制电路

(1) 控制要求和电路工作流程

在某些场合，需要使用三速异步电动机，它具有两套绕组、低、中、高三种不同的转速。其中一套绕组与双速电动机一样，当定子绕组接成△形时，电动机以低速运转；当定子绕组接成双 Y 形时，电动机以高速运转。另外一套绕组接成 Y 形，电动机以中速运转。三种速度分别用一只按钮和一只交流接触器进行控制。在中速时，要以低速启动。在高速时，既要以低速启动，又要以中速过渡。

(2) 输入/输出元件的 I/O 地址分配

根据控制要求，PLC 系统中需要配置以下元件：

① 4 只按钮，分别用于低速启动、中速启动、高速启动、停止。

② 3 只接触器，分别用于低速运转、中速运转、高速运转。

③ 3 只热继电器，分别用于电动机低速、中速、高速时的过载保护。

PLC 的 I/O 地址分配见表 7-12。

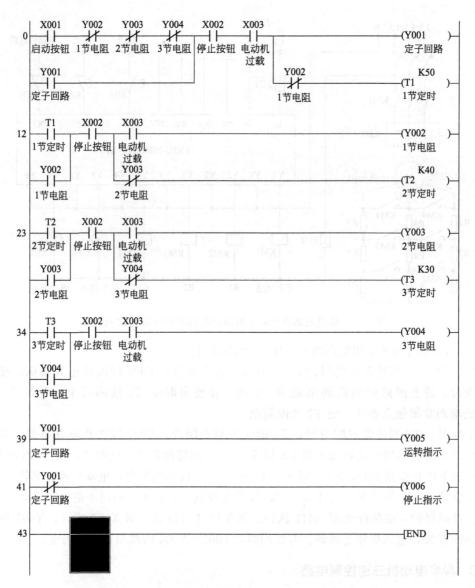

图 7-21　绕线电动机串联电阻启动电路的 PLC 梯形图

表 7-12　异步电动机三速控制电路的 I/O 地址分配

I（输入）				O（输出）			
元件代号	元件名称	地址	用途	元件代号	元件名称	地址	用途
SB1	按钮 1	X001	低速启动	KM1	接触器 1	Y001	低速运转
SB2	按钮 2	X002	中速启动	KM2	接触器 2	Y002	中速运转
SB3	按钮 3	X003	高速启动	KM3	接触器 3	Y003	高速运转
SB4	按钮 4	X004	停止				
KH1	热继电器 1	X005	低速过载保护				
KH2	热继电器 2	X006	中速过载保护				
KH3	热继电器 3	X007	高速过载保护				

（3）PLC 选型

根据电路工作流程和表 7-12，可以选用三菱 FX3U-16MT/ESS 型 PLC。从表 1-1 可知，它是 AC 电源，DC 24V 漏型·源型输入通用型，工作电源为交流 100～240V，现在设计为 AC 220V。总点数 16，输入端子 8 个，输出端子 8 个，晶体管（源型）输出，负载电源为直流，本例选用通用的 DC 24V。

在本例中，PLC 输出端子所连接的负载元件是交流接触器，在工作中它们需要频繁地切换，以实现对电动机的速度控制。如果采用继电器输出型的 PLC，则在 PLC 内部，输出继电器的触点容易磨损，造成一些故障，所以采用晶体管输出是恰到好处。

（4）主回路和 PLC 接线

三速控制电路的主回路和 PLC 接线见图 7-22。图中 KM1～KM3 上反向并联的二极管起保护作用，防止接触器线圈断电时产生反向电动势，击穿 PLC 内部的输出晶体管。

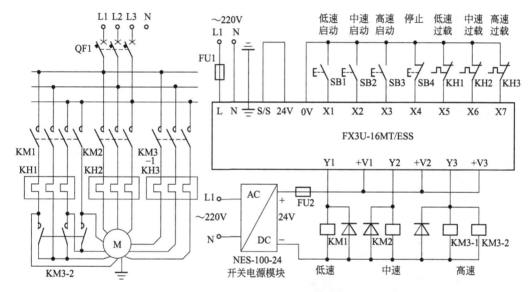

图 7-22 异步电动机三速控制电路主回路和 PLC 接线

（5）编制 PLC 的梯形图程序

三速控制电路的 PLC 梯形图见图 7-23。

（6）梯形图控制原理

① 按下低速启动按钮 SB1，X001 闭合，M1 和 Y001 线圈得电，电动机接成△形以低速运转。

② 按下中速启动按钮 SB2，X002 闭合，M2 和 Y001 线圈得电，电动机接成△形以低速启动。同时定时器 T1 线圈得电，开始延时 3s。3s 之后，Y001 线圈失电，Y002 线圈得电，电动机退出低速，接成 Y 形以中速运转。

③ 按下高速启动按钮 SB3，X003 闭合，M3 和 Y001 线圈得电，电动机接成△形以低速启动。同时 T1 线圈得电，开始延时 3s。3s 之后，Y001 线圈失电，同时 Y002 线圈得电，电动机退出低速，接成 Y 形以中速过渡。M3 线圈得电又使 T2 线圈得电，开始延时 5s。5s 之后，Y002 线圈失电，Y003 线圈得电，电动机退出中速，接成 YY 形以高速

（3）PLC选型

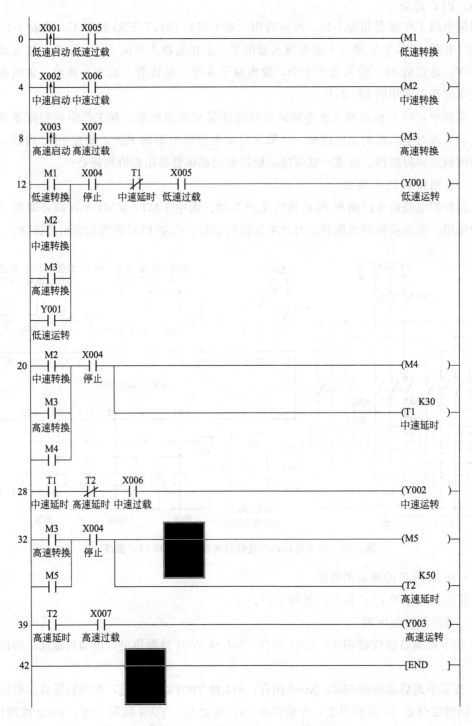

图 7-23　三速控制电路的 PLC 梯形图

运转。

④ 过载保护：由热继电器执行。在低速、中速、高速时，如果电动机过载，过载电流是不一样的，因此需要使用 3 只热继电器 KH1～KH3，分别进行过载保护。

当低速过载时，KH1 动作，X005 的常开触点断开，Y001 线圈失电，不能低速运转。

当中速过载时，KH2 动作，X006 的常开触点断开，Y002 线圈失电，不能中速运转，也不能以低速启动。

当高速过载时，KH3 动作，X007 的常开触点断开，Y003 线圈失电，不能高速运转，也不能以低速启动、中速过渡。

第7章 ·····

KTH 灯亮，X005 频率开始逐渐减小，700r/min位灯灭。不指示低速标，
当中速指示灯，KH2 灯亮，... 频率保持恒定时，Y002亮灯中指示中速标...

第 **8** 章 ▶▶▶▶

自动控制装置编程实例

PLC 在自动控制装置中应用广泛，三菱 FX3U 型 PLC 更是大显身手，现在介绍部分自动控制装置的编程实例。

8.1 皮带输送机顺序控制装置

（1）皮带输送机工作流程

皮带输送机的示意图见图 8-1，物料按箭头方向输送。为了防止物料堆积，启动时必须顺向启动，逐级延时。先启动第 1 级，第 2 级比第 1 级延迟 5s，第 3 级又比第 2 级延迟 5s。停止时则必须逆向停止，逐级延时。先停止第 3 级，第 2 级比第 3 级延迟 5s，第 1 级又比第 2 级延迟 5s。

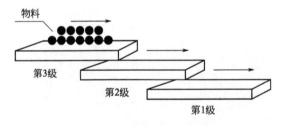

图 8-1　皮带输送机示意图

（2）输入/输出元件的 I/O 地址分配

根据工艺流程和控制要求，PLC 系统中需要配置以下元件：

① 2 只按钮，一只用于启动，另一只用于停止。

② 3 只接触器，分别控制 3 台皮带运输机。

③ 3 只指示灯，分别用于各级皮带机的指示。

④ 3 只热继电器，分别用于 3 台皮带机的过载保护。

PLC 的 I/O 地址分配见表 8-1。

（3）PLC 选型

根据工作流程和表 8-1，可选用三菱 FX3U-16MR/ES(-A) 型 PLC。

表 8-1　皮带输送机元件的 I/O 地址分配

I(输入)				O(输出)			
元件代号	元件名称	地址	用途	元件代号	元件名称	地址	用途
SB1	按钮 1	X001	启动	KM1	接触器 1	Y001	第 1 级皮带机
SB2	按钮 2	X002	停止	KM2	接触器 2	Y002	第 2 级皮带机
KH1	热继电器 1	X003	第 1 级过载保护	KM3	接触器 3	Y003	第 3 级皮带机
KH2	热继电器 2	X004	第 2 级过载保护	XD1	指示灯 1	Y004	第 1 级指示
KH3	热继电器 3	X005	第 3 级过载保护	XD2	指示灯 2	Y005	第 2 级指示
				XD3	指示灯 3	Y006	第 3 级指示

（4）主回路和 PLC 接线图

主回路和 PLC 接线图见图 8-2。

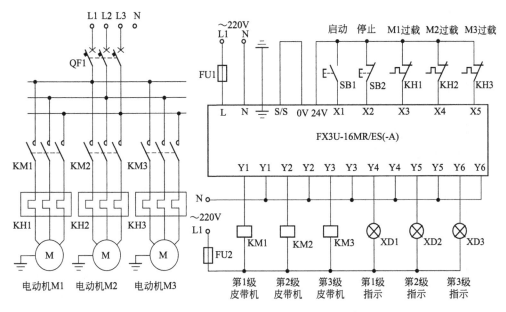

图 8-2　皮带输送机的主回路和 PLC 接线

（5）编制 PLC 的梯形图程序

皮带输送机的 PLC 梯形图见图 8-3。

（6）梯形图控制原理

① 启动时，按下启动按钮 SB1，Y001 线圈得电，KM1 吸合，第 1 级皮带机启动并自保。与此同时，定时器 T1 线圈得电，开始延时 5s，为第 2 级皮带机启动作准备。

② 5s 之后，T1 到达设定的时间，Y002 线圈得电，KM2 吸合，第 2 级皮带机延时启动并自保。与此同时，定时器 T2 线圈得电，开始延时 5s，为第 3 级皮带机启动作准备。

③ 5s 之后，T2 到达设定的时间，Y003 线圈得电，KM3 吸合，第 3 级皮带机延时启动并自保。

④ 停止时，按下停止按钮 SB2，Y003 线圈失电，接触器 KM3 释放，第 3 级皮带机停止。与此同时，定时器 T3 线圈得电，开始延时 5s，为第 2 级皮带机停止作准备。

⑤ 5s 之后，T3 到达设定的时间而动作，其常闭触点断开，Y002 线圈失电，接触器

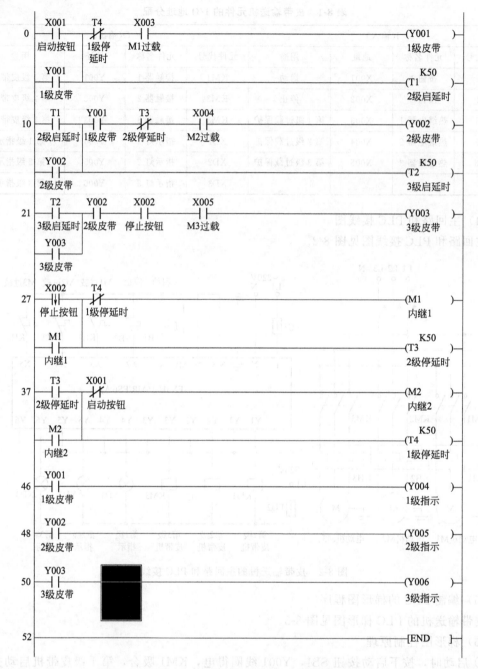

图 8-3　皮带输送机的 PLC 梯形图

KM2 释放，第 2 级皮带机停止。与此同时，定时器 T4 线圈得电，开始延时 5s，为第 1 级皮带机停止作准备。

⑥ 5s 之后，T4 到达设定的时间而动作，其常闭触点断开，Y001 线圈失电，接触器 KM1 释放，第 1 级皮带机停止。

（7）联锁与过载保护

① 如果前级皮带机没有启动，则后级不能启动。如果前级停止，后级会自动停止。

② 过载保护由执继电器 KH1～KH3 执行，它们的保护范围各不相同：

当第 1 级皮带机过载时，KH1 动作，X003 常开触点断开，3 级皮带机全部停止运转；

当第 2 级皮带机过载时，KH2 动作，X004 常开触点断开，第 2 级和第 3 级停止运转，第 1 级可以继续运转；

当第 3 级皮带机过载时，KH3 动作，X005 常开触点断开，仅有第 3 级停止运转，第 1 级和第 2 级可以继续运转。

8.2 两台水泵交替运转装置

（1）两台水泵交替运转流程

水泵 A 向水池注水 20min，然后水泵 B 从水池中向外抽水 10min，两台水泵交替工作。

（2）输入/输出元件的 I/O 地址分配

根据工艺流程和控制要求，PLC 系统中需要配置以下元件：

① 2 只按钮，一只用于启动，另一只用于停止。

② 2 只接触器，分别控制 2 台水泵。

③ 2 只指示灯，分别指示 2 台水泵的工作状态。

④ 2 只热继电器，分别用于 2 台水泵的过载保护。

PLC 的 I/O 地址分配见表 8-2。

表 8-2 两台水泵交替运转电路的 I/O 地址分配

I（输入）				O（输出）			
元件代号	元件名称	地址	用途	元件代号	元件名称	地址	用途
SB1	按钮 1	X001	启动	KM1	接触器 1	Y001	水泵 A
SB2	按钮 2	X002	停止	KM2	接触器 2	Y002	水泵 B
KH1	热继电器 1	X003	水泵 A 过载保护	XD1	指示灯 1	Y003	泵 A 指示
KH2	热继电器 2	X004	水泵 B 过载保护	XD2	指示灯 2	Y004	泵 B 指示

（3）PLC 选型

根据控制要求和表 8-2，可选用三菱 FX3U-16MT/ES(-A) 型 PLC。它是 AC 电源，DC 24V 漏型·源型输入通用型，工作电源为交流 100～240V，现在设计为 AC 220V。总点数 16，输入端子 8 个，输出端子 8 个，晶体管（漏型）输出，负载电源为直流，现在选用通用的 DC 24V。

（4）主回路和 PLC 接线

主回路和 PLC 接线见图 8-4。

（5）编制 PLC 的梯形图程序

两台水泵交替运转的 PLC 梯形图见图 8-5。

（6）梯形图控制原理

从图 8-4 和图 8-5 可知，两台水泵的控制原理是：

① 启动时，按下启动按钮 SB1，X001 接通，内部继电器 M1 通电并自保，Y001 线圈得电，KM1 吸合，水泵 A 启动，向水池注水。Y003 线圈也得电，指示水泵 A 在运转。与此同时，定时器 T1 线圈得电，开始计时 20min。

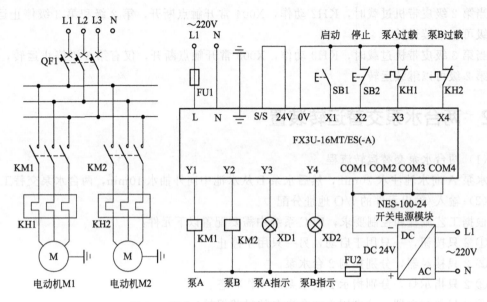

图 8-4　两台水泵交替运转主回路和 PLC 接线

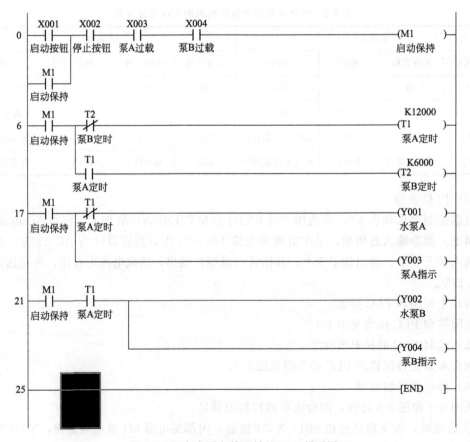

图 8-5　两台水泵交替运转的 PLC 梯形图

② 20min 后，T1 到达设定的时间，其常闭触点断开，Y001 和 Y003 线圈失电，水泵 A 停止运转。与此同时，T1 的常开触点闭合，Y002 线圈得电，KM2 吸合，水泵 B 启动，从水池中向外抽水。Y004 线圈也得电，指示水泵 B 在运转。此时定时器 T2 线圈也得电，开始计时 10min。

③ 10min 后，T2 到达设定的时间，其常闭触点断开，使 T1 的线圈断电复位。此时 T1 的常开触点断开，水泵 B 停止运转；T1 的常闭触点闭合，水泵 A 再次运转。

④ 由于 T1 的常开触点断开，定时器 T2 也复位，其常闭触点闭合，又使 T1 的线圈得电，T1 再次进入定时。

⑤ 按下停止按钮 SB2，X002 断开，M1 和 Y001～Y004 线圈均失电，水泵停止。

⑥ 过载保护：由热继电器 KH1 和 KH2 执行。如果水泵 A 或水泵 B 过载，则 X003 或 X004 的常开触点断开，M1 和 Y001～Y004 的线圈都不能得电，两台水泵都停止工作，既不能向水池注水，也不能从水池中抽水。

8.3 C6140 车床 PLC 改造装置

（1）机床控制要求

C6140 车床是国产的普通车床，用于金属材料的切削加工，共有 3 台电动机。D1（7.5kW）为主轴电动机，它带动主轴旋转和刀架进给。D2（90W）为冷却电动机，它在切削加工时提供冷却液，对刀具进行冷却。D3（250W）为刀架快速移动电动机，它使刀具快速地接近或离开加工部位。

（2）输入/输出元件的 I/O 地址分配

根据控制要求，PLC 系统中需要配置以下元件：6 只按钮、1 只旋钮、3 只接触器，3 只指示灯，1 只照明灯，它们的用途和 I/O 地址分配见表 8-3。

表 8-3 C6140 车床改造电路的 I/O 地址分配

I（输入）				O（输出）			
元件代号	元件名称	地址	用途	元件代号	元件名称	地址	用途
SB1	按钮 1	X001	电源启动	KM1	接触器 1	Y001	主轴电动机
SB2	按钮 2	X002	电源停止	KM2	接触器 2	Y002	冷却电动机
SB3	按钮 3	X003	主轴启动	KM3	接触器 3	Y003	快移电动机
SB4	按钮 4	X004	主轴停止	XD1	指示灯 1	Y004	主轴指示
SB5	按钮 5	X005	冷却启动	XD2	指示灯 2	Y005	快移指示
SB6	按钮 6	X006	快移点动	XD3	指示灯 3	Y006	电源指示
SB7	旋钮	X007	照明控制	EL	照明灯	Y007	机床照明

（3）PLC 选型

根据机床的控制要求和表 8-3，可选用三菱 FX3U-32MS/ES 型 PLC。它是 AC 电源，DC 24V 漏型·源型输入通用型，工作电源为交流 100～240V，现在设计为 AC 220V。总点数 32，输入端子 16 个，输出端子 16 个，晶闸管输出，负载电源为交流，现在选用通用的 AC 220V。

（4）主回路和 PLC 接线

C6140 车床改造电路的主回路和 PLC 接线见图 8-6。

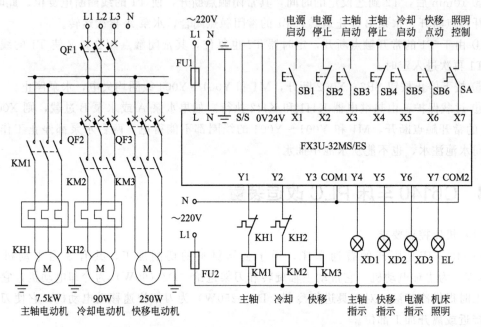

图 8-6　C6140 车床改造电路的主回路和 PLC 接线

（5）编制 PLC 的梯形图程序

C6140 车床改造电路的 PLC 梯形图见图 8-7。

（6）梯形图控制原理

① 按下电源启动按钮 SB1，X001 闭合，内部继电器 M1 的线圈得电并自保，为切削加工作好准备。按下电源停止按钮 SB2，M1 的线圈失电。

② 按下主轴启动按钮 SB3，X003 闭合，Y001 线圈得电并自保，KM1 吸合，主轴电动机启动运转。按下主轴停止按钮 SB4，Y001 的线圈失电，主轴停止运转。

③ 主轴电动机启动后，按下冷却启动按钮 SB5，X005 闭合，Y002 线圈得电并自保，KM2 吸合，冷却电动机启动运转。主轴电动机停止后，Y002 线圈失电，冷却电动机自动停止运转。

④ 按下快移点动按钮 SB6，X006 闭合，Y003 线圈得电，KM3 吸合，快移电动机通电运转。松开 SB6，Y003 线圈失电，快移电动机停止运转。

⑤ 机床照明灯控制：当旋钮开关 SA 接通时，X007 闭合，照明灯 EL 点亮。

⑥ 过载保护：主轴电动机用热继电器 KH1 作过载保护，冷却电动机用热继电器 KH2 作过载保护，快移电动机是短时工作，没有必要设置过载保护。KH1、KH2 的常闭触点没有连接到 PLC 的输入单元，而是直接串联在 KM1、KM2 的线圈回路中（这也是一种常用的接法）。当主轴电动机过载时，KH1 的常闭触点断开，KM1 断电释放；当冷却电动机过载时，KH2 的常闭触点断开，KM2 断电释放。

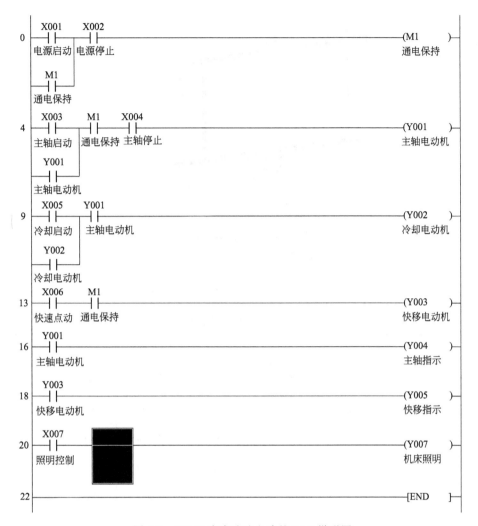

图 8-7　C6140 车床改造电路的 PLC 梯形图

8.4　加热炉自动送料装置

（1）加热炉控制要求

某加热炉自动送料装置由两台电动机驱动，一台是炉门电动机，另外一台是推料电动机。图 8-8 是其工作示意图。当物料检测器检测到有待加热的物料时，炉门电动机正转，将炉门打开后，推料电动机前进，运送物料进入炉内，到达指定的料位。随后推料电动机后退，回到炉门外原来的位置。接着炉门电动机反转，将炉门关闭。如果物料检测器再次检测到物料，则进行下一轮的循环。已经加热好的物料，从加热炉的另外一端送出（这部分电路不包含在本例之中）。

（2）输入/输出元件的 I/O 地址分配

根据控制要求，PLC 系统中需要配置以下元件：2 只按钮、1 只接近开关、4 只限位开关、4 只交流接触器。它们的用途和 I/O 地址分配见表 8-4。

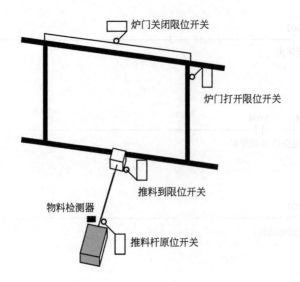

图 8-8　加热炉自动送料装置示意图

表 8-4　加热炉自动送料装置的 I/O 地址分配

I(输入)				O(输出)			
元件代号	元件名称	地址	用途	元件代号	元件名称	地址	用途
SB1	按钮 1	X001	启动	KM1	接触器 1	Y001	炉门打开
SB2	按钮 2	X002	停止	KM2	接触器 2	Y002	炉门关闭
SQ1	接近开关	X003	物料检测	KM3	接触器 3	Y003	推料杆前进
XK1	限位开关 1	X004	炉门打开到位	KM4	接触器 4	Y004	推料杆后退
XK2	限位开关 2	X005	炉门关闭到位				
XK3	限位开关 3	X006	推料杆原位				
XK4	限位开关 4	X007	推料到位				

（3）PLC 选型

根据自动送料装置的控制要求和表 8-4，可选用三菱 FX3U-16MT/ES（-A）型 PLC。它是 AC 电源，DC 24V 漏型·源型输入通用型，工作电源为交流 100～240V，现在设计为 AC 220V。总点数 16，输入端子 8 个，输出端子 8 个，晶体管（源型）输出，负载电源为直流，现在选用通用的 DC 24V。

（4）主回路和 PLC 接线

见图 8-9。

（5）编写 SFC 顺序控制功能图

这是一种自动循环控制电路，非常适宜于采用 SFC 顺序控制，其控制功能图用图 8-10 表达，整个流程由按钮 SB1 启动。

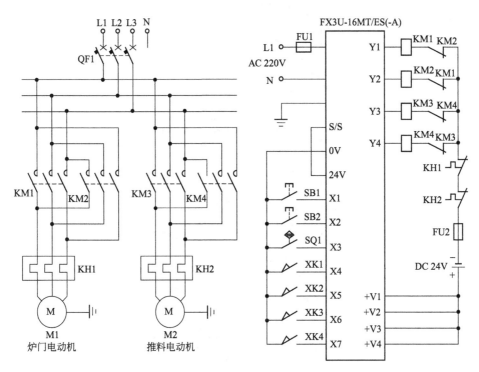

图 8-9　加热炉自动送料装置主回路和 PLC 接线图

（6）编写步进指令的 SFC 顺序控制梯形图

图 8-10 非常清楚地表达了加热炉自动送料装置的工作流程。现在采用步进指令 STL 和 RET，编写出对应的 SFC 顺序控制梯形图，如图 8-11 所示。

（7）梯形图控制原理

① 开机后，由初始脉冲 M8002 启动控制流程中的初始步 S0。

② 当接近开关 SQ1（X3）检测到有物料，且推料杆在原位（X6 闭合）时，按下启动按钮 SB1（X1），内部继电器 M1 得电，进入流程 S21。接触器 KM1（Y1）通电，炉门电动机正转，将炉门打开。

③ 炉门打开到位时，限位开关 XK1（X4）闭合，进入流程 S22。接触器 KM3（Y3）得电，推料电动机正转，推料杆前进。

④ 推料杆前进到位时，进入流程 S23。定时器 T1 通电，延时 2s。

⑤ 延时 2s 后，进入流程 S24。接触器 KM4（Y4）得电，推料电动机反转，推料杆后退。

⑥ 推料杆退回到原位时，行程开关 XK3（X6）闭合，进入流程 S25。接触器 KM2（Y2）得电，炉门电动机反转，将炉门关闭。

⑦ 炉门关闭到位时，进入流程 S26。定时器 T2 通电，延时 3s。

⑧ 延时 3s 后，如果 SQ1（X3）再次检测到有物料，则回到流程 S21，转入下一轮的循环。

⑨ Y1～Y4 都受到 M1 控制。如果按下停止按钮 SB2（X2），则 M1 失电，Y1～Y4 均不能得电，送料装置停止工作。

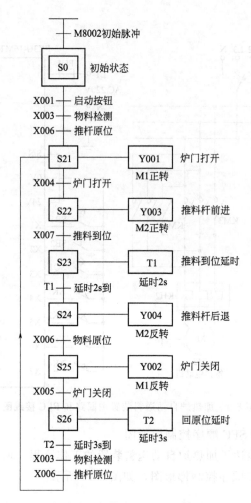

图 8-10　加热炉送料装置的 SFC 顺序控制功能图

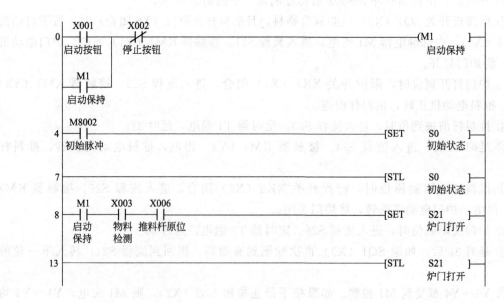

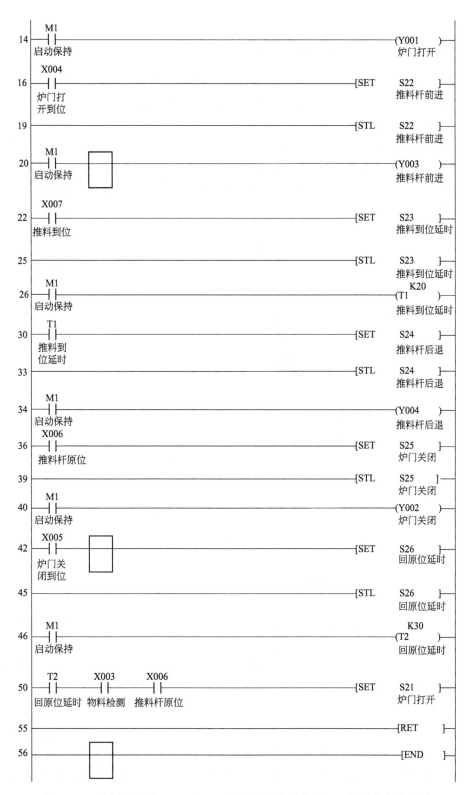

图 8-11　采用步进指令 STL 和 RET 的加热炉送料装置 SFC 顺序控制梯形图

8.5 工业机械手搬运工件装置

机械手在工业自动控制领域中得到广泛应用，它可以完成搬运物料、装配、切割、喷染等多项工作，大大减轻了工人的劳动强度和减少了人身安全事故。

（1）机械手的控制要求

图 8-12 是某气动传送机械手的工作示意图，其任务是将工件从 A 点搬运到 B 点。机械手的上升、下降、左行、右行分别由电磁阀 YV1～YV4 完成。YV1 与 YV2 实际上是具有双线圈的两位电磁阀，如果其中一个电磁阀的线圈通电，就一直保持现有的机械动作，直到相对应的另一个线圈通电为止。YV3 与 YV4 也是这种具有双线圈的两位电磁阀。

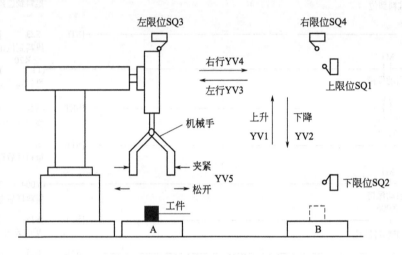

图 8-12   机械手搬运工件装置示意图

机械手的夹紧、松开动作，由电磁阀 YV5 完成。YV5 通电时夹住工件，断电时松开工件。夹紧装置不带限位开关，通过一定的延时来完成夹紧动作。机械手的工作臂设有上限位、下限位、左限位、右限位，对应的限位开关分别是 SQ1～SQ4。

在图 8-12 中，机械手的任务是将工件从 A 点搬运到 B 点，这个过程可以分解为 10 个动作：

原位→下降→夹紧工件→上升→右移→下降→松开工件→上升→左移→原位

（2）输入/输出元件的 I/O 地址分配

根据控制要求，PLC 系统中需要配置以下元件：2 只按钮、5 只限位开关、5 只电磁阀。它们的用途和 I/O 地址分配见表 8-5。

（3）PLC 选型

根据机械手的控制要求和表 8-5，可选用三菱 FX3U-32MS/ES 型 PLC。它是 AC 电源，DC 24V 漏型·源型输入通用型，工作电源为交流 100～240V，现在设计为 AC 220V。总点数 32，输入端子 16 个，输出端子 16 个，晶闸管输出，负载电源为交流，现在选用通用的 AC 220V。

（4）PLC 接线

见图 8-13。

表 8-5　机械手搬运工件装置的 I/O 地址分配

I(输入)				O(输出)			
元件代号	元件名称	地址	用途	元件代号	元件名称	地址	用途
SB1	按钮1	X001	启动	YV1	电磁阀1	Y001	上升
SB2	按钮2	X002	停止	YV2	电磁阀2	Y002	下降
SQ1	限位开关1	X003	上限位	YV3	电磁阀3	Y003	左行
SQ2	限位开关2	X004	下限位	YV4	电磁阀4	Y004	右行
SQ3	限位开关3	X005	左限位	YV5	电磁阀5	Y005	夹紧/放松
SQ4	限位开关4	X006	右限位				
SQ5	限位开关5	X007	工件检测				

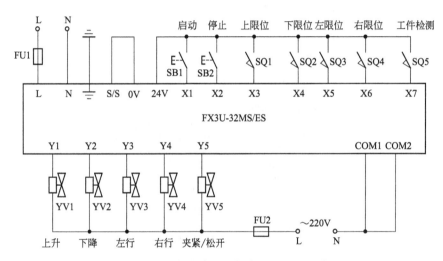

图 8-13　机械手搬运工件装置的 PLC 接线

（5）编写 SFC 顺序控制功能图

这也是一种典型的自动循环控制电路，适宜于采用 SFC 顺序控制，其控制功能图用图
8-14 表示，整个流程由按钮 SB1 启动。

有了图 8-14 所示的 SFC 顺序控制功能图后，控制流程就更为清晰了，编辑 SFC 顺序控
制梯形图也更为方便。

（6）编写步进指令的 SFC 顺序控制梯形图

根据图 8-14，采用步进指令所编写的机械手 SFC 顺序控制梯形图，如图 8-15 所示。

（7）梯形图控制原理

① 开机后，由初始脉冲 M8002 启动控制流程中的初始步 S0。

② 当行程开关 SQ5（X7）检测到原位有工件时，按下启动按钮 SB1（X1），进入流程
S21。下降电磁阀 YV2（Y2）通电，机械手下降。

③ 机械手下降到位时，下限位行程开关 SQ2（X4）闭合，进入流程 S22。夹紧/松开电
磁阀 YV5（Y5）得电，机械手将工件夹紧，并由定时器 T1 延时 1s。

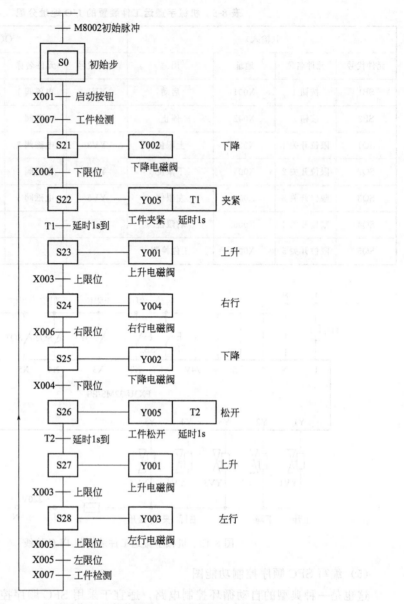

图 8-14　机械手搬运工件装置的 SFC 顺序控制功能图

④ 延时结束后，进入流程 S23，上升电磁阀 YV1（Y1）通电，机械手上升。

⑤ 上升到位后，上限位行程开关 SQ1（X3）闭合，进入流程 S24。右行电磁阀 YV4（Y4）通电，机械手向右行走。

⑥ 右行到位后，右限位开关 SQ4（X6）闭合，进入流程 S25。下降电磁阀 YV2（Y2）通电，机械手下降。

⑦ 下降到位后，下限位开关 SQ2（X4）闭合，进入流程 S26。夹紧/松开电磁阀 YV5（Y5）断电，机械手松开。并由定时器 T2 延时 1s。

⑧ 延时结束后，进入流程 S27，上升电磁阀 YV1（Y1）通电，机械手上升。

⑨ 上升到位后，上限位行程开关 SQ1（X3）闭合，进入流程 S28。左行电磁阀 YV3（Y3）通电，机械手向左行走。

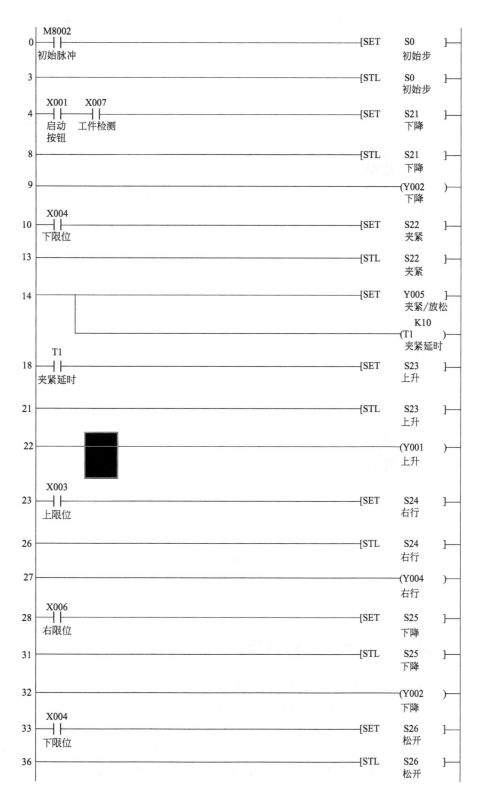

图 8-15

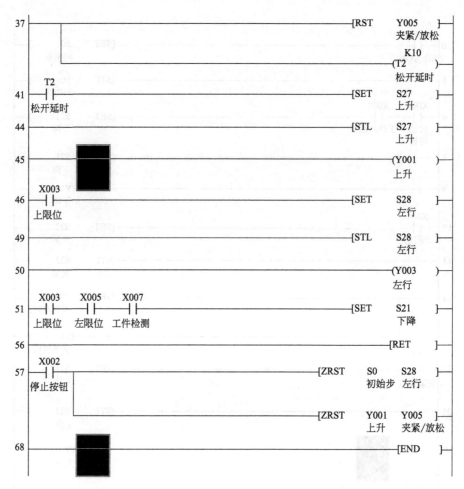

图 8-15　采用步进指令的机械手 SFC 顺序控制梯形图

⑩ 左行到位后，如果原位上又有工件，则 SQ5（X7）再次闭合，转入下一个循环，重新进入流程 S21。

⑪ 在程序的后面，使用了一个功能指令"ZRST"，其功能是"区间复位"。当停止按钮 SB2（X2）按下接通时，流程 S0～S28、输出继电器 Y1～Y5 全部复位，恢复到原来不得电的状态，此时机械手停止各项动作。

8.6　注塑成型生产线控制装置

在塑胶制品中，应用面最广、品种最多、精密度最高的是注塑成型产品。注塑成型机可以将各种热塑性或热固性材料加热熔化后，以一定的速度和压力注射到塑料模具内部，经冷却和保压之后，得到所需的塑料制品。

注塑成型机是一种集机械、电气、液压于一体的典型自动控制系统。它具有成型复杂产品、加工种类多、后续加工量少、产品质量稳定等特点。目前绝大多数塑料制品都采用注塑成型机进行加工。

PLC 由于具有高度的可靠性、易于编程等特点，在注塑成型机中得到了广泛应用。

（1）控制流程

注塑成型机的生产工艺，一般要经过原位、闭模、射台前进、注射、保压、预塑、射台后退、开模、顶针前进、顶针后退、复位等步骤。这些工序可以用 8 个电磁阀来完成。其中注射和保压工序还需要一定的延时。各个工序之间的转换由接近开关控制。8 个电磁阀的动作时序见表 8-6。

表 8-6　注塑成型机电磁阀动作时序表

	YV1	YV2	YV3	YV4	YV5	YV6	YV7	YV8
原位								
闭模	+		+					
射台前进								+
注射							+	
保压							+	+
预塑	+						+	
射台后退						+		
开模		+		+				
顶针前进			+		+			
顶针后退				+	+			
复位								

（2）输入/输出元件的 I/O 地址分配

输入元件是 8 只接近开关、2 只按钮，输出元件是 8 只电磁阀。元件的 I/O 地址分配如表 8-7 所示。在表中，尽量将外部元件的序号与 I/O 地址的序号相对应（SQ1～SQ7 对应 X001～X007、YV1～YV7 对应 Y001～Y007）。这样处理的好处是编程时更为便捷，可以减少一些差错。

表 8-7　注塑成型机的 I/O 地址分配表

I(输入)				O(输出)			
元件代号	元件名称	地址	用途	元件代号	元件名称	地址	用途
SQ1	接近开关 1	X001	原位开关	YV1	电磁阀 1	Y001	闭模/预塑
SQ2	接近开关 2	X002	闭模终点	YV2	电磁阀 2	Y002	开模
SQ3	接近开关 3	X003	射台前进终点	YV3	电磁阀 3	Y003	闭模/顶针前进
SQ4	接近开关 4	X004	加料限位终点	YV4	电磁阀 4	Y004	开模/顶针后退
SQ5	接近开关 5	X005	射台后退终点	YV5	电磁阀 5	Y005	顶针前进/后退
SQ6	接近开关 6	X006	开模终点	YV6	电磁阀 6	Y006	射台后退
SQ7	接近开关 7	X007	顶针前进终点	YV7	电磁阀 7	Y007	注射/保压/预塑
SQ8	接近开关 8	X010	顶针后退终点	YV8	电磁阀 8	Y010	射台前进/保压
SB1	按钮 1	X011	启动按钮				
SB2	按钮 2	X012	停止按钮				

（3）PLC选型

根据控制流程和表8-7，可选用三菱 FX3U-32MR/ES(-A) 型 PLC。

（4）PLC接线图

注塑成型机的 PLC 接线见图 8-16。

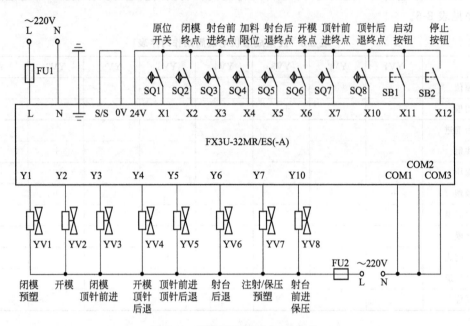

图 8-16　注塑成型机的 PLC 接线

（5）编写 SFC 顺序控制功能图

注塑成型机是自动循环控制电路，适宜采用 SFC 顺序控制，其控制功能图用图 8-17 表示，整个流程由按钮 SB1（X011）启动。

（6）编写 SFC 顺序控制梯形图

对于图 8-17 所示的 SFC 顺序控制功能图，可以采用多种形式编辑与其对应的梯形图。第一种形式是采用置位/复位指令，第二种形式是采用步进指令，第三种形式是采用移位寄存器指令。现在采用置位/复位指令，所编写的 SFC 顺序控制梯形图见图 8-18。

（7）梯形图控制原理

① 通电后，初始脉冲 M8002 将初始步 S0 置位，流程 S29（顶针后退）复位。

② 在原位状态下，原位开关 SQ1（X001）闭合，按下启动按钮 SB1（X011），流程 S21 置位，进入闭模工序，初始步 S0 复位。此时电磁阀 YV1（Y001）和 YV3（Y003）通电。

③ 在闭模终止位置，接近开关 SQ2（X002）闭合，流程 S22 置位，进入射台前进工序，流程 S21 复位。此时电磁阀 YV8（Y010）通电。

④ 在射台前进终点，接近开关 SQ3（X003）闭合，流程 S23 置位，进入注射工序，流程 S22 复位。此时电磁阀 YV7（Y007）通电，并延时 1s。

⑤ 延时 1s 时间到，流程 S24 置位，进入保压工序，流程 S23 复位。此时电磁阀 YV7（Y007）、YV8（Y010）通电，并延时 2s。

⑥ 延时 2s 时间到，流程 S25 置位，进入预塑工序，流程 S24 复位。此时电磁阀 YV1（Y001）、YV7（Y007）通电。

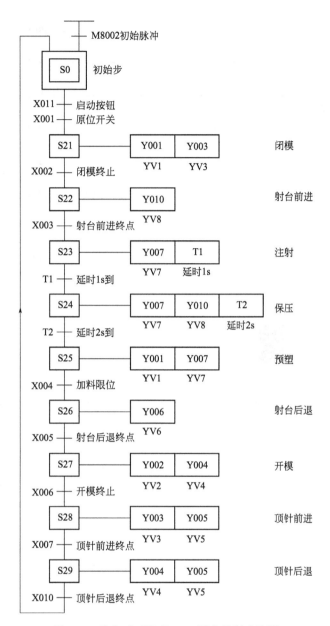

图 8-17 注塑成型机的 SFC 顺序控制功能图

⑦ 在加料限位终点，接近开关 SQ4（X004）闭合，流程 S26 置位，进入射台后退工序，流程 S25 复位。此时电磁阀 YV6（Y006）通电。

⑧ 在射台后退终点，接近开关 SQ5（X005）闭合，流程 S27 置位，进入开模工序，流程 S26 复位。此时电磁阀 YV2（Y002）、YV4（Y004）通电。

⑨ 在开模终止位置上，接近开关 SQ6（X006）闭合，流程 S28 置位，进入顶针前进工序，流程 S27 复位。此时电磁阀 YV3（Y003）、YV5（Y005）通电。

⑩ 在顶针前进终点，接近开关 SQ7（X007）闭合，流程 S29 置位，进入顶针后退工序，流程 S28 复位。此时电磁阀 YV4（Y004）、YV5（Y005）通电。

⑪ 在顶针后退终点，接近开关 SQ8（X010）闭合，初始步 S0 置位，最后一步的流程

```
0   M8002                                        ─[SET    S0    ]
    ├─┤├─────────────────────────────────────────         初始步
    初始脉冲
                                                 ─[RST    S29   ]
                                                          顶针后退

5   X011    X001                                 ─[SET    S21   ]
    ├─┤├─────┤├──────────────────────────────────         闭模
    启动     原位开关
    按钮
                                                 ─[RST    S0    ]
                                                          初始步

11  X002                                         ─[SET    S22   ]
    ├─┤├─────────────────────────────────────────         射台前进
    闭模终点
                                                 ─[RST    S21   ]
                                                          闭模

16  X003                                         ─[SET    S23   ]
    ├─┤├─────────────────────────────────────────         注射
    射台前
    进终点
                                                 ─[RST    S22   ]
                                                          射台前进

21  S23                                               K10
    ├─┤├─────────────────────────────────────────────(T1    )
    注射                                                注射延时

25  T1                                           ─[SET    S24   ]
    ├─┤├─────────────────────────────────────────         保压
    注射延时
                                                 ─[RST    S23   ]
                                                          注射

30  S24                                               K20
    ├─┤├─────────────────────────────────────────────(T2    )
    保压                                                保压延时

34  T2                                           ─[SET    S25   ]
    ├─┤├─────────────────────────────────────────         预塑
    保压延时
                                                 ─[RST    S24   ]
                                                          保压

39  X004                                         ─[SET    S26   ]
    ├─┤├─────────────────────────────────────────         射台后退
    加料限
    位终点
                                                 ─[RST    S25   ]
                                                          预塑

44  X005                                         ─[SET    S27   ]
    ├─┤├─────────────────────────────────────────         开模
    射台后
    退终点
                                                 ─[RST    S26   ]
                                                          射台后退

49  X006                                         ─[SET    S28   ]
    ├─┤├─────────────────────────────────────────         顶针前进
    开模终点
                                                 ─[RST    S27   ]
                                                          开模

54  X007                                         ─[SET    S29   ]
    ├─┤├─────────────────────────────────────────         顶针后退
    顶针前
    进终点
                                                 ─[RST    S28   ]
                                                          顶针前进

59  X010                                         ─[SET    S21   ]
    ├─┤├─────────────────────────────────────────         闭模
    顶针后
    退终点
                                                 ─[RST    S29   ]
                                                          顶针后退
```

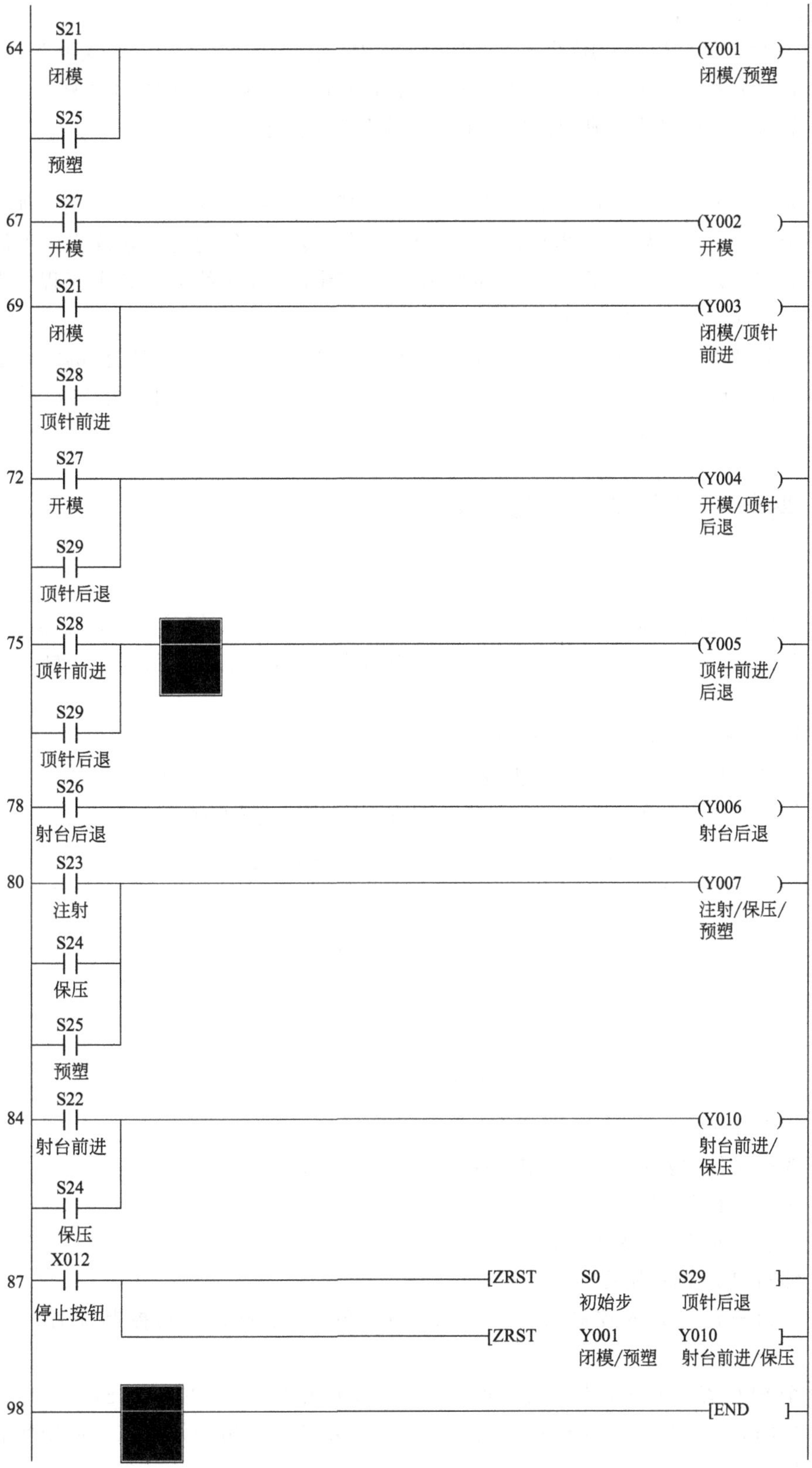

```
      S21                                              ─(Y001    )
64   ─┤ ├─┬─                                            闭模/预塑
      闭模 │
      S25  │
63   ─┤ ├──┘
      预塑

      S27                                              ─(Y002    )
67   ─┤ ├─                                              开模
      开模

      S21                                              ─(Y003    )
69   ─┤ ├─┬─                                            闭模/顶针
      闭模 │                                             前进
      S28  │
     ─┤ ├──┘
      顶针前进

      S27                                              ─(Y004    )
72   ─┤ ├─┬─                                            开模/顶针
      开模 │                                             后退
      S29  │
     ─┤ ├──┘
      顶针后退

      S28                                              ─(Y005    )
75   ─┤ ├─┬─                                            顶针前进/
      顶针前进│                                           后退
      S29  │
     ─┤ ├──┘
      顶针后退

      S26                                              ─(Y006    )
78   ─┤ ├─                                              射台后退
      射台后退

      S23                                              ─(Y007    )
80   ─┤ ├─┬─                                            注射/保压/
      注射 │                                             预塑
      S24  │
     ─┤ ├──┤
      保压 │
      S25  │
     ─┤ ├──┘
      预塑

      S22                                              ─(Y010    )
84   ─┤ ├─┬─                                            射台前进/
      射台前进│                                           保压
      S24  │
     ─┤ ├──┘
      保压
      X012
87   ─┤ ├─┬──────────────────────[ZRST    S0        S29      ]─
      停止按钮│                              初始步      顶针后退
            │
            └──────────────────────[ZRST    Y001      Y010     ]─
                                            闭模/预塑   射台前进/保压

98                                                     ─[END    ]─
```

图 8-18　采用置位/复位指令的注塑成型机 SFC 顺序控制梯形图

S29 复位，转入下一轮的循环。

⑫ 在程序的结尾处，使用了一个功能指令"ZRST"，其功能是"区间复位"。当停止按钮 SB2（X012）按下接通时，流程 S0～S29、输出继电器 Y001～Y010 全部复位，恢复到原来不得电的状态，此时注塑成型机各个工序的动作全部停止。

（8）需要注意的一个问题

从表 8-6 可知，大多数电磁阀（YV1～YV8）都要在多个流程中反复通电，如果将它们放置在各个流程中，分别进行驱动，就会出现线圈重复输出的问题，导致程序不能正常执行。正确的方法如梯形图中第 64～86 步所示，将控制某一输出线圈的各个流程的常开触点并联起来，一起去驱动该输出线圈。

例如，驱动 Y007 线圈的三个流程分别是 S23、S24、S25，现在把它们的常开触点并联起来（S23 的常开触点使用"取"指令 LD，S24 和 S25 的常开触点则使用"或"指令 OR），一起去驱动 Y007 的线圈。

8.7 舞台三色灯光控制装置

（1）控制流程

根据舞台灯光的要求，采用红、绿、黄三种颜色的灯具。红灯首先亮，延迟 20s 后，红灯熄灭，绿灯亮。再延迟 30s 后，绿灯熄灭，黄灯亮。60s 之后，黄灯熄灭，转入下一轮的循环。

（2）输入/输出元件的 I/O 地址分配

输入元件是启动按钮 SB1、停止按钮 SB2，输出元件为 3 只接触器 KM1～KM3，分别控制红、绿、黄三种颜色的灯具。元件的 I/O 地址分配如表 8-8 所示。

表 8-8　舞台三色灯光控制电路的 I/O 地址分配表

I（输入）				O（输出）			
元件代号	元件名称	地址	用途	元件代号	元件名称	地址	用途
SB1	按钮	X001	启动	KM1	接触器	Y001	红灯
SB2	按钮	X002	停止	KM2	接触器	Y002	绿灯
				KM3	接触器	Y003	黄灯

（3）PLC 选型

根据控制流程和表 8-8，可选用三菱 FX3U-16MR/ES（-A）型 PLC。

（4）主回路和 PLC 接线图

舞台三色灯光的主回路和 PLC 接线见图 8-19。

（5）编写 PLC 的控制程序

根据舞台三色灯光的控制流程，可以采用 SFC 程序来表示其控制流程，如图 8-20 所示。

从这个 SFC 流程中看不出什么。此时，必须按照第 5.5 节"单系列 SFC 顺序控制梯形图"所叙述的编辑方法，按照 SFC 的流程，一步一步地编辑出初始状态、通用状态、返回状态的梯形图。

将各个步骤的梯形图程序编辑完毕后，可以打开 SFC 程序的编程界面，执行菜单"工

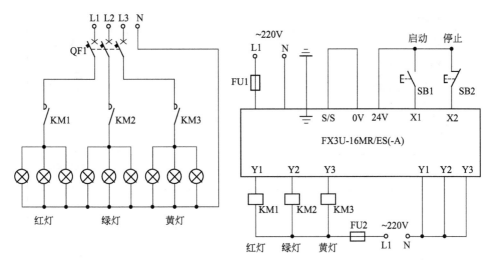

图 8-19 舞台三色灯光的主回路和 PLC 接线

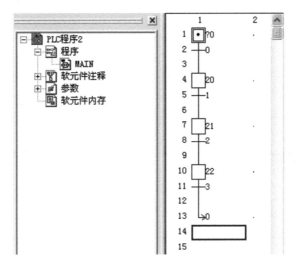

图 8-20 舞台三色灯光的 SFC 流程

程"→"编辑数据"→"改变程序类型"，在弹出的图 3-48 所示的"改变程序类型"对话框中，选择"梯形图"并予以确定，SFC 程序便转换为图 8-21 所示的整体梯形图。

（6）梯形图控制原理

① 按下启动按钮 SB1，输入单元中的 X001 接通，输出单元中的 Y001 线圈立即得电，接触器 KM1 吸合，红灯亮。与此同时，定时器 T1 线圈得电，开始延时 20s。

② 20s 后，T1 定时时间到，Y001 线圈失电，接触器 KM1 释放，红灯熄灭。Y002 线圈得电，接触器 KM2 吸合，绿灯亮。与此同时，定时器 T2 线圈得电，开始延时 30s。

③ 30s 后，T2 定时时间到，Y002 线圈失电，接触器 KM2 释放，绿灯熄灭。Y003 线圈得电，接触器 KM3 吸合，黄灯亮。与此同时，定时器 T3 线圈得电，开始延时 60s。

④ 60s 后，T3 定时时间到，Y003 线圈失电，接触器 KM3 释放，黄灯熄灭。与此同时，程序跳转到初始状态 S0，转入下一轮。

⑤ 按下停止按钮 SB2，在黄灯熄灭后，不再转入下一轮，所有的灯都不亮。

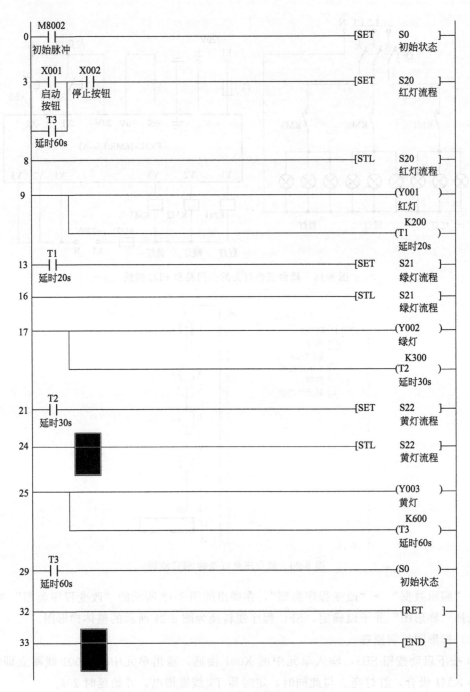

图 8-21　舞台三色灯光的整体梯形图

8.8　知识竞赛抢答装置

（1）控制要求

参赛者分为三组，每组有一个"抢答"按钮，当主持人按下"开始抢答"按钮后，如果在 10s 之内有人抢答，则先按下"抢答"按钮的信号有效，对应的抢答指示灯亮。后按下

"抢答"按钮的信号无效,对应的抢答指示灯不亮。

如果在 10s 之内无人抢答,则"撤销抢答"指示灯亮,抢答器自动撤销此次抢答。当主持人再次按下"开始抢答"按钮后,所有的"抢答"和"撤销抢答"指示灯都熄灭,进入下一轮的抢答。

(2)输入/输出元件的 I/O 地址分配

输入元件为 1 只旋钮、4 只按钮,输出元件为 5 只指示灯。元件的 I/O 地址分配如表 8-9 所示。

表 8-9 知识竞赛抢答器的 I/O 地址分配表

I(输入)				O(输出)			
元件代号	元件名称	地址	用途	元件代号	元件名称	地址	用途
SA	旋钮	X001	启动	XD1	指示灯	Y001	启动指示
SB1	按钮	X002	开始抢答	XD2	指示灯	Y002	1 组抢答指示
SB2	按钮	X003	1 组抢答	XD3	指示灯	Y003	2 组抢答指示
SB3	按钮	X004	2 组抢答	XD4	指示灯	Y004	3 组抢答指示
SB4	按钮	X005	3 组抢答	XD5	指示灯	Y005	撤销抢答指示

(3)PLC 选型

根据控制要求和表 8-9,可选用三菱 FX3U-16MT/ES(-A) 型 PLC。

(4)PLC 接线图

知识竞赛抢答器的 PLC 接线图如图 8-22 所示。

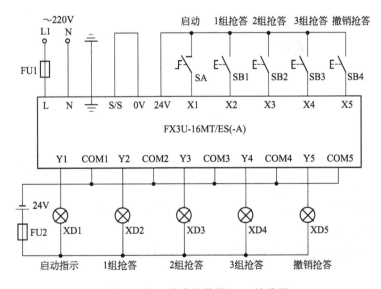

图 8-22 知识竞赛抢答器 PLC 接线图

(5)编写 PLC 的控制程序

根据知识竞赛抢答器的控制要求,编写出 PLC 的梯形图程序,如图 8-23 所示。

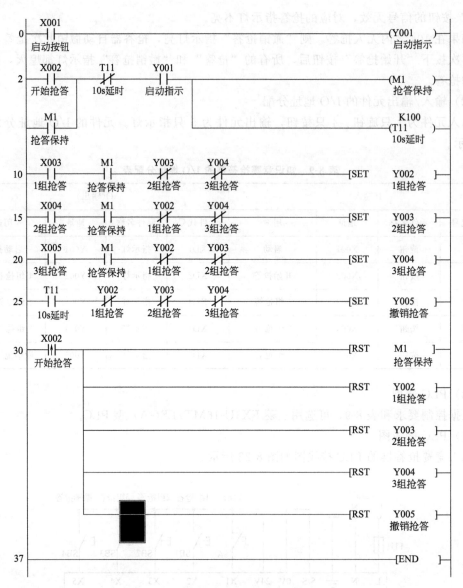

图 8-23　知识竞赛抢答器的 PLC 梯形图

（6）梯形图控制原理

① 接通旋钮 SA，输入单元中的 X001 接通，输出单元中的 Y001 线圈立即得电，启动指示灯 Y001 亮，抢答器开始工作。

② 按下"开始抢答"按钮 SB1，内部继电器 M1 线圈得电，开始抢答。同时定时器 T11 线圈通电，对抢答时间进行 10s 限制。

③ 若某一组首先按下抢答按钮，则对应的抢答指示灯亮。与此同时，其他两组的抢答被封锁。

④ 10s 后，如果 3 组都没有抢答，则定时器 T11 的常开触点接通，Y005 线圈得电，"撤销抢答"指示灯亮。

⑤ 主持人再次按下"开始抢答"按钮，所有的"抢答"和"撤销抢答"指示灯都熄灭，定时器 T11 复位。

8.9 公园喷泉控制装置

（1）控制流程

这个公园喷泉采用 PLC 控制，通过改变喷泉的造型和灯光颜色，达到千姿百态、五彩纷呈的效果。喷泉分为 3 组，控制流程是：

① A 组先喷 5s；

② A 组停止，B 组和 C 组同时喷 5s；

③ A 组和 B 组停止，C 组喷 5s；

④ C 组停止，A 组和 B 组同时喷 3s；

⑤ A 组、B 组、C 组同时喷 5s；

⑥ A 组、B 组、C 组同时停止 4s；

⑦ 进入下一轮循环，重复①～⑥。

（2）输入/输出元件的 I/O 地址分配

输入元件为 2 只按钮，输出元件为 3 只电磁阀。元件的 I/O 地址分配如表 8-10 所示。

表 8-10 公园喷泉控制电路的 I/O 地址分配表

I（输入）				O（输出）			
元件代号	元件名称	地址	用途	元件代号	元件名称	地址	用途
SB1	按钮	X001	启动	DT1	电磁阀	Y001	A 组喷泉
SB2	按钮	X002	停止	DT2	电磁阀	Y002	B 组喷泉
				DT3	电磁阀	Y003	C 组喷泉

（3）PLC 选型

根据控制流程和表 8-10，可选用三菱 FX3U-16MT/ES(-A) 型 PLC。

（4）PLC 接线图

公园喷泉控制电路的 PLC 接线图如图 8-24 所示。图中的 VT1～VT3 是续流二极管，

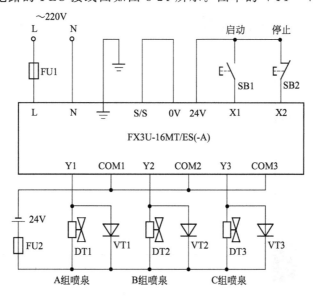

图 8-24 公园喷泉控制电路的 PLC 接线图

它反向并联在电磁阀 DT1～DT3 的两端，防止电磁线圈在断电时产生的感应电压损坏 PLC 输出单元内部的晶体管。

（5）编写 PLC 的控制程序

根据公园喷泉的控制流程，编写出 PLC 的梯形图程序，如图 8-25 所示。

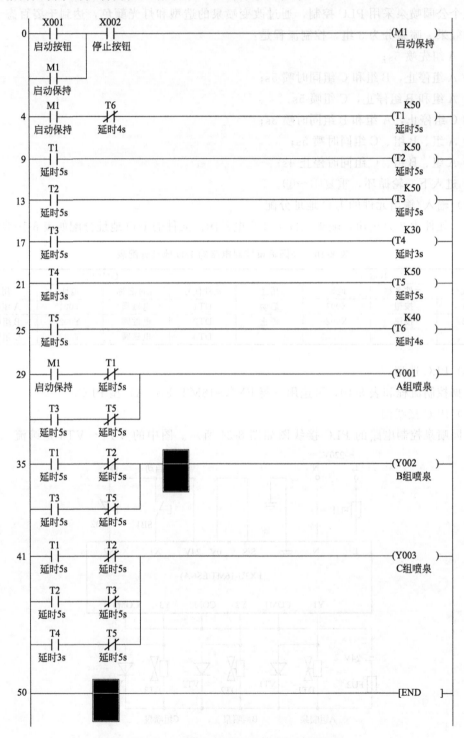

图 8-25　公园喷泉控制电路的 PLC 梯形图

（6）梯形图控制原理

① 按下"启动"按钮 SB1，内部继电器 M1 线圈得电并保持，喷泉开始工作，Y001 得电，A 组首先喷射。同时，定时器 T1 线圈通电，开始延时 5s。

② 5s 之后，T1 到达设定的时间，T1 的常闭触点断开，Y001 线圈失电，A 组停止喷射。T1 的常开触点接通，Y002 和 Y003 线圈得电，B 组和 C 组开始喷射。与此同时，定时器 T2 的线圈通电，开始延时 5s。

③ 5s 之后，T2 到达设定的时间，T2 的常闭触点断开，Y002 线圈失电，B 组也停止喷射。T2 的常开触点接通，Y003 线圈继续得电，C 组继续喷射。与此同时，定时器 T3 的线圈通电，开始延时 5s。

④ 5s 之后，T3 到达设定的时间，T3 的常闭触点断开，Y003 线圈失电，C 组停止喷射。T3 的常开触点接通，Y001 和 Y002 线圈得电，A 组和 B 组喷射。与此同时，定时器 T4 的线圈通电，开始延时 3s。

⑤ 3s 之后，T4 到达设定的时间，T4 的常开触点接通，Y003 线圈得电，C 组喷射。A 组和 B 组也仍然在喷射。T4 的常开触点接通后，定时器 T5 的线圈也通电，开始延时 5s。

⑥ 5s 之后，T5 到达设定的时间，T5 的常闭触点断开，Y001、Y002、Y003 的线圈都失电，A 组、B 组、C 组都停止喷射。与此同时，T5 的常开触点接通，定时器 T6 的线圈通电，开始延时 4s。

⑦ 4s 之后，T6 到达设定的时间，其常闭触点断开，T1 线圈失电，并导致 T2～T6 线圈全部失电。电路转入到启动后的初始状态，重复以上工作流程。

⑧ 按下"停止"按钮 SB2，M1 线圈失电，控制流程中断，T2～T6、Y001～Y003 线圈全部失电。

8.10　交通信号灯控制装置

（1）控制流程

白天，将控制旋钮 SA 放在"正常工作"位置，东西方向绿灯亮 25s，闪烁 3s，黄灯亮 2s，在这 30s 之内，南北方向红灯一直亮着。此后，南北方向绿灯亮 25s，闪烁 3s，黄灯亮 2s，而东西方向红灯一直亮着。如此循环下去。

夜间，将旋钮放在"夜间工作"位置，东西和南北两个方向的绿灯和红灯都不工作，而黄灯同时闪烁，提醒夜间过往车辆和行人在通过十字路口时减速慢行，注意安全。

（2）输入/输出元件的 I/O 地址分配

输入元件为 2 只旋钮（正常工作和夜间工作），输出元件为 6 只接触器。各元件的用途和 I/O 地址分配如表 8-11 所示。

（3）PLC 选型

根据控制流程和表 8-11，可选用三菱 FX3U-16MR/ES(-A) 型 PLC。

（4）PLC 接线图

交通信号灯的 PLC 接线如图 8-26 所示，PLC 的输入端连接着旋钮 SA（X001、X002），输出端连接着 6 只接触器（KM1～KM6），再用接触器的触点控制信号灯。

（5）编写 PLC 的控制程序

根据交通信号灯的控制流程，编写出 PLC 的梯形图程序，如图 8-27 所示。

表 8-11 交通信号灯控制电路的 I/O 地址分配表

I（输入）				O（输出）			
元件代号	元件名称	地址	用途	元件代号	元件名称	地址	用途
SA	旋钮	X001	正常工作	KM1	接触器	Y001	东西绿灯
		X002	夜间工作	KM2	接触器	Y002	东西黄灯
				KM3	接触器	Y003	东西红灯
				KM4	接触器	Y004	南北绿灯
				KM5	接触器	Y005	南北黄灯
				KM6	接触器	Y006	南北红灯

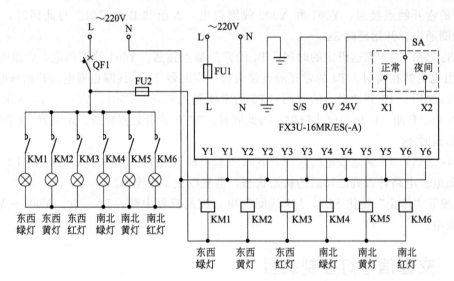

图 8-26 交通信号灯的主回路和 PLC 接线

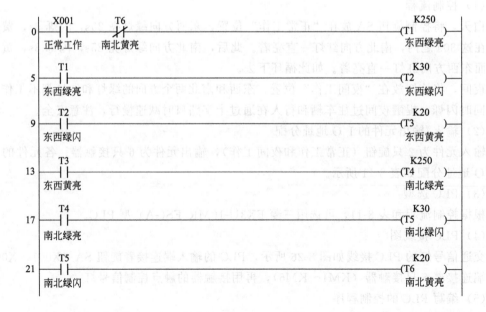

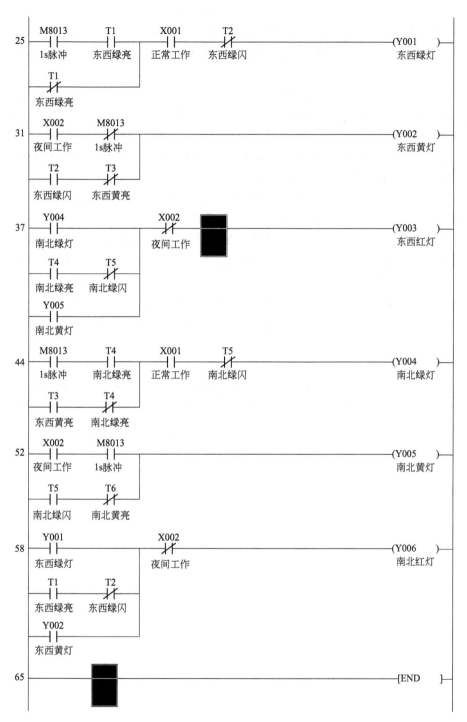

图 8-27　交通信号灯的 PLC 梯形图

（6）梯形图控制原理

① 将旋钮 SA 放在"正常工作"位置，输入单元中 X001 接通，输出单元中 Y001 线圈得电，东西绿灯平亮。与此同时，定时器 T1 线圈得电，开始延时 25s。

② 25s 后，T1 定时时间到，其常闭触点断开，东西绿灯由平亮转为闪烁。与此同时，

T1 的常开触点闭合，定时器 T2 线圈得电，开始延时 3s。

③ 3s 后，T2 定时时间到，T2 的常闭触点断开，Y001 线圈失电，东西绿灯熄灭。T2 的常开触点闭合，Y002 线圈得电，东西黄灯亮。与此同时，定时器 T3 线圈得电，开始延时 2s。

④ 2s 后，T3 定时时间到，T3 的常闭触点断开，Y002 线圈失电，东西黄灯熄灭。

在东西绿灯平亮、闪烁、东西黄灯亮期间，Y006 线圈一直得电，南北红灯保持在亮的状态。

T3 定时结束后，其常开触点闭合，输出单元中 Y004 线圈得电，南北绿灯平亮。与此同时，定时器 T4 线圈得电，开始延时 25s。

⑤ 25s 后，T4 定时时间到，其常闭触点断开，南北绿灯由平亮转为闪烁。与此同时，T4 的常开触点闭合，定时器 T5 线圈得电，开始延时 3s。

⑥ 3s 后，T5 定时时间到，T5 的常闭触点断开，Y004 线圈失电，南北绿灯熄灭。T5 的常开触点闭合，Y005 线圈得电，南北黄灯亮。与此同时，定时器 T6 线圈得电，开始延时 2s。

⑦ 2s 后，T6 定时时间到，T6 的常闭触点断开，Y005 线圈失电，南北黄灯熄灭。

在南北绿灯平亮、闪烁、南北黄灯亮期间，Y003 线圈一直保持得电，东西红灯保持在亮的状态。

T6 常闭触点断开后，T1~T6 的线圈全部失电，转入下一轮的循环。

⑧ 将旋钮 SA 放在"夜间工作"位置，输入单元中 X002 接通，由 PLC 内部特殊辅助继电器 M8013 提供的 1s 时钟脉冲加到 Y002、Y005 线圈上，使它们间歇通电，东西黄灯和南北黄灯不停地闪烁，提醒夜间过往车辆和行人在通过十字路口时减速慢行，注意安全。

第 **9** 章

▶▶▶▶

生产现场中的 FX3U 故障维修

用于各个工业领域中的 PLC 性能稳定，工作可靠，无故障时间可以达到几十万小时。但是，PLC 是以半导体器件为主体的机器，随着使用时间的延长、环境和温度的影响，元器件会慢慢地老化，不可避免地出现某些故障。所以，要求电气工程师和维修技工具有过硬的技术和丰富的经验，不仅仅能够编制程序，读懂和解析程序，而且在遇到故障时，要能够迅速查明故障原因，采用行之有效的方法，及时排除故障，缩短维修时间，提高生产效率。

但是，由于 PLC 是一门比较复杂的技术，牵涉到方方面面，故障的诊断和处理往往不是一帆风顺。目前 PLC 之类的书刊对基础理论和编程叙述很多，但是处于生产第一线的工程师经常要处理 PLC 的故障，他们非常需要的故障实例和维修经验则不多。作者多年来一直与 PLC 打交道，现在对自己从生产现场得到的 PLC 维修经验，特别是三菱 FX3U 型 PLC 的维修经验进行回顾，并搜集其他维修工作者的技术经验，加以总结和整理，以供读者借鉴和参考。另外，从来自生产第一线的故障维修实例中，精选了 36 个比较典型的实例，介绍给本书的读者。这些实例从其他书本上看不到，特别适用于生产第一线的电气工程师参阅和借鉴。

9.1 FX3U 型 PLC 的定期检查

FX3U 在工作过程中，需要建立定期检查制度，按期执行，以保证它在最佳的状态下运行。每台 PLC 都有确定的定期检查时间，一般以 6～12 个月检查一次为宜。如果使用环境中条件较差，还需要把检查间隔适当缩短。定期检查的主要内容如表 9-1 所示。

表 9-1　FX3U 型 PLC 定期检查的主要内容

序号	项目	检修内容	判断标准
1	供电电源	在电源端子处测量电压波动范围	供电电压的 85％～110％
2	运行环境	环境温度	0～55℃
		环境湿度	35％～85％RH,不结露
		积尘情况	无灰尘堆积

续表

序号	项目	检修内容	判断标准
3	安装状态	各单元是否安装固定可靠	无松动
		插接件是否连接可靠	无松动
4	输入电源	在输入端子处测量电压变化	以输入规格为准
5	输出电源	在输出端子处测量电压变化	以输出规格为准
6	寿命元件	电池、继电器、存储器	以各元件具体要求为准

9.2 FX3U 型 PLC 的故障分布

FX3U 型 PLC 的故障，按照故障发生的概率，主要分布在以下几个方面：

① 现场操作和控制元件。如按钮、行程开关、限位开关、接近开关等。这些元件反复操作，触点很容易磨损，经常出现触点粘连、接触不良等故障现象。元件如果长期闲置不用，又会出现动作不灵敏、触点锈蚀等故障现象。

② 继电器和接触器。在 PLC 控制系统中，使用了大量的继电器和接触器，特别是小型继电器。如果现场环境比较恶劣、温度较高、动作频繁，就容易发生故障。最常见的故障现象是线圈烧坏、触点粘连、接触不良。

继电器和接触器的选型非常重要。实践证明，如果继电器和接触器的质量低劣、触点容量太小，很容易打火、氧化、发热变形、烧坏线圈或者不能使用。所以在 PLC 控制系统中要尽量选用高性能的继电器和接触器，以提高整个装置的可靠性。

③ 电磁阀和电动阀之类的设备。这类设备是 PLC 输出级的执行元件，一般要经过许多环节才能完成位置转换，相对位移较大。电气、机械、液压或气压等各个环节稍有不到位，就会产生误差或出现故障。常见的故障现象是线圈烧坏、阀芯卡滞、动作失灵。在运行过程中，要经常对此类的设备进行巡查，检查有无机械变形，动作是否灵活，控制是否有效。

④ PLC 系统中的子设备，即附属设备。这些设备包括插接件、接线端子、接线盒、螺钉螺母等。它们产生故障的原因，除本身的质量问题之外，还与安装工艺有关。如果螺钉没有拧紧，会导致打火、端子烧毛、接触不良。但也不是拧得越紧越好。拧得太紧了，在维修时拆卸困难，大力拆卸又容易造成连接件损坏。所以在安装时，要认真执行工艺规程。如果接线板上淋水或潮湿，端子容易漏电、生锈。

⑤ 传感器和仪表。这类故障的主要表现为控制信号不正常，信号时有时无。在安装这类设备时，一般要采用屏蔽电缆，屏蔽层要在一端可靠接地，而不要在两端都接地。有关的电缆要尽量与动力电缆，特别是变频器的动力电缆分开敷设，以避免电磁脉冲干扰。

⑥ 电源和接地线。电源不稳定、接地线不合乎要求，容易产生电磁脉冲，干扰 PLC 的正常工作。此时会出现一些时有时无的、难以查找的疑难故障。

⑦ PLC 本身的硬件故障。这类故障存在于 PLC 控制器内部，主要表现为 PLC 内部开关电源损坏、CPU 不正常、输入单元内部的元件（光电耦合器等）损坏、输出端子内部的元件（继电器、晶体管、晶闸管、光电耦合器等）损坏等。在实际维修中，输入和输出端子内部元件损坏的情况时有发生。

⑧ PLC 软件故障。在这类故障中，PLC 的硬件（元器件）一般没有损坏，但是控制程

序出了问题，导致工作异常。故障的主要表现是程序受到干扰和破坏，导致工艺动作紊乱。如果 PLC 停用时间太久，常常会导致控制程序和参数丢失，不能正常工作。

9.3 通过面板指示灯诊断部分故障

PLC 面板上有一些 LED 指示灯，通过这些指示灯，可以诊断某些故障。

(1) 电源指示灯 "POWER"

PLC 的基本单元、扩展单元和扩展模块的面板上都安装有电源指示灯 "POWER"。它有 3 种工作状态：

① 灯亮。PLC 通电后，"POWER" 就会亮起，表示电源正常，可以进行工作。

② 完全不亮。此时要检查电源是否加上，连接线是否断开，电源电压是否太低。

如果确认外部电源已经正确无误地连接到 PLC 的电源端子上，要检查 PLC 内部是否混入了导电性异物，或存在其他异常情况，导致内部的熔断器烧断。如果 PLC 内部开关电源中的元器件损坏，"POWER" 指示灯也不会亮。在这些情况下，仅仅更换熔断器不能解决问题，必须查明故障原因并予以排除。

如果电源内部的熔断器烧断，在查明原因后，要用同一规格的熔断器更换，绝对不能加大熔断器的规格。

③ 闪烁。此时要检查外部接线是否正确，电源端子上的电压是否符合要求，PLC 内部是否有故障。

在 FX3U 的输入端子一侧，有一个 "24V" 端子，它是 PLC 内部 DC 24V 电源的正极，这个电源供 PLC 输入端的传感器使用，如果传感器过载或短路，导致电源中的保护电路动作，指示灯 "POWER" 也不正常。此时，可以拆下 "24V" 端子外部的连接线进行验证。如果连接线拆除后 "POWER" 恢复正常，可以确认是传感器过载或短路。

(2) 运行指示灯 "RUN"

这个指示灯有 2 种工作状态：

① 灯亮。将运行开关置于 "RUN" 位置时，PLC 程序进入运行状态，这个指示灯点亮，发出绿光。它表示自动控制程序正在处理和执行中。

② 不亮。如果将运行开关置于 "STOP" 位置，则程序停止运行，指示灯不亮。如果程序错误不能运行，指示灯也不亮。

(3) 电池指示灯 "BATT"

这个指示灯有 2 种工作状态：

① 不亮，表示电池电压在正常状态。

② 灯亮，表示电池电压过低。

PLC 内部的锂电池（一般是 F2-40BL 型）是非充电式电池。在断电状态下，存放用户程序的随机存储器（RAM）、计数器、具有保持功能的辅助继电器等，都要用它来保存程序和参数。其使用时间为 3~5 年，超过使用年限后，锂电流的电压就会严重下降，此时指示灯 "BATT" 就会亮起，发出红光进行报警，提醒使用者需要更换电池。从指示灯开始亮算起，在一个月之内原来的电池有效，但是有时灯亮并没有及时发现。所以发现灯亮后，要尽快地更换电池，否则有关的存储器就会失去停电保持功能，导致程序和工艺参数丢失。更换电池的步骤是：

① 在更换电池之前，先让PLC通电15s以上，让作为存储器备用电源的电容器充电。在锂电池断开之后，该电容器可以对PLC短时间供电，以保护程序和参数不丢失。

② 关断PLC的电源。

③ 取下PLC面板盖左边的部分。

④ 拔下旧电池的插座，取下旧电池。

⑤ 在20s之内装入新电池。

⑥ 盖好PLC的盖板。

（4）出错指示灯"ERROR"

这个指示灯有3种工作状态：

① 不亮，表示PLC程序在正常执行，没有出现使PLC停止运行的错误。

② 灯亮，说明CPU出错。可能是看门狗定时器出错。如果PLC内部混入灰尘或导电性物质、外部噪声严重干扰导致PLC失控、功能模块使用太多导致PLC程序的执行时间太长（超过200ms）等，这个指示灯也会亮起，发出红色光。此时可进行断电复位，重新通电后，可再次试运行。或检查程序，修正其中的错误。

检查特殊数据寄存器D8012的内容，可以了解PLC程序的最长执行时间。

③ "ERROR"指示灯闪烁。这个指示灯闪烁说明程序出错。常见的原因有：程序被破坏、程序中有语法错误（例如定时器、计数器的常数未设置）、程序受到外界的严重干扰、存储器的内容发生变化等。此时指示灯就会以红光闪烁，同时PLC的输出全部关断，需要仔细检查程序，修正错误部分。

当PLC的硬件或程序出错（包括I/O配置出错、PLC硬件出错、PLC/PP通信出错、并行连接出错、参数出错、语法出错、电路出错、运算出错等）时，利用PLC可以检测到特殊内部继电器M8060～M8067、M8438、M8449、M8487、M8489中的硬件错误，在对应的特殊数据寄存器D8060～D8067、M8438、M8449、M8487、M8489中，会显示错误代码，通过查看就可以知道出错的具体原因。

（5）输入指示灯

输入指示灯设置在输入端子的下方，一个输入指示灯对应着一个输入端子。有多少个输入端子，就有多少个输入指示灯。当某一个输入端子与COM端子接通时，与其对应的输入指示灯就会亮起，发出红色光，指示这个输入信号已经连接到PLC的输入单元。所以，在一般情况下，通过观察某个输入指示灯是否发亮，就可以判断对应的输入信号是否接入。

当有信号输入时，如果有关的指示灯不亮，常见的原因有：

① 输入端子损坏或接触不良。

② 从图1-36～图1-40可知，在PLC的输入端子与输入指示灯之间，还有输入接口电路。这部分电路中还有一些元器件，例如光电耦合器、放大整形电路、数据处理电路等。如果其中某一只元器件损坏，即使输入信号确实已经接入到PLC的输入端子上，但是与其对应的指示灯也可能不亮。

③ 在PLC的输入端使用接近开关、光电传感器等元件，当传感部位有污垢、位移偏大等情况时，会引起灵敏度下降或信号减弱，导致输入指示灯亮度下降或不亮。

④ 输入信号出现的时间太短，小于PLC的扫描周期，此时输入接口电路没有驱动，导致指示灯来不及点亮。

⑤ 采用汇点输入（无源）时，信号的接触电阻太大，使PLC内部输入电流不足，不能

驱动输入接口电路。

⑥ 采用源输入（有源）时，信号的接触电阻太大，导致输入信号的电压太低，不足以驱动输入接口电路。

⑦ 扩展单元或扩展模块与基本单元之间没有连接好。

当输入端子损坏时，需要更换到另一个输入端子上，并修改有关部分的程序。

（6）输出指示灯

输出指示灯设置在输出端子的上方，一个输出指示灯对应着一个输出端子。有多少个输出端子，就有多少个输出指示灯。当某一个输出元件得电时，与其对应的输出指示灯就会亮起，发出红色光，指示这个输出信号已经连接到 PLC 的输出端子上。所以，在一般情况下，通过观察某个输出指示灯是否发亮，就可以判断对应的输出端子的状态是"0"还是"1"。

当有信号输出时，如果有关的指示灯不亮，常见的原因有：

① 输出端子损坏或接触不良。

② 从图 1-45～图 1-48 可知，在 PLC 的输出端子与输出指示灯之间，还有输出接口电路。这部分电路中也有一些元器件，例如继电器、晶体管、晶闸管（三端双向晶闸管）、光电耦合器等。如果其中某一只元器件损坏，即使输出指示灯亮了，输出信号也可能送不到 PLC 的输出端子上。

③ 采用源输出（有源）时，输出负载太重或短路，导致保护电路动作，熔断器烧断。

④ 扩展单元或扩展模块与基本单元之间没有连接好。

当输出端子损坏时，需要更换到另一个输出端子上，并修改有关部分的程序。

9.4　FX3U 型 PLC 故障维修实例

FX3U 型 PLC 的故障，可以分为硬件故障和软件故障两大类。硬件故障主要是指 PLC 控制器内部的元器件损坏，或输入/输出端子损坏，或输入端控制元件、输出端执行元件损坏，或导线的连接出现异常。软件故障主要是指程序的编制不正确，或存储器的内容发生变化导致程序紊乱，或工艺参数丢失，等等。

9.4.1　FX3U 型 PLC 的硬件故障

例1　按下"准备"按钮时掉电

故障设备：某全自动组合机床。

PLC 型号：三菱 FX3U-80MT/ES(-A)。

故障现象：机床通电后，按下"准备"按钮时，控制系统自动掉电。电控柜面板上的红色报警灯亮。

诊断分析：

① 检查交流电源，在正常状态。

② 测量直流电压，24V 电压下降到 0V。这说明电源模块不正常，但是更换后也未能排除故障。

③ 这个电源模块所提供的直流电源送至 PLC 的输出电路。分析认为：当"准备"按钮按下后，PLC 就有控制信号输出。如果某一输出点短路，就会使电源电压下降，导致控制系统自动断电。

④ 对 PLC 的输出回路进行检查，发现图 9-1 中的输出点 Y032 不正常，它与 24V（＋）之间的电阻接近于 0Ω。

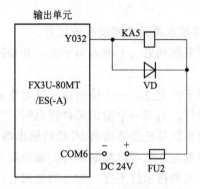

图 9-1　PLC 中 Y032 的输出电路

⑤ 检查 Y032 所连接的继电器 KA5，在正常状态。

⑥ 再检查续流二极管 VD，已经击穿短路。

故障处理：更换续流二极管后，故障不再出现。

例 2　操作尾架时突然断电

故障设备：某全自动组合机床。

PLC 型号：三菱 FX3U-80MT/ES(-A)。

故障现象：机床启动后工作正常，但是在操作尾架，使其向前运动时，机床突然断电。

诊断分析：

① 检查机床的 DC 24V 电源模块，发现熔断器 FU2 已经熔断。

② 这个直流电源为 PLC 的输出侧提供 DC 24V 电源，检查其外部电路，没有明显的短路。

③ 重新换上熔断器 FU2，再次操作尾架向前运动，机床又断电了，熔断器 FU2 再次熔断。

④ 经了解，在出现此故障之前，由于 PLC 输出端子 Y016 所连接的中间继电器 KA7 损坏，使得机床的尾架向前动作无法进行。电工更换 KA7 后，才出现 FU2 熔断的情况，因此，要重点检查 KA7 的连接。

⑤ 检查发现，KA7 线圈两端并联了一只保护二极管，维修电工在更换 KA7 时，将二极管 VD 的极性弄反了，错接成图 9-2(a)。

⑥ 在这种情况下，当 PLC 内部有关的晶体管导通，送出尾架向前信号时，24V 直流电源通过 VD 短路，使 FU2 熔断。

故障处理：取下保护二极管，按图 9-2(b) 调换正极和负极并重新焊接，此后故障不再出现，机床恢复正常工作。

经验总结：与 PLC 输出端子相连接的直流继电器，往往并联一只保护二极管（续流二极管）。这只二极管必须反向连接，即二极管的正极朝向直流电源的负极，二极管的负极朝向直流电源的正极，否则会造成直流电源短路。

例 3　不能进行自动循环（1）

故障设备：3MZ2210 型全自动内圈挡边磨床。

PLC 型号：三菱 FX3U-32MS/ES。

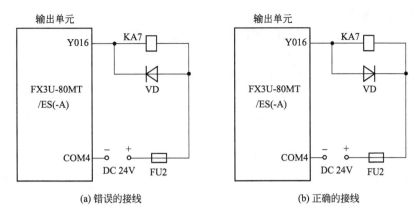

(a) 错误的接线　　　　　　　　(b) 正确的接线

图 9-2　保护二极管的连接

故障现象：在"自动"状态下，按下"循环启动"按钮，机床没有任何反应，不能执行自动循环加工的各项动作。

诊断分析：

① 机床的工作状态有"自动"和"手动"两种，它们是通过操作面板上的旋钮开关 SA1 来转换的。将 SA1 置于"手动"状态时，机床工作正常。

② SA1 的"自动"挡接入 PLC 的输入端子 X001。原来的接线如图 9-3（a）所示。观察其状态，当置于"自动"时，X001 的指示灯不亮。反复拨动 SA1，X001 一直为"0"。

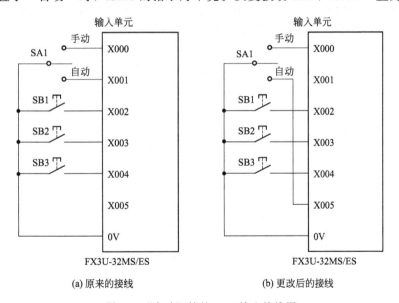

(a) 原来的接线　　　　　　　　(b) 更改后的接线

图 9-3　"自动"挡的 PLC 输入接线图

③ 检查旋钮 SA1，在完好状态。

④ 将"自动"挡的连接线与 X001 断开，改接到 PLC 的空输入端子 X005 上，则 X005 的状态随着 SA1 的拨动而变化。由此证明 PLC 的输入端子 X001 损坏。

故障处理：按照图 9-3（b）改接，将"自动"挡的连接线改接到 X005 上，再将 PLC 程序中所有的 X001 都改写成 X005，此后机床恢复正常工作。

经验总结：在选用 PLC 时，要预留 10% 左右的 I/O 端子，以用于程序更改和输入/输出继电器损坏后的更换。

例4　不能进行自动循环（2）

故障设备：MK2015A 型全自动内圆磨床。

PLC 型号：三菱 FX3U-48MR/ES(-A)。

故障现象：机床通电后，进行自动循环磨削，执行上料→上磁→仪表架进入→磨架左行等一系列工艺流程。但是在仪表架进入之后，磨架左行及后续动作有时可以执行，有时不能执行。

诊断分析：

① 在这台机床的 PLC 输出单元中，Y006 与 "磨架左行" 电磁阀 YV2a 相连接，对 YV2a 进行控制，如图 9-4(a) 所示。

② 为了验证 PLC 的程序是否正常，将工作方式开关拨到 "调整" 位置，用手动方式使磨架左行。此时故障现象不变，这说明故障与 PLC 的工作方式无关。

③ 打开电控柜，观察 PLC 各指示灯的状态，发现不论是 "自动" 还是 "手动"，Y006 的指示灯都已点亮，但是电磁阀 YV2a 不能动作。

④ 在 YV2a 得电时，用万用表测量其两端的直流电压，不足 7V，而正常值是 24V。这说明输出点 Y006 已经损坏，很可能是其内部继电器触点的接触电阻太大，导致 YV2a 不能动作。

故障处理：恰好 PLC 上有几个空余的输出端子 Y024～Y027。按图 9-4(b) 将电磁阀 YV2a 改接到 Y024 和 COM5 上，梯形图中的 Y006 全部更改为 Y024，其他元件的接线不变。此后故障得以排除，自动循环磨削完全正常。

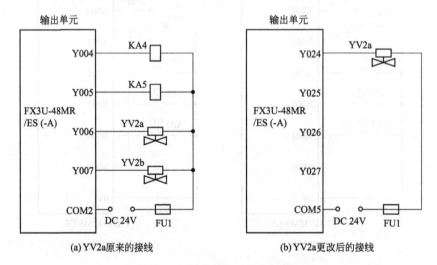

图 9-4　电磁阀 YV2a 的接线

经验总结：当 PLC 的输出单元采用继电器时，继电器可能出现以下故障：

① 继电器线圈烧坏；

② 触点接触不良，或粘连短路；

③ 印制电路中的线条烧断。

例5　不能进行自动循环（3）

故障设备：3MK2320 型轴承外圈滚道磨床。

PLC 型号：三菱 FX3U-48MR/ES(-A)。

故障现象：机床通电后，电主轴、液压油泵、工件电机、排屑装置都能独立地工作，但是不能进行自动循环加工。

诊断分析：

① 将操作方式开关置于"手动"状态，检查自动循环系统中的各个单项动作。上料、上磁、托板快跳、修整器倒下等动作均不能实现。这些动作都是由 PLC 控制的，分析认为故障在 PLC 部分。

② 打开电气控制柜，对 PLC 的工作状态进行检查，发现 I/O 单元上的输入/输出指示灯都不亮，电源指示灯 POWER 和程序运行指示灯 RUN 也不亮，这说明 PLC 根本没有工作。

③ 从 L、N 端子上检查 PLC 的输入电源，220V 交流电压正常。但是在 24V、0V 端子上测量不到 24V 直流电压，分析是 PLC 内部的开关电源出了问题。

④ 关断电源后，拆开 PLC 盖板，检查电源部分的熔断器，它没有损坏，也查不出其他的问题，分析可能是开关电源不正常。

故障处理：与 PLC 的制造厂家联系后，更换整套 PLC，并输入机床加工程序，此后机床工作正常。

经验总结：如果 PLC 面板上所有的指示灯都不亮，一般是外部电源或内部开关电源出现故障。

例6 断路器反复跳闸

故障设备：3.4M 全自动立式车床。

PLC 型号：三菱 FX3U-128MR/ES(-A)。

故障现象：这台车床所用的横梁升降机构，在由上升转入下降，或由下降转入上升时，接触器都有很大的弧光，主回路中的断路器反复跳闸。

诊断分析：

① 对横梁升降机构进行检查，机械部件完好，没有阻滞现象。

② 对电动机进行检查，三相绕组正常，没有短路、受潮、接地等异常情况。

③ 图 9-5(a) 是控制横梁升降机构的梯形图，实际上是正反转控制电路。图中 X000 是上升启动按钮，控制电动机的正转；X001 是下降启动按钮，控制电动机的反转。X002 是停止按钮，Y000 和 Y001 是输出继电器，分别控制上升接触器 KM1 和下降接触器 KM2，如图 9-5(b) 所示。

④ 从梯形图上看，没有错误之处。在输出继电器 Y000 和 Y001 的控制回路中，加上了互锁，还有按钮 X000 和 X001 的互锁。

⑤ 有的设计人员认为：有了以上两种程序互锁，Y000 和 Y001 就不会同时"得电"，图 9-5(b) 中的 KM1 和 KM2 也就不会因为同时吸合而造成电源相间短路。因而没有必要在 KM1 线圈与 KM2 线圈之间加上"硬件互锁"。

⑥ 然而，仅有以上梯形图中的"程序互锁"是不行的，因为 PLC 系统动作很快，每条逻辑指令的扫描时间都在 $10\mu s$ 之内，所以 Y000 和 Y001 的动作指令很快就被执行。但是，接触器的释放是一种机械动作，需要 0.1s，即 100ms 左右。在 KM1 和 KM2 切换的过程中，一个接触器还来不及释放，另一个接触器就已经吸合了，造成主回路中电源相间短路故障。

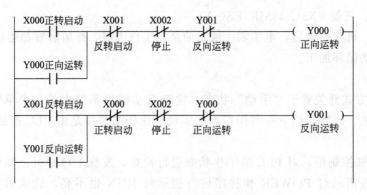

(a) 正反转控制梯形图

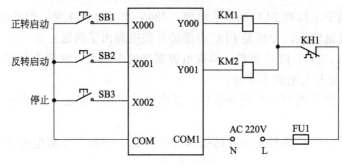

(b) I/O接线图(错误)

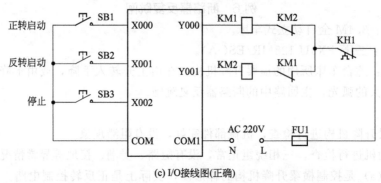

(c) I/O接线图(正确)

图 9-5　横梁升降机构的梯形图和 I/O 接线图

　　故障处理：按照图 9-5(c) 再加上"硬件互锁"，即在 KM1 线圈回路中串联 KM2 的辅助常闭触点，在 KM2 线圈回路中串联 KM1 的辅助常闭触点。这样确保在其中一个接触器断电释放之后，另一个才能通电闭合。这样处理后，故障不再出现。

　　经验总结：用 PLC 控制电动机的正反转时，因为 PLC 系统的动作指令很快就被执行，如果只有梯形图中的"程序互锁"，正反转接触器在切换的过程中，一个接触器还来不及释放，另一个接触器就已经吸合了，会造成主回路中电源相间短路故障。因此必须加上"硬件互锁"，即在正反转接触器的线圈回路中，分别串联对方的辅助常闭触点。

例 7　加工动作在中途停止

　　故障设备：MZW208 型全自动内圆磨床。

　　PLC 型号：三菱 FX3U-48MT/ES(-A)。

　　故障现象：机床调试时，执行自动循环动作，前面的一部分动作正常，但"磨架左行"

动作不执行，使加工动作在中途停止。

诊断分析：

① 检查执行"磨架左行"动作的电磁阀 YV6a，其完好无损。

② 磨架左行部分的梯形图见图 9-6。检查有关的控制信号，X033 的状态为"0"，说明它处于断开状态。

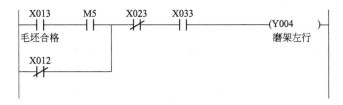

图 9-6　磨架左行部分梯形图

③ 查看有关图纸，X033 是变频器故障联锁触点，平时应处于接通状态，变频器有故障时才断开。但现在变频器运行很正常，没有任何故障迹象。

④ 检查实际接线，发现在 PLC 输入单元的接线端子板上，X033 与外部没有连接。原来，变频器自身已经设置有保护电路，过载保护触点没有接到输入端子 X033 上，X033 始终处于断开状态。

故障处理：可以采取以下四种方法（任选一种）：

① 用导线将输入端子 X033 与输入公共点 COM 短接。

② 修改 PLC 程序，去掉输入继电器 X033。

③ 修改 PLC 程序，将 X033 由常开触点更改为常闭触点。

④ 将变频器的保护触点连接到 X033 端子，这样当变频器发生故障时，磨架不能左行，自动循环停止，可以进一步保证设备安全。

经验总结：PLC 的梯形图程序与实际接线必须吻合，否则会导致设备不能正常工作。

例 8　所有的按键全部失效

故障设备：某全自动专用组合机床。

PLC 型号：三菱 FX3U-128MT/ESS。

故障现象：机床通电后，出现故障报警，此时机床操作面板上所有的按键全部失效，完全不能启动。

诊断分析：

① 检查 PLC "24＋"端子上的直流电压，只有 14V，这是不正常的，正常值为 24V。

② 检查输入的电源电压，在 AC 220V 的正常数值。

③ 将输入单元公共点 COM 外部的连接导线断开，"24＋"端子上的电压立即上升到正常值 24V。显然，某个输入端子所连接的元件存在短路故障。

④ 将输入端子上所连接的导线一根一根地拆除，当拆除 X021 外部的连接线时，直流电压恢复正常。

⑤ X021 通过 X405＃导线连接到"X 轴正向限位开关"。进一步检查，发现 X405＃线绝缘损坏，芯线对地短路。

故障处理：将 X405＃线的短路处包扎后，机床恢复正常工作，故障不再出现。

经验总结：在机电设备中，导线破损是一种常见故障，会导致电源和控制信号短路、断路、串扰等多种异常现象。

<h3 align="center">例 9 铣床工作台不能移动</h3>

故障设备：某全自动立式铣床。

PLC 型号：三菱 FX3U-80MT/ES(-A)。

故障现象：铣床在调试时，将工作方式选择开关选择在"手动"位置，对 X 轴进行操作，但是 X 轴工作台不能移动。

诊断分析：

① 用同样的方法检查 A、Y、Z 轴，故障现象相同，各轴都不能移动。

② 检查 PLC 的电源电压，在正常状态。

③ 检查工作方式选择开关 SK。这个开关安装在铣床操作面板的左上方，共有五个挡位，分别是手动、数据输出、数据输入、纸带指令、存储器指令。其工作状态通过 15♯、16♯、17♯ 导线送 PLC 的输入端子 X025、X026、X027，如图 9-7 所示。

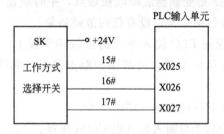

图 9-7　PLC 输入端子与选择开关的连接

④ 转动 SK 的操作手柄，观察 PLC 中有关输入端子的信号状态，并与正常状态进行比较，详见表 9-2。

表 9-2　PLC 有关输入端子的信号状态

工作方式	输入接口的信号状态					
	正常状态			实际状态		
	X025	X026	X027	X025	X026	X027
手动方式	0	1	0	0	1	1
数据输出方式	0	1	1	0	1	0
数据输入方式	1	0	0	1	0	1
纸带指令方式	1	0	1	1	0	1
存储器指令方式	1	1	0	1	1	1

⑤ 对表 9-2 所示的信号状态进行分析，发现在五种状态中，除纸带方式之外，其余都不正常，而且出错部位都在 X027 端子上。分析认为可能是工作方选择开关 SK 或连接导线存在故障。

⑥ 拆开面板检查 SK，发现 17♯ 线在 PLC 输入端子板处齐根拉断，断脱后的线头又紧靠着 15♯ 线的端子。在操作 SK 时，15♯ 线与 17♯ 线时碰时断，导致 PLC 输入信号错误，产生上述故障现象。

故障处理：重新连接好 17# 导线。

例10 计数值无规律地变化

故障设备：3MK2316 型外圈滚道磨床。

PLC 型号：三菱 FX3U-48MR/ES(-A)。

故障现象：机床按照给定的"计数修整"方式工作，计数数目设定为5。每磨削完5个工件后，磨架退出并向右行走，在预定的位置上砂轮修整器倒下，对砂轮进行修整。修整完毕后继续进行下一阶段的磨削。在此过程中，每个阶段所磨削的工件数量1、2、3、4、5随机显示在显示器上。工作中发现，所显示的数目不是按照实际情况在5之内显示，而是无规律地变化，有时显示几十，有时显示几百。砂轮也不能按时进行修整。故障时有时无，没有什么规律。

诊断分析：

① 检查电源电压，没有异常现象。PLC 的交流、直流电源也都在正常范围。

② 检查 PLC，在它的电源模块上，进线端只连接了相线 L 和零线 N，而接地端子没有与外部连接，整个机床也没有接地。

③ 在这种情况下，数控磨床自身产生的电磁干扰难以消除，又很容易"引狼入室"，使电网中的干扰脉冲窜入，严重地影响了 PLC 的正常工作。

故障处理：用一根 2.5mm² 的铜芯线，将 PLC 的接地端子与柜体、床身和大地作可靠的连接。此后数据显示正常，故障彻底排除。

经验总结：PLC 的接地端子不能空置，必须用 2.5mm² 以上的铜芯线连接到地线上，否则 PLC 的工作可能受到电磁脉冲的干扰。

例11 磨床的进给速度不稳定

故障设备：MZW208 型全自动内圆磨床。

PLC 型号：三菱 FX3U-48MT/ES(-A)。

故障现象：在磨削轴承内圆的过程中，进给速度不稳定。设定的进给量为 $100\mu m$，正常进给状态下，10s 左右磨完；而在故障时，进给速度特别快，3s 左右便磨完。磨削后的工件尺寸也不稳定，常常造成工件报废。

诊断分析：

① 从显示器上查看设定的进给量，还是 $100\mu m$，没有发生变化。

② 这台机床的进给系统使用步进电动机，更换步进驱动系统，不能解决问题。

③ 如果修理砂轮所用的"金刚笔"磨损，不能修整砂轮，会导致进给速度不稳定（以前曾发生过这种情况），但是更换"金刚笔"后故障依旧。

④ 检查滚珠丝杠，发现丝杠与伺服电动机相连接的螺钉松动，将螺钉拧紧后，进给速度稳定了，故障似乎已经排除，但是不久之后又"旧病复发"。

⑤ 仔细观察电控柜内的元器件，发现 PLC 的面板上，只连接了相线 L 和零线 N，而接地端子空置着没有连接。在这种情况下，一旦电网中有较强的电磁脉冲进入机床，就会扰乱 PLC 的正常工作。

⑥ 回顾这种故障的特点，一般都出现在用电负荷的高峰时段，进一步认定故障是由电网干扰所引起。

故障处理：用一根 2.5mm² 的铜芯线，将 PLC 的接地端子与柜体、床身和大地作可靠的连接。此后机床进给稳定，故障彻底排除。

例 12　电磁吸盘上没有磁力

故障设备：MZW208 型全自动内圆磨床。

PLC 型号：三菱 FX3U-48MT/ES(-A)。

故障现象：在自动加工过程中，根据加工流程，当仪表架进入后，电磁吸盘 YH1 就通电上磁，将工件吸住。但是吸盘上没有磁力，不能将工件吸持。

诊断分析：

① 改用手动调整方式进行试验，吸盘仍然无磁。

② 根据电气原理图，吸盘的 220V 交流电源是由继电器 KA6 控制的，KA6 则由 PLC 的输出点 Y026 所控制。观察 Y026 的 LED 指示灯，在仪表架进入后立即由暗转亮，这说明 PLC 的动作程序没有问题。

③ 电磁吸盘由 PLC 的输出单元控制，输出单元采用晶体管电路，如图 9-8 所示。从图中可知，在正常情况下，当指示灯 LED 亮时，说明 PLC 内部有输出信号，此时受控元件 KA6 上应当有 24V 直流电压。

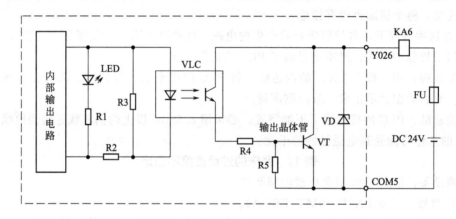

图 9-8　电磁吸盘的 PLC 控制电路

④ 用万用表检测，此时 KA6 上的电压为 0V。

⑤ 拆开输出单元进一步检查，发现 Y026 内部的晶体管 VT 断路。

故障处理：在这台 PLC 的输出单元上，Y027 是备用的输出端子，可以用它来替换 Y026，操作步骤如下。

① 查看梯形图程序，Y027 没有作为内部继电器使用，可以用它来替换 Y026。

② 将 Y026 外部的连接线拆除，改接到 Y027 端子上。

③ 这台机床的 PLC 程序已经存储在手提电脑中，在编程软件 GX Developer 中，打开这个程序，执行菜单"查找/替换"→"软元件替换"，弹出图 9-9 所示的"软元件替换"对话框。

④ 在"旧软元件"下面的空白栏中，输入原来的元件"Y026"；在"新软元件"下面的空白栏中，输入备用的元件"Y027"。如图 9-10 所示。

⑤ 点击图中的"全部替换"按钮，弹出图 9-11 所示的对话框，询问是否将所有的 Y026 全部替换为 Y027。

⑥ 点击图中的按钮"是"，完成全部替换，然后关闭图 9-9 所示的"软元件替换"对话框。

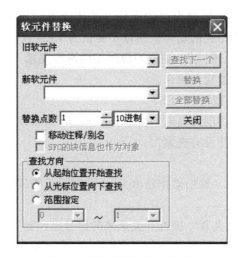

图 9-9 "软元件替换"对话框

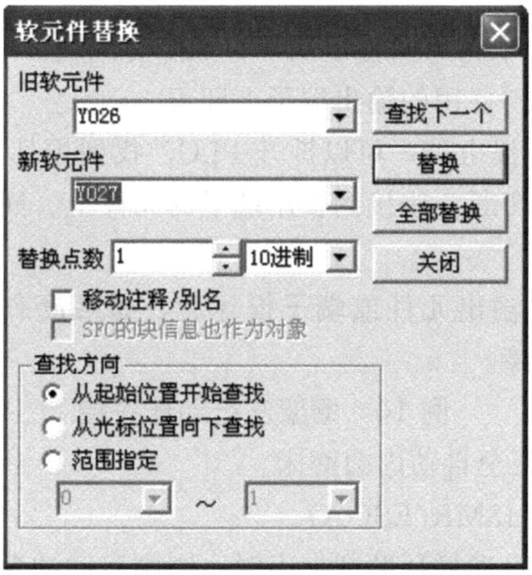

图 9-10 在对话框中输入软元件

图 9-11 对"全部替换"进行确认的对话框

注意：原程序中的 Y026 要全部替换为 Y027。如果点击图 9-10 中的"替换"按钮，点击一次只能替换一个，所以不要点击"替换"按钮，而要点击"全部替换"按钮。

⑦ 将手提电脑拿到现场，按照 6.2 节所介绍的方法，执行菜单"在线"→"PLC 写入"，将修改后的梯形图程序写入到 PLC 中，替换原来的 PLC 程序。

经验总结：在 FX3U 型 PLC 的输出单元中，某一输出端子的 LED 指示灯发亮，说明

PLC 内部有输出信号。但是如果输出级的元件（晶体管等）损坏，外部被控元件（继电器等）就不能通电，无法完成相关的动作。所以不要认为 LED 发亮，输出单元就完全正常。

例 13   更换刀具时工件没有夹紧

故障设备：某全自动钻镗攻丝机床。

PLC 型号：三菱 FX3U-128MT/ESS。

故障现象：机床在更换切削刀具时，换刀动作失控，刀具既不能夹紧，也不能松开。显示器上出现报警，提示"工件没有夹紧"。

诊断分析：

① 这台机床刀具的夹紧、放松动作是由 PLC 控制的。查阅机床的电气原理图，找到对应的输入端子和输出端子。

② 检查输入端子，由"夹紧"接近开关送来的信号已经到达。但是输出点上的 LED 指示灯没有亮。

③ 对输出单元进行检查，发现其内部的光电耦合器件损坏。

故障处理：

① 这块输出板上还有两个备用的输出端子，如果有编程器（或手提电脑），可以直接修改程序，将原输出端子更换到备用的输出端子上即可。

② 如果没有编程器或手提电脑，可以拆开 PLC，找到损坏的输出端子和备用的输出端子，将损坏端子内部的元件切断，改接到备用端子的元件上。同时将外部所控制的继电器也改接到备用的端子上。

经验总结：PLC 内部的输出元件或端子损坏后，如果没有编程工具，可以拆开 PLC，采用改换元件的方法排除故障。

例 14   磨架左行动作失控

故障设备：MK2015A 型全自动内圆磨床。

PLC 型号：三菱 FX3U-48MR/ES(-A)。

故障现象：机床在执行自动循环磨削加工时，刚刚启动油泵，还未开始上料，磨架就直接开进去了（向左行驶），处于失控状态。

诊断分析：

① 从 PLC 的输出接线图来看，执行"磨架左行"功能的电磁阀是 YV2a，输出点是 Y006。此时 Y006 的指示灯未亮，但是 YV2a 上却有 24V 的直流电压。

② 分析认为，如果 Y006 内部输出继电器的触点粘连，就会使外部受控元件 YV2a 长期通电，造成动作失控。

③ 用万用表测量，果然在断电时输出端子 Y006 与公共端子 COM2 是直接连通的。

故障处理：如果有手提电脑和编程电缆，可以将 Y006 改换到备用的输出端子上。但是，因为手提电脑损坏，无法修改程序，需要更换 Y006 内部的继电器。然而，拆开 PLC 后，发现拆卸和安装继电器都非常麻烦，难以操作。恰好 Y024 等几只继电器是空置不用的，这里介绍不用修改程序，按图 9-12 改变电路，用 Y024 替换 Y006 的方法：

① 将 Y006 内部继电器前、后的印制线路都切断；

② 将 Y024 内部继电器前面的印制线路切断；

③ 用导线将 Y024 的输出继电器连接到 Y006 的内部电路上；

④ 将电磁阀 YV2a 改接到 Y024 的输出端子和 COM5 上。

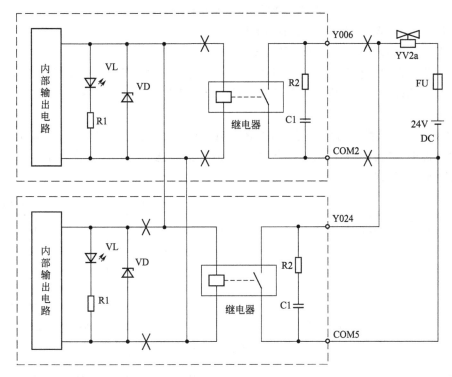

图 9-12　用 Y024 替换 Y006 的电路

如此处理后，机床恢复正常工作。

经验总结：当 PLC 内部的某一输出继电器损坏后，如果不能修改程序，可以通过改变输出单元内部硬件接线的方法，更换损坏的继电器，使 PLC 恢复正常工作。

例15　磨架不能向左行驶（1）

故障设备：3MKS215 型数控内圈滚道磨床。

PLC 型号：三菱 FX3U-64MT/ESS。

故障现象：在自动加工过程中，磨架始终处在右边的原始位置，不能向左行驶，以致不能进入磨削位置。

诊断分析：

① 观察发现，右行（回原位）电磁阀 YV2a 始终在通电，由于 YV2a 与左行电磁阀 YV2b 互相联锁，因此 YV2b 被锁住，无法通电。

② 这台数控磨床采用继电器输出，YV2a 由输出点 Y010 控制，YV2b 由输出点 Y011 控制。

③ 观察 Y010 的 VLE 并没有点亮，其输出继电器没有导通，Y010 应该处于高电位 24V，但是万用表测量表明，Y010 却处于低电位 0V。

④ 怀疑 Y010 内部继电器的触点粘连，拆开输出模块检查果真如此。

故障处理：因为 PLC 输出单元中有空余的输出端子和继电器，直接取下一只空余的继电器，进行代换后故障排除。

经验总结：对于采用继电器的 PLC 输出电路，当 PLC 的输出继电器触点粘连时，即使未执行有关的程序，VLE 指示灯不亮，该触点外部被控元件仍然通电，产生意外的动作，使机床的动作程序紊乱。所以不要认为 VLE 没有发亮，相关的输出点就是断开的。

例16 磨架不能向左行驶（2）

故障设备：MZW208 型全自动内圆磨床。

PLC 型号：三菱 FX3U-48MT/ES(-A)。

故障现象：在"自动"状态下，用"定程"方式工作时，机床工作正常；而用"仪表"方式工作时，机械手可以动作，吸盘可以上磁，但是磨架不能向左行驶。

诊断分析：

① 图 9-13(a) 是控制磨架左行的梯形图，其中的 X013 是来自测量仪表的反馈信号。测量仪表对工件毛坯进行检测，当毛坯合格时，X013 的状态为"1"，允许磨架左行，以便到达磨削位置后进行磨削。

(a) 磨架左行梯形图   (b) 测量仪表与PLC输入单元的连接

图 9-13 与"磨架左行"故障有关的梯形图

② 观察 PLC 输入单元上的指示灯，X013 没有亮，说明"毛坯合格"信号没有输入。

③ 检查工件的毛坯尺寸，没有什么问题。

④ 测量仪表与 PLC 输入单元的连接线路见图 9-13(b)。用万用表检测 A3.1 与 X013 的连接导线，在正常状态；再检查 OD 与输入公共端子 COM 的连接，发现二者没有连通。

⑤ 进一步检查，发现这根连接线从 PLC 的端子板上脱落。

故障处理：连接好脱落的导线，此后 X013 输入状态正常，机床动作正确无误。

经验总结：在 FX3U 系列 PLC 的输入单元中，每一个输入继电器都附带有 LED 指示灯。当某一控制信号接入时，对应的指示灯就亮了。根据指示灯的亮暗状态，就可以判断有关的控制信号是否接入。

例17 磨架不能向右行驶

故障设备：MK2015A 型全自动内圆磨床。

PLC 型号：三菱 FX3U-48MR/ES(-A)。

故障现象：机床在正常加工过程中，突然出现故障，磨架不能向右行驶，始终无法回到参考点。

诊断分析：

① 从 PLC 的输出接线图来看，担负"磨架右行"功能的电磁阀是 YV2b，输出点是 Y007，此时 PLC 输出单元上 Y007 的指示灯已经点亮，但是 YV2b 上附带的指示灯却不亮。

② 用万用表测量，Y007 端子与公共端子 COM2（也即直流电源的负端）不通，YV2b 上也没有获得 24V 的直流电压。

③ 分析认为，Y007 的指示灯已亮，说明 Y007 内部的控制电路工作正常，而 Y007 与 COM2 端子不通，说明内部继电器损坏，或是有关的印制线路断裂。

④ 拆开 PLC 进行检查，发现 Y007 内部继电器常开触点的印制线条变色，并在 A 处烧

断，如图 9-14 所示。于是用导线重新进行焊接。

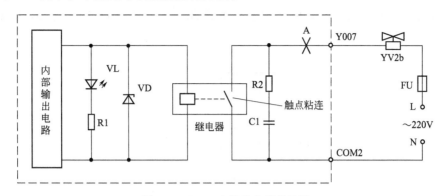

图 9-14　Y007 内部继电器的故障

⑤ 装好 PLC 后，通电再试，机床又出现新的故障：磨架始终处于参考点，不能向左行驶。检查后发现，电磁阀 YV2b 始终处于通电状态。

⑥ 分析认为：Y10 的内部继电器可能存在另外一种故障——常开触点粘连。在断电时用万用表测量，Y007 的输出端子果然与 COM2 是直通的。

故障处理：将电磁阀是 YV2b 从输出继电器 Y007 的端子和 COM2 上拆除，改接到备用端子 Y026 和 COM5 上，并通过手提电脑和编程电缆修改梯形图中有关的程序。

经验总结：这次维修走了一点弯路。在第一次拆开 PLC 时，如果顺便用万用表测量一下 Y007 内部继电器的常开触点，就很容易发现触点粘连的故障，可以避免再次拆卸和安装。

例 18　挡料机构不能动作

故障设备：MK2015/XC 型全自动内圆磨床。

PLC 型号：三菱 FX3U-64MR/ES(-A)。

故障现象：机床在进行循环加工过程中，挡料和放料机构不能动作，加工无法进行。

诊断分析：

① 将工作方式开关置于"调整"位置，用手动方式检查挡料和放料机构，仍然不能动作。从显示器的诊断页面中进行检查，没有发现任何提示。

② 在这台磨床中，挡料和放料动作由电磁阀 YV6 执行，YV6 由 PLC 的输出点 Y017 控制。

③ 在故障出现时，观察 Y017，输出指示灯是亮着的。但是安装在机床底部的 YV6 没有得电。进一步检查，其原因是 Y017 没有输出，这说明 Y017 内部的输出继电器可能损坏。

④ 查看 PLC 的接线图，Y024～Y027 这几个输出继电器外部没有接线，可以作为备用。于是通过笔记本电脑和编程电缆，将 PLC 程序中的 Y017 更改为 Y024，输出端子的接线也作了相应的改动。

⑤ 通电后再试，Y024 的指示灯亮了，但是故障现象不变，而且 Y024 也没有电压输出。怀疑其内部继电器不良，于是再将 Y024 更改为 Y025，还是没有电压输出。

⑥ 在三菱 FX3U-64MR/ES(-A) 型 PLC 中，输出端子 Y024～Y027 都处于第 5 输出组。在本例中使用 DC 24V 直流电源。分析认为，如果这个组别中没有接入电源，它们就不会有电压输出。

⑦ 检查实际接线，发现这个输出组的公共端子 COM5 没有连接，它必须接到 24V 直流

电源的端子 L－上。

故障处理：按图 9-15 接线，将 24V 直流电源的端子 L－与 COM5 相连接，机床恢复正常工作。

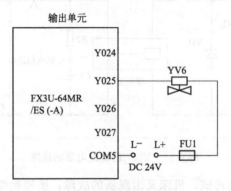

图 9-15　电磁阀 YV6 的改接

经验总结：当 PLC 采用分组输出时，每个输出组都有一个公共端子（如 COM1、COM2 等），这个端子必须连接到电源上，否则所控制的外部元件不能得电。

例 19　砂轮修整器没有倒下

故障设备：某数控高精度无心外圆磨床。

PLC 型号：三菱 FX3U-64MT/ES(-A)。

故障现象：机床使用不到一年时间，在自动加工过程中，进入砂轮修整工步时，砂轮修整器没有倒下，导致砂轮不能修整，后续工步也停止执行。

诊断分析：

① 查看电气接线图，在 PLC 的输出单元上，由输出端子 Y015 控制修整器电磁阀 YV8，有关的电路如图 9-16(a) 所示。

② 用万用表测量，端子 Y015 没有输出电压。进一步检查发现，这个端口内部的驱动晶体管烧坏。

③ 由于设备还在保修期之内，制造厂家派人来现场修理。他们更换了 PLC 输出板，机床恢复正常工作后便万事大吉了。结果使用不到半年时间，再次发生同样的故障。

④ 进一步检查，Y015 所控制的砂轮修整电磁阀，线圈电压是直流 24V，电流约 1.1A，属于感性负载。而在 PLC 输出单元内部，末级晶体管驱动感性负载时的额定电流仅为 0.5A。这是机床电气设计人员的疏漏！造成了"小马拉大车"、晶体管严重过载而烧坏。

故障处理：在这种情况下，如果只更换或修理 PLC 输出板，隐患没有排除，故障还会再次发生，因此必须对原来的电路进行局部改进。

① 将电磁阀 YV8 从原输出端子上拆除，用一只直流 24V、40mA 的继电器 KA1 接在 YV8 原来的位置上，这个负载对于 PLC 输出端的晶体管来说是绰绰有余。KA1 触点的额定电流是 5A，再用它控制 YV8 的线圈也是恰到好处。

② 由于继电器线圈和电磁阀都是感性负载，为安全起见，在继电器线圈和电磁阀线圈上，各反向并联一只续流二极管 VD1 和 VD2。改进后的电路见图 9-16(b)。

这样改进后，机床长期使用未出现同类故障。为了方便今后的工作，还需要将改动的部分电路在原来的图纸上做好记载。

经验总结：在 PLC 内部，输出元件（继电器、晶体管、晶闸管等）的额定输出电流都

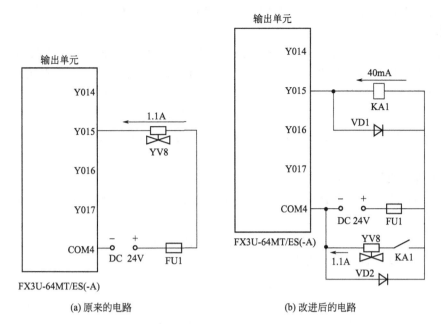

(a) 原来的电路　　　　　　　　　　(b) 改进后的电路

图 9-16　修整器电磁阀 YV8 的控制电路

比较小，多点输出时，每点为 0.2～0.3A。对 PLC 进行选型时，要考虑内部输出元件的额定输出电流，以及负载元件（继电器、接触器、电磁阀等）的额定电流，前者必须大于后者，否则会造成内部输出元件损坏。

例 20　上下料机械手误动作

故障设备：MK2015/XC 型全自动内圆磨床。

PLC 型号：三菱 FX3U-64MR/ES(-A)。

故障现象：在自动循环工作过程中，当砂轮正在对工件进行磨削时，上下料机械手突然带着工件旋转，使工件离开磨削位置，并造成机械手与砂轮碰撞的机械事故。

诊断分析：

① 图 9-17(a) 是 PLC 有关部分的控制原理图，PLC 的输出继电器 Y012 控制着电磁阀 YV5，进而控制上下料机械手。

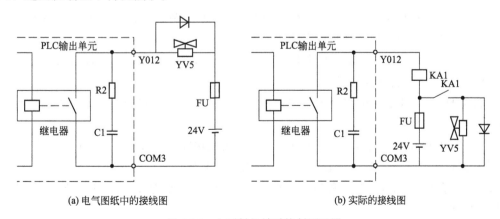

(a) 电气图纸中的接线图　　　　　　　　(b) 实际的接线图

图 9-17　上下料机械手控制原理图

② 在故障出现时观察 PLC，Y012 的指示灯没有亮，用万用表测量，Y012 与 COM3 之

间的电压为24V，这是正常的。但是YV5上始终有24V直流电压，这就不正常了，它造成电磁阀误动作。

③ 既然Y012没有输出电压，那么电磁阀上的电压从何而来呢？对照图纸对电控系统进行检查，发现实际情况与图纸有区别！图纸上是由PLC的输出点Y012直接控制电磁阀YV5，但是实际接线如图9-17（b）所示，Y012是控制一只微型继电器KA1，再由KA1的常开触点去控制YV5。其他几只电磁阀也是采用这种方式进行控制。

④ 进一步检查，发现KA1的常开触点粘连在一起，它造成电磁阀上始终有24V直流电压，从而失去了控制作用。

故障处理：更换继电器KA1。

经验总结：用于控制电路中的微型和小型继电器，容易出现线圈烧坏、触点粘连等故障，导致控制失误。

例21　送料机械手拒绝动作

故障设备：某全自动外圆磨床。

PLC型号：三菱 FX3U-64MT/ESS。

故障现象：在执行自动加工指令时，送料机械手拒绝动作，不能把待加工的工件送到电磁吸盘上，以致加工不能进行。与此同时，显示器上出现报警，提示送料器的动作没有在规定的时间内完成。

诊断分析：

① 将工作方式选择开关放在"调整"位置，用手动方式送料，还是不能动作。

② 查阅有关的电气图纸（图9-18），送料动作是靠电磁阀2SOL5驱动的。

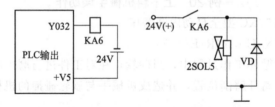

图9-18　送料机械手电气原理图

③ 用万用表测量，发现2SOL5根本没有通电。

④ 电磁阀是由PLC的输出点Y032和继电器KA6控制的。利用PLC的监视功能进行检查，Y032的状态为"1"，这是正常的。

⑤ 用万用表测量Y032端子上的电压，竟然是0V，这导致KA6不能吸合。由此断定Y032内部的输出继电器已经损坏。

故障处理：从PLC的接线图中可以看出，输出点Y036空置未用。这时可用两种方法进行处理：

① 打开PLC盖板，将Y032输出继电器的连接线切断，改接到Y036上，再将KA6的线圈改接到输出端子Y036上。此时无须修改PLC的程序。

② 通过手提电脑，将PLC程序中所有的Y032全部更改为Y036，再将KA6的线圈改接到Y036上。

例22　机械动作处于失控状态

故障设备：MK2015/XC型全自动内圆磨床。

PLC 型号：三菱 FX3U-64MR/ES(-A)。

故障现象：机床维修，更换了 PLC，并输入控制程序后，一些动作处于失控状态。

诊断分析：

① 将工作方式开关置于"调整"位置，检查各个单项动作，发现机械手不能动作。更为严重的是，当旋动"修整器"旋钮后，修整器倒下，此时磨架突然向左行走。这是一个很危险的错误动作，很容易造成修整器与砂轮相撞，损坏机床部件。

② 检查电控柜上的按钮、旋钮，都在正常状态。机床上的各种接近开关、限位开关也完好无损。

③ 当检修陷于迷途时，听机床操作员工反映，这台机床原来发生过故障，有两个输出端子损坏，由其他的维修人员更换了 PLC 输出端子，并修改了 PLC 程序。

④ 查看电气维修记录，输出端子的接线作了变动：Y006（磨架左行）被更改为 Y024；Y012（上下料机械手）被更改为 Y025。梯形图程序也作了相应的修改。

⑤ 但是，这次所更换的 PLC，还是使用原始程序，而输出端子的接线没有改回到原始状态。

故障处理：将两个输出端子的接线改回到原始状态。也就是说，将 Y024 改回到 Y006，Y025 改回到 Y012。

经验总结：对 PLC 等自动控制设备，必须建立技术档案，对历次的维修、变更作好记录，与有关人员进行技术交接。

例 23　往复座直接进入研磨位置

故障设备：3MZ3410D 型全自动外圈滚道超精机。

PLC 型号：FX3U-32MR/ES(-A)。

故障现象：超精机通电后，还没有进行任何操作，往复座就直接进入研磨位置，显然其动作处于失控状态。

诊断分析：

① 在这台超精机中，往复座由液压系统中的电磁阀 DT2 驱动，DT2 由 PLC 的输出端子 Y005 控制。

② 观察 Y005 端口，指示灯没有亮，说明其状态为"0"，但是 DT2 上附带的发光二极管亮了，电磁阀也动作了。

③ 用万用表测量，DT2 上确实有 24V 直流电压。这个现象说明：Y005 端口内部的微型继电器触点粘连，造成电磁阀误动作。

④ 这台 PLC 共有 16 个输出端子，在原来的设计图纸中，这些端子已经全部用完了，因此不能通过修改程序的方法更换输出端子。

故障处理：拆开 PLC，取出输出单元电路板，更换 Y005 内部的微型继电器。

经验总结：在选用 PLC 的机型时，输入和输出端子必须留有一定的余量（5%～10%），不能用得一个不剩。

例 24　工件电动机转速太慢

故障设备：HD7500 型变频器和 1.1kW 变频电动机，用于驱动工件电动机。

PLC 型号：三菱 FX3U-32MT/ESS。

故障现象：工作电动机的运转速度太慢，研磨完一个工件需要很长的时间。

诊断分析：

① 按照工艺要求，工件电动机的速度分为低速和高速两挡，但是现在没有出现高速，始终以低速旋转。

② 图 9-19 是工件电动机的控制原理图。在图 9-19(a) 中，PLC 的输出端子 Y006 和 Y007 控制继电器 KA1 和 KA2。在图 9-19(b) 中，KA1 的常开触点连接到变频器的频率控制端子 SS2 上，KA2 的常开触点连接到变频器的频率控制端子 SS3 上，SS1～SS3 共同作用，控制变频器的输出频率，进而控制工件电动机的转速。

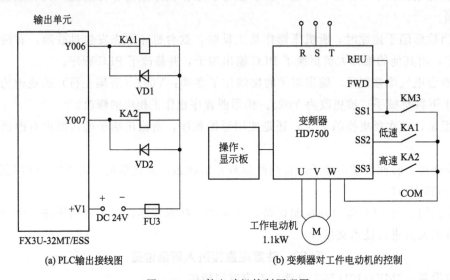

(a) PLC输出接线图   (b) 变频器对工件电动机的控制

图 9-19 工件电动机控制原理图

③ 观察输出端子 Y006 和 Y007 的状态，完全符合程序要求。这说明机床的控制程序没有问题。

④ 进一步检查，发现 KA2 未能吸合，其原因是 Y007 的接线螺钉松动，造成 KA2 不能得电，变频器的高速挡没有输出。

故障处理：拧紧松动的接线螺钉。

经验总结：在 PLC 的输入/输出端子中，接线端子松动是一种常见故障。

9.4.2 FX3U 型 PLC 的软件故障

例 25 高压电动机不能启动

故障设备：6kV/1000kW 高压三相交流异步电动机，用于驱动一台水泵。

PLC 型号：三菱 FX3U-48MT/ESS。

故障现象：启动十几秒钟后，高压断路器都因为速断保护动作而跳闸，电动机不能启动。

诊断分析：

① 高压电动机的主回路见图 9-20。启动时，真空接触器 KM2 首先闭合，将液态电阻 Ry 串入电动机定子回路，随着电动机的转速的上升，液体电阻均匀减小。电动机接近额定转速时，KM2 断开，液体电阻脱离定子回路，完成启动过程。同时 KM1 闭合，电动机进入连续运转状态。

② 在不连接电动机的情况下，对启动柜进行操作，接触器 KM1、KM2 的投切完全正

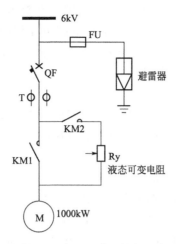

图 9-20　高压电动机的主回路

常，没有出现跳闸现象，这说明接线没有错误。

③ 对保护速断整定值重新进行核算，并与其他同型号电动机的整定值进行对比，确认整定值正确无误。

④ 采用交流伏安法对液体电阻进行测试，阻值满足电动机降压启动要求，可以有效地减小启动电流。

⑤ 对保护动作过程进行仔细观察，发现每次动作跳闸并不是发生在启动瞬间，而是发生在启动过程已经进行了十几秒的时刻，此时接触器 KM1、KM2 正在切换，由此怀疑 KM1、KM2 切换的时间太早。

⑥ 调出 PLC 程序中有关的定时器 T1（时钟脉冲为 100ms），可以看到定时值设置为 K120，启动时间

$$T = 120 \times 100\text{ms} = 12000\text{ms} = 12\text{s}$$

而在此时刻，电流表的指针还在启动电流的位置上摆动，没有回落的迹象。这说明启动过程并没有结束，KM1、KM2 切换的时间的确太早了。

故障处理：调整定时器的设置，经过几次试验，确定最合适的定时为 18s。从此之后电动机启动正常，故障不再出现。

经验总结：电动机的最佳启动时间，要根据电动机的功率、性能、启动电流、现场实际情况进行测算和试验。

例 26　上料后各项动作不能执行

故障设备：MK2015A 型全自动内圆磨床。

PLC 型号：三菱 FX3U-48MR/ES(-A)。

故障现象：机床通电后，进行自动循环磨削指令，但是在机械手上料之后，各项后续动作都不能执行。

诊断分析：

① 在出现故障的前一天，这台机床曾经发生过修整器不能倒下的故障，其原因是 PLC 的输出点 Y011 已经损坏，其内部的继电器触点不通，导致"修整"电磁阀不能通电。数控机床的维修人员利用手提电脑修改了 PLC 的程序，将 Y011 全部更换为备用输出点 Y015，故障得以排除。但是因为时间太晚，没有进行系统试车就下班了。

② 分析认为，故障可能与修改程序有关。因为在修改程序时，先把机床原来实际的PLC程序（程序A）全部删除了。然后对手提电脑中存储的程序（程序B）进行修改，将Y011全部更换为Y015后，再下载到机床的PLC中去。现在的问题是：程序B与实际所用的程序A是否完全相符？如果不相符，就可能出现上述故障，导致机床不能进行自动循环加工。

③ 查看程序B，共有5616个程序步。再将编程电缆连接到另一台同型号的机床（它也是来自同一厂家）查看，程序A只有5602步，这说明二者不完全相同，不能直接换用。

故障处理：从另一台机床上将程序A复制下来，并将Y011全部更换为Y015，再下载到故障机床的PLC中，此后机床恢复正常工作。

经验总结：使用PLC的设备在调试过程中，往往需要修改、变更程序，导致最后使用的实际程序与原始程序有所区别，所以一般不能用原始程序来替换实际程序。

例27　仪表架不能进入测量位置

故障设备：MK2015/XC型全自动内圆磨床。

PLC型号：三菱 FX3U-64MR/ES(-A)。

故障现象：机床在进行磨削循环加工过程中，仪表架不能进入测量位置，循环加工因此而停止。

诊断分析：

① 在这台机床中，仪表架的动作是由电磁阀YV9执行的，YV9由PLC的输出点Y014控制。

② 在故障出现时，观察Y014，其状态为"1"。再查看安装在机床底部的YV9，指示灯不亮，说明YV9没有得电。

③ 用万用表检查，YV9的确没有得电，其原因是Y014没有电压输出，这说明PLC内部有关的元器件损坏，需要进行更换。

④ 查看PLC的接线图，Y023等几个输出继电器外部没有接线，可以作为备用。于是通过笔记本电脑和编程电缆，将PLC程序中的Y014更改为Y023，输出端子外部的接线也作了相应的改动。

⑤ 通电后再试，手动状态下仪表架可以动作了，但是在半自动和自动状态下，仪表架出现新的故障现象，连续不断地"进入→退出→进入→退出"，显然，这种故障是由更改程序所引起的。

⑥ 从电脑中调出原梯形图的备份，认真地进行检查，发现Y023虽然没有外部接线，但是在原程序中已经作为内部继电器使用，所以用它来替换Y014会导致程序出错，机床出现异常动作。

故障处理：核对PLC的接线图和梯形图，发现Y024没有使用，于是用它替代Y014，使机床恢复了正常工作。

经验总结：

① 在PLC中，输出继电器的线圈只能使用一次，不能重复使用，否则会出现"双线圈"问题。

② 如果PLC的某个输出继电器空置，可以用它来替换已经损坏的输出继电器，但是不能贸然使用。在调用之前要查看梯形图，核实这个输出继电器是否已经作为内部辅助继电器使用。

例 28　不能执行操作指令

故障设备：3MK3420 型外圈滚道精研机。

PLC 型号：三菱 FX3U-64MT/ESS。

故障现象：机床通电后，不能执行任何操作指令。

诊断分析：

① 将工作方式开关置于"调整"位置，用手动方式检查机床的动作，挡料、放料、夹紧等动作正常，但是其他指令都不能执行。

② 打开电控柜，对 PLC 的工作状态进行观察。在输入信号到位的情况下，PLC 输出信号有一部分正常，其他部分则没有输出。

③ 经了解，这台机床已经停用了很长一段时间。检查 PLC 的电池，电压低于正常值，怀疑是 PLC 内部的程序丢失。

④ 读出机床程序后，与原来的程序对比，发现有一些变化。

故障处理：需要重新输入程序，操作步骤如下：

① 通过编程电缆，将超精机的 PLC 连接到手提电脑上。

② 打开机床 PLC 的梯形图或指令表，再点击主菜单中的"PLC"，再点击下拉菜单中的"PLC 存储器清除"，弹出"PLC 内存清除"对话框。

③ 这个对话框中有三个选项，分别是"PLC 存储空间""数据元件存储空间""位元件存储空间"，将它们全部勾选并确认。这样，CMOS RAM 用户读/写存储器中原有的程序和数据就被全部清除。

④ 将手提电脑中原来保存的 PLC 程序（3379 步）重新写入到 PLC 中。

⑤ 关断机床电源，重新送电启动，超精机恢复正常工作。

经验总结：在 PLC 中，CMOS RAM 存储器的内容由锂电池实行断电保护，一般能保持 5～10 年，带负载运行可以保持 2～5 年。如果长时间停用，会导致电池电压降低，造成用户程序和数据的丢失。

例 29　抓斗不受控制提前打开

故障设备：15T(32M) 浮式起重机。

PLC 型号：三菱 FX3U-32MR/UA1。

故障现象：这台起重机采用双卷筒结构，由两台 YZP355M2-10/90kW 的电动机分别驱动，一台为支持绳电动机，另一台为开闭绳电动机。电动机均采用 PLC 控制，变频器调速，可以进行抓斗作业和吊钩作业。

在调试过程中，进行抓斗作业，两台起升电动机在运行时可以同步，但是在停机制动时不能同步。当货物下放到适当位置，停机准备卸货时，抓斗不受司机控制而提前打开，货物失去控制掉落下来，险些造成安全事故。

诊断分析：

① 检查变频器的数码显示，没有出现报警信息，PLC 的故障指示灯也没有亮。

② 反复调节制动器的压力和行程，故障现象不变。由于制动器被调节得太紧，导致制动片与制动鼓摩擦发热。

③ 改用吊钩方式作业，故障现象不变。

④ 两台制动器的型号均为 YWZ2-600/200，对相关机构进行全面检查，没有发现底座松动和销轴松旷等异常情况。

⑤ 两台变频器的型号均为安川 CIMR-G7A4132。检查它们的运行状态，从运行到停止，频率的变化一致。用钳型电流表检测，两台电动机的电流相等。

⑥ 更换变频器的制动单元，也不能排除故障。

⑦ 查看 PLC 中起升电动机制动器的延时，定时器为 T3（时钟脉冲 100ms），设置值为 K200，即定时值

$$T = 200 \times 100\text{ms} = 20\text{s}$$

再查看变频器的参数设置，其中的减速时间为 40s。显然，PLC 中设置的时间与变频器的减速停止时间不匹配。在这种情况下，当 PLC 给出制动信号，让制动器进行制动时，变频器的减速过程远远没有结束，还在向电动机供电，让电动机继续转动，导致制动失效。

故障处理：将 PLC 中定时器的延迟时间改为 30s。这样，当电动机在变频器控制下经过 30s 减速，离停止还有 10s 时，PLC 输出信号，制动器进行制动。这时电动机转速很慢，制动有效可靠，故障不再出现。

经验总结：在这起故障中，硬件没有问题，只是变频器与 PLC 的参数设置不匹配。在使用 PLC 和变频器这些新型的电控设备时，要熟悉参数的查找和设置方法，积累相关的经验。

例 30 伺服电动机速度失控

故障设备：3MK3420 型外圈滚道精研机。

PLC 型号：三菱 FX3U-64MT/ESS。

故障现象：机床的进给轴在运动时，伺服电动机的速度失去控制，以极快的速度运转，很快就到达极限位置，造成工件尺寸出现严重的误差。

诊断分析：

① 这台机床已经停用了一段时间。进行直观检查，所有的接近开关都在正常状态，也没有发现其他的明显问题。

② 将显示器切换到报警页面，没有看到任何报警内容。

③ 查看"参数"页面中的加工参数，出现了很大的变化，如表 9-3 所示。

表 9-3 加工参数的变化

项目	原来的设置	现在的数据
粗超低速	$2000\mu\text{m/s}$	$5000\mu\text{m/s}$
粗超高速	$3000\mu\text{m/s}$	$5000\mu\text{m/s}$
精超低速	$4000\mu\text{m/s}$	$6000\mu\text{m/s}$
精超高速	$5000\mu\text{m/s}$	$6000\mu\text{m/s}$
往复行程量	$4860\mu\text{m}$	$30000\mu\text{m}$

④ 分析故障原因，很可能是 PLC 停用的时间太长，导致用户程序存储器中的加工参数被丢失。

故障处理：在显示器的"参数"页面中，利用数据小键盘，按照原来的数据，重新设置加工参数。此后故障不再出现。

经验总结：PLC 等自动控制设备，如果停止使用的时间太长，内部的用户参数可能丢失或发生变化。

例 31　自动加工时砂轮不修整

故障设备：MK2015A 型全自动内圆磨床。

PLC 型号：三菱 FX3U-48MR/ES(-A)。

故障现象：在这台磨床中，砂轮的修整采用"计数修整"方式。在自动加工时，当工件磨削完毕后，磨架退出并向右行驶，此时修整器应该倒下，对砂轮进行修整。但是修整器没有倒下，加工自行停止。

诊断分析：

① 在"调整"状态下，用手动方式控制修整器的"倒下"和"抬起"，修整器动作正常，这说明修整器的液压和机械部分没有故障。

② 在"自动"状态下，按下"请求修整"按钮，PLC 输出继电器中的 Y005（修整速度）、Y003（修整指示）得电，磨架带着砂轮往复运动，修整器则按照指令对砂轮进行有序地修整，这说明 PLC 中的输出继电器 Y005、Y003 都在完好状态。

③ 修整器的动作由"修整左位"接近开关 SQ3（连接到 PLC 的输入端子 X025）控制。当磨架向右行驶时，SQ3 能正常地发送信号，X025 有相应的指示，显然 SQ3 也在完好状态。

④ 在排除外围元件的故障后，分析认为 PLC 中的控制程序发生了变化，在自动加工时不能执行"砂轮修整"的指令。

故障处理：

① 使用手提电脑和编程电缆（带有 RS-232/RS-422 转换功能的 SC-09 型专用编程电缆），将机床 PLC 中的梯形图程序全部清除；

② 将手提电脑中的备份程序下载到 PLC 中；

③ 关断机床电源，然后重新送电，使下载的程序生效。

这样处理后，机床恢复正常工作。

经验总结：PLC 在使用过程中，偶尔也会出现控制程序发生变化的情况，因此必须将原始程序妥善地保存到电脑中。

例 32　磨架退出后停止移动

故障设备：MK2015/XC 型全自动内圆磨床。

PLC 型号：三菱 FX3U-64MR/ES(-A)。

故障现象：机床在"自动循环"方式下进行磨削加工。当工件磨削完毕后，磨架应该退出并向右侧行走，但是磨架退出后就停止移动，不能向右行走。

诊断分析：

① 观察 PLC 输出单元的指示灯，发现 Y006 和 Y007 都亮了，说明状态都是"1"。Y007 用于控制"磨架右行"电磁阀 YV2b，此时为"1"是正确的；但是 Y006 用于控制"磨架左行"电磁阀 YV2a，此时为"1"是错误的。而且 Y006 和 Y007 在程序上是互相联锁的，它们不应该同时为"1"。

② 检查机床侧的元件，没有发现异常现象。怀疑 PLC 的控制程序出现差错，于是使用手提电脑和专用编程电缆，将机床 PLC 中的梯形图程序全部清除，再将电脑中的备份程序下载到 PLC 中。

③ 关断机床电源后，重新送电试机，原来的故障排除了，但是又出现新的故障：刚刚进行磨削，还不到 1s，磨架就带着砂轮退出来了。

④ 怀疑是 PLC 重装程序后，加工参数发生了变化。于是将显示器切换到"参数"页

面，检查各项参数，没有发现有任何变化。重新设置各项参数，还是不能排除故障。

⑤ 在不久之前，这台机床曾出现砂轮不能修整的故障，其原因是 PLC 中的程序发生变化。这次又出现上述故障，而且重装程序无效，分析可能是 PLC 中的 CPU 芯片不正常，导致加工程序紊乱。

⑥ 试用另一台同型号机床的 PLC 替换后，故障就不再出现了，由此证实故障确实存在于 PLC 中。

故障处理：重新购置一台三菱 FX3U-64MR/ES(-A) 型 PLC。

例 33　印花机出现花型错位

故障设备：步进电动机，用于驱动某印花机的导带。

PLC 型号：三菱 FX3U-80MR/DS。

故障现象：印花机按照自动循环程序运行，当印版处在印花下限位时，导带自行前进，造成花型错位，并将导带撕裂。

诊断分析：

① 印花机由 PLC 实行自动控制。如图 9-21 所示，只有在接到印版上限位信号 M007C 之后，导带前进指令 Y036 才能输出控制信号，向同步控制器发出导带前进指令。

图 9-21　导带前进控制梯形图

② 查看印版的上限位输入信号，指示灯不亮。用万用表测量，的确没有这个输入信号，这是正确的。再查看导带前进指令信号 Y036，指示灯亮了，这是不正常的。这说明 PLC 主控单元的内部有故障。

③ 在现场诊断故障的过程中，发现印花机电控柜的零线与地线共用（PEN 线），并与印花机的金属外壳相连接。此时机器旁边正在安装其他设备，且有两台电焊机在工作，电焊机的电源接在印花机电控柜总开关下方，它的地线也连接到印花机的金属外壳上。

④ 检查电控柜的 PEN 线，已经被电焊机的大电流烧坏。电焊机的脉动电流又形成一个强大的干扰源，进入 PLC 中，破坏了 PLC 所存储的程序，导致 PLC 不能正常工作。

故障处理：拆除电焊机的电源线和地线，接通电控柜 PEN 线，再将 PLC 的程序全部清零，然后重新输入原来的控制程序。再次开机后，故障没有出现。

经验总结：当 PLC 附近有焊接设备在工作时，其负载电流中含有大量的高次谐波，会对 PLC 的自动控制产生严重干扰。

例 34　换刀后刀台未锁紧

故障设备：某精加工车床中的换刀装置。

PLC 型号：三菱 FX3U-80MT/DSS。

故障现象：换刀后，出现故障报警，提示"换刀后刀台未锁紧"。

诊断分析：

① 检查有关的接近开关，发现"预分度接近开关"（连接到 PLC 的输入点 X032）的状态为"0"，"锁紧接近开关"（连接到 PLC 的输入点 X021）的状态也是"0"。再检查刀台电动机接触器，没有吸合，其原因是中间继电器线圈损坏。

② 更换继电器后，每次执行换刀指令时，刀台只能转动一点点，然后就停止下来，并

出现另一种故障报警，提示"未找到刀位"。检查刀台有关输入点 X020～X027 的信号，有时正常，有时不正常。

③ 检查刀台有关的定时器 T24，设置值是 0。T24 的作用是决定转动时间，肯定不能设置为 0。

故障处理：进行正确的设置后，故障得以排除。

经验总结：在自动控制系统中，如果 PLC 中使用了某一个定时器，则定时器的设置值一般不能为"0"。

例 35　工作台回转时出现报警

故障设备：某全自动铣床。

PLC 型号：三菱 FX3U-80MT/DS。

故障现象：这台铣床在自动加工过程中，当回转工作台回转时，出现故障报警，提示回转工作台过载。

诊断分析：

① 测量回转工作台的电流，超过了电动机的额定值。

② 观察故障现象，发现工作台刚一开始抬起便进行回转，两个动作之间没有间歇，这说明工作台根本没有上升到规定的位置。

③ 检查液压系统，油路畅通无阻，压力已达到规定值。

④ 工作台抬起的动作是通过 PLC 程序来实现的，且抬起需要一定的时间。这个时间在定时器 T201 中设置。

⑤ 对 PLC 程序进行检查，T201 的定时设置为 K50，时钟脉冲为 10ms，定时值

$$T = 10\text{ms} \times 50 = 500\text{ms} = 0.5\text{s}$$

这个时间太短，工作台无法到达规定的位置。

故障处理：调整工作台抬起动作的定时值，由原来的 0.5s 改为 2s 后，故障得以排除。

例 36　未操作就出现故障报警

故障设备：某全自动精加工车床。

PLC 型号：三菱 FX3U-80MT/DSS。

故障现象：接通电源后，还没有进行任何操作，显示器上就出现故障报警，提示 X 轴到达正、负极限位置。

诊断分析：

① 当报警出现时，车床刚刚通电，还没有运动，根本没有到达极限位置。

② 按下复位键后，报警被清除，机床恢复正常工作。但是如果关断电源后再通电开机，又会出现同样的故障现象。

③ 查看有关部位的 PLC 梯形图，如图 9-22（a）所示。当内部继电器 M10（限位报警）的状态为"1"时，就会出现上述报警。

④ 在梯形图中，第二行输入信号中的 X014 所反映的是轴移动命令，在没有进行任何操作时，它的状态为"0"，所以这一路信号不会使 M10 的状态为"1"。只有第一行的信号才有可能使 M10 的状态为"1"，而在这一行中，X016 是 X 轴正向限位开关输入信号，它出现异常情况的可能性比较大。

⑤ 分析认为，按下复位键清除报警后，机床可以恢复正常工作。这说明 M10 的状态并不总是为"1"，而只是在开机的瞬间为"1"，也说明 X016 只是在开机瞬间不正常。

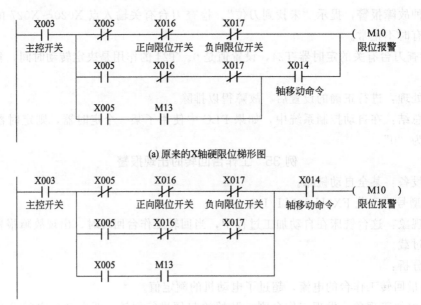

(a) 原来的X轴硬限位梯形图

(b) 改进之后的X轴硬限位梯形图

图 9-22　X 轴硬限位梯形图

⑥ 这种情况是完全可能的，在主控开关 X003 接通的情况下，在开机瞬间，X016 处于常闭状态，然后通过一系列的逻辑控制，才能使 X016 的常闭触点断开（这一控制过程在图中未反映），这需要若干毫秒的时间。但是，M10 是软继电器，得电动作的时间在微秒级，所以在开机瞬间，M10 就被置于"1"，造成上述报警。

故障处理：按图 9-22(b) 进行改进，使 M10 始终受到 X014 的控制。此后如果没有轴的移动命令，X014 就不会接通，限位报警继电器 M10 就不会置"1"，这样消除了报警，机床恢复正常工作。

经验总结：在此例中，通过对 PLC 梯形图的仔细分析，找到了故障的根源（在开机瞬间，正向限位开关 X016 来不及动作，内部继电器 M10 就被提前置于"1"），通过修改梯形图程序，正确地排除了故障。

附录

附录 1　FX3U 系列 PLC 的特殊辅助继电器

功能	编号	名称
PLC 状态	M8000	RUN 监控（a 触点）
	M8001	RUN 监控（b 触点）
	M8002	初始脉冲（a 触点）
	M8003	初始脉冲（b 触点）
	M8004	错误发生
	M8005	电池电压降低
	M8006	电池电压降低锁存
	M8007	检测出瞬间停止
	M8008	检测出停电中
	M8009	DC 24V 掉电
时钟 （脉冲）	M8011	10ms 时钟
	M8012	100ms 时钟
	M8013	1s 时钟
	M8014	1min 时钟
	M8015	停止计时以及预置，实时时钟用
	M8016	时间读出后的显示被停止，实时时钟用
	M8017	±30s 的修正，实时时钟用
	M8018	检测出安装（一直为 ON），实时时钟用
	M8019	实时脉冲（RTC）错误，实时时钟用

功能	编号	名称
标志位	M8020	零位标志
	M8021	借位标志
	M8022	进位标志
	M8024	指定 BMOV 方向
	M8025	HSC 模式
	M8026	RAMP 模式
	M8027	PR 模式
	M8028	执行 PROM/TO 指令时允许中断
	M8029	执行指令结束标志
PLC 模式	M8030	电池 LED 灭灯指示
	M8031	非保持内存全部清除
	M8032	保持内存全部清除
	M8033	内存保持停止
	M8034	全部输出禁止
	M8035	强制 RUN 模式
	M8036	强制 RUN 指令
	M8037	强制 STOP 指令
	M8038	参数的设置
	M8039	恒定扫描模式
步进梯形图信号报警器	M8040	禁止转移
	M8041	开始转移
	M8042	启动脉冲
	M8043	零点回归完成
	M8044	原点条件
	M8045	禁止所有输出复位
	M8046	STL 状态动作
	M8047	STL 监控有效
	M8048	信号报警器动作
	M8049	信号报警器有效
禁止中断	M8050	输入中断,I00□禁止
	M8051	输入中断,I10□禁止
	M8052	输入中断,I20□禁止
	M8053	输入中断,I30□禁止
	M8054	输入中断,I40□禁止
	M8055	输入中断,I50□禁止
	M8056	计数器中断,I60□禁止
	M8057	计数器中断,I70□禁止

续表

功能	编号	名称
禁止中断	M8058	计数器中断,I80□禁止
	M8059	计数器中断禁止
出错检测	M8060	I/O 配置出错
	M8061	PLC 硬件出错
	M8062	PLC/PP 通信出错,串行通信错误 0(通道 0)
	M8063	串行通信错误 1(通道 1)
	M8064	参数出错
	M8065	语法出错
	M8066	回路出错
	M8067	运算出错
	M8068	运算出错锁存
	M8069	I/O 总线检测
并联链接	M8070	并联链接,请在主站时驱动
	M8071	并联链接,请在子站时驱动
	M8072	并联链接,运行过程中接通
	M8073	并联链接,当 M8070/M8071 设定错误时接通
采样跟踪	M8075	采样跟踪准备开始指令
	M8076	采样跟踪执行开始指令
	M8077	采样跟踪执行中监控
	M8078	采样跟踪执行结束监控
	M8079	采样跟踪系统区域
标志位	M8090	BKCMP 指令,块比较信号
	M8091	COMRD、BINDA 指令,输出字符数切换信号
高速环形计数器	M8099	高速环形计数器动作
内存信息	M8104	安装有功能扩展存储器时接通
	M8105	在 RUN 状态写入时接通
	M8107	软元件注释登录确认
输出刷新错误	M8109	输出刷新错误
RS· 计算机链接 (通道 1)	M8121	RS 指令,发送待机标志位
	M8122	RS 指令,发送请求
	M8123	RS 指令,接收结束标志位
	M8124	RS 指令,载波检测标志位
	M8126	计算机链接(通道 1)全局 ON
	M8127	计算机链接(通道 1)下位通信请求发送中
	M8128	计算机链接(通道 1)下位通信请求错误标志位
	M8129	计算机链接(通道 1)下位通信请求字/字节切换
		RS 指令,判断超时标志位

功能	编号	名称
高速计数器 比较 高速表格	M8130	HSZ 指令,表格比较模式
	M8131	上一项(M8130)的执行结束标志位
	M8132	HSZ、PLSY 指令,速度模型模式
	M8133	上一项(M8132)的执行结束标志位
	M8138	AHCT 指令执行结束标志
	M8139	HSCS、HSCR、HSZ、HSCT 指令,高速计数器比较指令执行中
	M8140	ZRN 指令,CLR 信号输出功能有效
	M8145	[Y000]脉冲输出停止指令
	M8146	[Y001]脉冲输出停止指令
	M8147	[Y000]脉冲输出中的监控(BUSY/READY)
	M8148	[Y001]脉冲输出中的监控(BUSY/READY)
变频器 通信功能	M8151	变频器通信中[CH1]
	M8152	变频器通信出错[CH1]
	M8153	变频器通信出错锁定[CH1]
	M8154	IVBWR 指令错误[CH1]
	M8156	EXTR 指令中,发生通信错误或参数错误
	M8157	变频器通信出错[CH2]
		EXTR 指令中发生的通信错误被锁定
	M8158	变频器通信出错锁定[CH2]
	M8159	IVBWR 指令错误[CH2]
扩展功能	M8160	XCH 的 SWAP 功能
	M8161	8 位处理模式
	M8162	高速并联链接方式
	M8164	FRON 指令,传送点数可改变模式
	M8165	SORT2 指令,降序排列
	M8167	HKY 指令,处理 HEX 数据的功能
	M8168	SMOV 指令,处理 HEX 数据的功能
脉冲捕捉	M8170	输入 X000 脉冲捕捉
	M8171	输入 X001 脉冲捕捉
	M8172	输入 X002 脉冲捕捉
	M8173	输入 X003 脉冲捕捉
	M8174	输入 X004 脉冲捕捉
	M8175	输入 X005 脉冲捕捉
	M8176	输入 X006 脉冲捕捉
	M8177	输入 X007 脉冲捕捉

续表

功能	编号	名称
通信端口的 通道设定	M8178	并行链接,通道切换(OFF:通道 1;ON:通道 2)
	M8179	简易 PLC 之间链接,通道切换
简易 PLC 之间链接	M8183	数据传送顺序错误(主站)
	M8184	数据传送顺序错误(1 号站)
	M8185	数据传送顺序错误(2 号站)
	M8186	数据传送顺序错误(3 号站)
	M8187	数据传送顺序错误(4 号站)
	M8188	数据传送顺序错误(5 号站)
	M8189	数据传送顺序错误(6 号站)
	M8190	数据传送顺序错误(7 号站)
	M8191	数据传送顺序执行中
高速计数器 倍增的指定	M8198	C251、C252、C254 用 1 倍/4 倍的切换
	M8199	C253、C255、C253(OP)用 1 倍/4 倍的切换
加减计数器方向	M8200～M8234	C200～C234 计数器方向
高速计数器方向	M8235～M8255	C235～C255 计数器方向
模拟量 特殊适配器	M8260～M8269	第 1 台的特殊适配器
	M8270～M8279	第 2 台的特殊适配器
	M8280～M8289	第 3 台的特殊适配器
	M8290～M8299	第 4 台的特殊适配器
标志位	M8304	乘法运算结果为 0 时,置 ON
	M8306	除法运算结果溢出时,置 ON
I/O 未安装 错误提示	M8312	实时时钟时间数据丢失错误
	M8316	I/O 未安装指定错误
	M8318	BFM 的初始化失败
	M8323	要求内置 CC-Link/LT 配置
	M8324	内藏 CC-Link/LT 配置结束
	M8328	指令不执行
	M8329	指令执行异常结束
定时时钟	M8330	DUTY 指令 定时时钟的输出 1
	M8331	DUTY 指令 定时时钟的输出 2
	M8332	DUTY 指令 定时时钟的输出 3
	M8333	DUTY 指令 定时时钟的输出 4
	M8334	DUTY 指令 定时时钟的输出 5
定位	M8336	DVIT 指令 中断输入指定功能有效
	M8338	PLSV 指令 加减速动作
	M8340	Y000 专用脉冲输出的监控
	M8341	Y000 专用清除信号输出功能有效

功能	编号	名称
定位	M8342	Y000 专用指定原点回归方向
	M8343	Y000 专用正转限位
	M8344	Y000 专用反转限位
	M8345	Y000 专用近点 DOG 信号逻辑反转
	M8346	Y000 专用零点信号逻辑反转
	M8347	Y000 专用中断信号逻辑反转
	M8348	Y000 专用定位指令驱动中
	M8349	Y000 专用脉冲输出停止指令
	M8350	Y001 专用脉冲输出的监控
	M8351	Y001 专用清除信号输出功能有效
	M8352	Y001 专用指定原点回归方向
	M8353	Y001 专用正转限位
	M8354	Y001 专用反转限位
	M8355	Y001 专用近点 DOG 信号逻辑反转
	M8356	Y001 专用零点信号逻辑反转
	M8357	Y001 专用中断信号逻辑反转
	M8358	Y001 专用定位指令驱动中
	M8359	Y001 专用脉冲输出停止指令
	M8360	Y002 专用脉冲输出的监控
	M8361	Y002 专用清除信号输出功能有效
	M8362	Y002 专用指定原点回归方向
	M8363	Y002 专用正转限位
	M8364	Y002 专用反转限位
	M8365	Y002 专用近点 DOG 信号逻辑反转
	M8366	Y002 专用零点信号逻辑反转
	M8367	Y002 专用中断信号逻辑反转
	M8368	Y002 专用定位指令驱动中
	M8369	Y002 专用脉冲输出停止指令
	M8370	Y003 专用脉冲输出的监控
	M8371	Y003 专用清除信号输出功能有效
	M8372	Y003 专用指定原点回归方向
	M8373	Y003 专用正转限位
	M8374	Y003 专用反转限位
	M8375	Y003 专用近点 DOG 信号逻辑反转
	M8376	Y003 专用零点信号逻辑反转
	M8377	Y003 专用中断信号逻辑反转
	M8378	Y003 专用定位指令驱动中
	M8379	Y003 专用脉冲输出停止指令

续表

功能	编号	名称
高速计数器功能	M8380	C235、C241、C244、C247、C249、C251、C252、C254 的动作状态
	M8381	C236 的动作状态
	M8382	C237、C242、C245 的动作状态
	M8383	C238、C248、C250、C253、C255 的动作状态
	M8384	C239、C243 的动作状态
	M8385	C240 的动作状态
	M8386	C244(OP)的动作状态
	M8387	C245(OP)的动作状态
	M8388	高速计数器的功能变更用触点
	M8389	外部复位输入的逻辑切换
	M8390	C244 用功能切换软元件
	M8391	C245 用功能切换软元件
	M8392	C248、C253 用功能切换软元件
中断程序	M8393	设定延迟时间所用的触点
	M8394	HCMOV 中断程序所用的驱动触点
	M8395	C254 用功能切换软元件
环形计数器	M8398	1ms 的环形计数(32 位)动作
RS2(通道 1)	M8401	RS2(通道 1)发送待机标志位
	M8402	RS2(通道 1)发送请求
	M8403	RS2(通道 1)接收结束标志位
	M8404	RS2(通道 1)载波的检测标志位
	M8405	RS2(通道 1)数据设定准备就绪(DSR)标志位
	M8409	RS2(通道 1)判断超时的标志位
RS2(通道 2)	M8421	RS2(通道 2)发送待机标志位
	M8422	RS2(通道 2)发送请求
	M8423	RS2(通道 2)接收结束标志位
	M8424	RS2(通道 2)载波的检测标志位
	M8425	RS2(通道 2)数据设定准备就绪(DSR)标志位
	M8426	计算机链接(通道 2),全局 ON
	M8427	计算机链接(通道 2),下位通信请求发送中
	M8428	计算机链接(通道 2),下位通信请求错误标志位
	M8429	RS2(通道 2)判断超时的标志位
		计算机链接(通道 2),下位通信请求字/字节的切换
出错检测	M8438	串行通信错误 2(通道 2)
	M8449	特殊模块出错标志位(通道 2)

续表

功能	编号	名称
定位	M8460	DVIT 指令，Y000 用户中断输入指令
	M8461	DVIT 指令，Y001 用户中断输入指令
	M8462	DVIT 指令，Y002 用户中断输入指令
	M8463	DVIT 指令，Y003 用户中断输入指令
	M8464	DSZR、ZRN 指令，Y000 清除信号软元件指定功能有效
	M8465	DSZR、ZRN 指令，Y001 清除信号软元件指定功能有效
	M8466	DSZR、ZRN 指令，Y002 清除信号软元件指定功能有效
	M8467	DSZR、ZRN 指令，Y003 清除信号软元件指定功能有效
出错检测	M8487	USB 通信错误
	M8489	特殊参数错误

附录 2　FX3U 系列 PLC 的特殊数据寄存器

功能	编号	名称
PLC 状态	D8000	监控定时器
	D8001	PLC 类型和系统版本
	D8002	存储器容量
	D8003	存储器种类
	D8004	出错特殊 M 地址
	D8005	电池电压
	D8006	电池电压降低等级检测
	D8007	检测出瞬间停止
	D8008	检测出停电时间
	D8009	DC 24V 掉电单元编号
时钟脉冲	D8010	扫描当前值
	D8011	扫描时间的最小值
	D8012	扫描时间的最大值
	D8013	0～59s 设置值
	D8014	0～59min 设置值
	D8015	0～23h 设置值
	D8016	1～31 日设置值
	D8017	1～12 月设置值
	D8018	公历年号设置值
	D8019	星期日～星期六设置值
输入滤波器	D8020	X000～X017 输入滤波器的设定值(初始值 10ms)

续表

功能	编号	名称
变址寄存器	D8028	Zo(Z)寄存器内容
	D8029	Vo(V)寄存器内容
恒定扫描	D8039	恒定扫描时间
步进梯形图信号报警器	D8040	ON 状态编号 1
	D8041	ON 状态编号 2
	D8042	ON 状态编号 3
	D8043	ON 状态编号 4
	D8044	ON 状态编号 5
	D8045	ON 状态编号 6
	D8046	ON 状态编号 7
	D8047	ON 状态编号 8
	D8049	ON 状态最小编号
出错检测	D8060	I/O 配置出错
	D8061	PLC 硬件出错的错误代码编号
	D8062	PLC/PP 通信出错的错误代码编号
		串行通信出错 0(通道 0)的错误代码编号
	D8063	串行通信出错 1(通道 1)的错误代码编号
	D8064	参数出错的错误代码编号
	D8065	语法出错的错误代码编号
	D8066	梯形图出错的错误代码编号
	D8067	运算出错的错误代码编号
	D8068	发生运算错误的步编号锁存
	D8069	M8065～M8067 的错误步编号
并联链接	D8070	判断并联链接错误的时间(500ms)
采样跟踪	D8074	剩余采样次数
	D8075	采样次数设定
	D8076	设置采样跟踪的采样周期
	D8077	指定触发器
	D8078	触发条件设置
	D8079	取样数据指针
	D8080	位元件号 NO.0
	D8081	位元件号 NO.1
	D8082	位元件号 NO.2
	D8083	位元件号 NO.3
	D8084	位元件号 NO.4
	D8085	位元件号 NO.5
	D8086	位元件号 NO.6

续表

功能	编号	名称
采样跟踪	D8087	位元件号 NO.7
	D8088	位元件号 NO.8
	D8089	位元件号 NO.9
	D8090	位元件号 NO.10
	D8091	位元件号 NO.11
	D8092	位元件号 NO.12
	D8093	位元件号 NO.13
	D8094	位元件号 NO.14
	D8095	位元件号 NO.15
	D8096	字元件号 NO.0
	D8097	字元件号 NO.1
	D8098	字元件号 NO.2
高速环形计数器	D8099	0～32767 递增动作的高速环形计数器
内存信息	D8101	PLC类型及系统版本
	D8102	内存容量
	D8104	功能扩展内固有的机型代码
	D8105	功能扩展内存的版本
	D8107	软元件注释登录数
	D8108	特殊模块的连接台数
输出刷新错误	D8109	发生输出刷新错误的 Y 编号
RS·计算机链接（通道1）	D8120	RS指令·计算机链接(通道1)设定通信格式
	D8121	计算机链接(通道1)设定站号
	D8122	RS指令 发送数据的剩余点数
	D8123	RS指令 接收点数的监控
	D8124	RS指令 标题(初始值:STX)
	D8125	RS指令 终端(初始值:ETX)
	D8127	计算机链接(通道1)指令下位通信请求(ON Demand)的起始编号
	D8128	计算机链接(通道1)指令下位通信请求(ON Demand)的数据数
	D8129	RS指令 计算机链接(通道1)设定超时时间
高速计数器比较高速表格	D8130	HSZ指令 高速比较表格计数器
	D8131	HSZ、PLSY指令 速度模式表格计数器
	D8132	HSZ、PLSY指令 速度模式频率(低位)
	D8133	HSZ、PLSY指令 速度模式频率(高位)
	D8134	HSZ、PLSY指令 速度模式目标脉冲数(低位)
	D8135	HSZ、PLSY指令 速度模式目标脉冲数(高位)
	D8136	PLSY、PLSR指令 输出到 Y0、Y1 的脉冲合计数累计(低位)
	D8137	PLSY、PLSR指令 输出到 Y0、Y1 的脉冲合计数累计(高位)

续表

功能	编号	名称
高速计数器 比较 高速表格	D8138	HSCT 指令 表格计数器
	D8139	HSCS、HSCR、HSZ、HSCT 指令 执行中的指令数
	D8140	PLSY、PLSR 指令 输出到 Y000 的脉冲累计数(低位)
	D8141	PLSY、PLSR 指令 输出到 Y000 的脉冲累计数(高位)
	D8142	PLSY、PLSR 指令 输出到 Y001 的脉冲累计数(低位)
	D8143	PLSY、PLSR 指令 输出到 Y001 的脉冲累计数(高位)
	D8145	ZRN、DRVI、DRVA 指令执行时的偏差速度(初始值 0)
	D8146	ZRN、DRVI、DRVA 指令 最高速度(低位)
	D8147	ZRN、DRVI、DRVA 指令 最高速度(高位)
	D8148	ZRN、DRVI、DRVA 指令 加减速时间
变频器通信功能	D8150	变频器通信的响应等待时间(通道 1)
	D8151	变频器通信中的步编号(通道 1)
	D8152	变频器通信的错误代码(通道 1)
	D8153	变频器通信中错误步的锁存(通道 1)
	D8154	IVBWR 指令中发生错误的参数编号(通道 1) EXTR 指令的响应等待时间
	D8155	变频器通信的响应等待时间(通道 2) EXTR 指令的通信中的步编号
	D8156	变频器通信中的步编号(通道 2) EXTR 指令的错误代码
	D8157	变频器通信中的错误代码(通道 2) EXTR 指令的错误步锁存
	D8158	变频器通信中的错误步锁存(通道 2)
	D8159	IVBWR 指令中发生错误的参数编号(通道 2)
扩展功能	D8164	指定 FROM、TO 的传送点数
	D8166	特殊模块错误情况
	D8169	限制存取的状态
简易 PLC 之间链接	D8173	相应的站号的设定状态
	D8174	通信子站的设定状态
	D8175	刷新范围的设定状态
	D8176	设定相应站号
	D8177	设定通信的子站数
	D8178	设定刷新范围
	D8179	重试的次数
	D8180	监视时间

续表

功能	编号	名称
变址寄存器	D8182	Z1 寄存器的内容
	D8183	V1 寄存器的内容
	D8184	Z2 寄存器的内容
	D8185	V2 寄存器的内容
	D8186	Z3 寄存器的内容
	D8187	V3 寄存器的内容
	D8188	Z4 寄存器的内容
	D8189	V4 寄存器的内容
	D8190	Z5 寄存器的内容
	D8191	V5 寄存器的内容
	D8192	Z6 寄存器的内容
	D8193	V6 寄存器的内容
	D8194	Z7 寄存器的内容
	D8195	V7 寄存器的内容
简易 PLC 之间链接（监控）	D8201	当前的链接扫描时间
	D8202	最大的链接扫描时间
	D8203	数据传送顺序错误计数（主站）
	D8204	数据传送顺序错误计数（站 1）
	D8205	数据传送顺序错误计数（站 2）
	D8206	数据传送顺序错误计数（站 3）
	D8207	数据传送顺序错误计数（站 4）
	D8208	数据传送顺序错误计数（站 5）
	D8209	数据传送顺序错误计数（站 6）
	D8210	数据传送顺序错误计数（站 7）
	D8211	数据传送错误代号（主站）
	D8212	数据传送错误代号（站 1）
	D8213	数据传送错误代号（站 2）
	D8214	数据传送错误代号（站 3）
	D8215	数据传送错误代号（站 4）
	D8216	数据传送错误代号（站 5）
	D8217	数据传送错误代号（站 6）
	D8218	数据传送错误代号（站 7）
模拟量特殊适配器	D8260～D8269	第 1 台的特殊适配器
	D8270～D8279	第 2 台的特殊适配器
	D8280～D8289	第 3 台的特殊适配器
	D8290～D8299	第 4 台的特殊适配器

续表

功能	编号	名称
显示模块 (FX3U-7DM)功能	D8300	显示模块用 控制软元件(D)
	D8301	显示模块用 控制软元件(M)
	D8302	设定显示语言
	D8303	LCD 对比度设定值
RND	D8310	RND 生成随机用数据(低位)
	D8311	RND 生成随机用数据(高位)
错误代码	D8312	发生运算错误的步编号锁存(低位)
	D8313	发生运算错误的步编号锁存(高位)
	D8314	M8065～M8067 的错误步编号(低位)
	D8315	M8065～M8067 的错误步编号(高位)
	D8316	未安装 I/O 号码指定的命令步号码(低位)
	D8317	未安装 I/O 号码指定的命令步号码(高位)
	D8318	BFM 初始化功能发生错误的单元号
	D8319	BFM 初始化功能发生错误的 BFM 号
定时时钟	D8330	DUTY 指令 定时时钟输出 1 所用扫描数的计数器
	D8331	DUTY 指令 定时时钟输出 2 所用扫描数的计数器
	D8332	DUTY 指令 定时时钟输出 3 所用扫描数的计数器
	D8333	DUTY 指令 定时时钟输出 4 所用扫描数的计数器
	D8334	DUTY 指令 定时时钟输出 5 所用扫描数的计数器
定位	D8336	DVIT 用中断输入的指定初始值
	D8340	Y000 当前值寄存器(低位)
	D8341	Y000 当前值寄存器(高位)
	D8342	Y000 偏差速度
	D8343	Y000 最高速度(低位)
	D8344	Y000 最高速度(高位)
	D8345	Y000 爬行速度
	D8346	Y000 原点回归速度(低位)
	D8347	Y000 原点回归速度(高位)
	D8348	Y000 加速时间
	D8349	Y000 减速时间
	D8350	Y001 当前值寄存器(低位)
	D8351	Y001 当前值寄存器(低位)
	D8352	Y001 偏差速度
	D8353	Y001 最高速度(低位)
	D8354	Y001 最高速度(高位)
	D8355	Y001 爬行速度
	D8356	Y001 原点回归速度(低位)

功能	编号	名称
定位	D8357	Y001 原点回归速度(高位)
	D8358	Y001 加速时间
	D8359	Y001 减速时间
	D8360	Y002 当前值寄存器(低位)
	D8361	Y002 当前值寄存器(低位)
	D8362	Y002 偏差速度
	D8363	Y002 最高速度(低位)
	D8364	Y002 最高速度(高位)
	D8365	Y002 爬行速度
	D8366	Y002 原点回归速度(低位)
	D8367	Y002 原点回归速度(高位)
	D8368	Y002 加速时间
	D8369	Y002 减速时间
	D8370	Y003 当前值寄存器(低位)
	D8371	Y003 当前值寄存器(低位)
	D8372	Y003 偏差速度
	D8373	Y003 最高速度(低位)
	D8374	Y003 最高速度(高位)
	D8375	Y003 爬行速度
	D8376	Y003 原点回归速度(低位)
	D8377	Y003 原点回归速度(高位)
	D8378	Y003 加速时间
	D8379	Y003 减速时间
中断程序	D8393	延迟时间
	D8395	程序的源代码信息、块口令状态
	D8396	CC Link/LT 设定信息
环形计数器	D8398	0~2147483647(1ms 单位)的递增动作的环形计数(低位)
	D8399	0~2147483647(1ms 单位)的递增动作的环形计数(高位)
RS2(通道 1)	D8400	RS2(通道 1)设定通信格式
	D8402	RS2(通道 1)发送数据的剩余点数
	D8403	RS2(通道 1)接收点数的监控
	D8405	显示通信参数(通道 1)
	D8409	RS2(通道 1)设定超时时间
	D8410	RS2(通道 1)标题 1、2
	D8411	RS2(通道 1)标题 3、4
	D8412	RS2(通道 1)终端 1、2
	D8413	RS2(通道 1)终端 3、4

续表

功能	编号	名称
RS2(通道 1)	D8414	RS2(通道 1)接收求和(接收数据)
	D8415	RS2(通道 1)接收求和(计算结果)
	D8416	RS2(通道 1)发送求和
	D8419	显示动作模式(通道 1)
RS2(通道 2) 计算机链接 (通道 2)	D8420	RS2(通道 2)设定通信格式
	D8421	计算机链接(通道 2)设定站号
	D8422	RS2(通道 2)发送数据的剩余点数
	D8423	RS2(通道 2)接收点数的监控
	D8425	显示通信参数(通道 2)
	D8427	计算机链接(通道 2)指定下位通信请求(ON Demand 起始编号)
	D8428	计算机链接(通道 2)指定下位通信请求(ON Demand 的数据数)
	D8429	RS2(通道 2)计算机链接(通道 2)设定超时时间
	D8430	RS2(通道 2)标题 1、2
	D8431	RS2(通道 2)标题 3、4
	D8432	RS2(通道 2)终端 1、2
	D8433	RS2(通道 2)终端 3、4
	D8434	RS2(通道 2)接收求和(接收数据)
	D8435	RS2(通道 2)接收求和(计算结果)
	D8436	RS2(通道 2)发送求和
	D8439	显示动作模式(通道 2)
出错检测	D8438	串行通信错误 2(通道 2)的错误代码编号
	D8449	特殊模块错误代码
定位	D8464	DSZR、ZRN 指令,Y000 指定清除信号软元件
	D8465	DSZR、ZRN 指令,Y001 指定清除信号软元件
	D8466	DSZR、ZRN 指令,Y002 指定清除信号软元件
	D8467	DSZR、ZRN 指令,Y003 指定清除信号软元件
出错检测	D8487	USB 通信错误
	D8489	特殊参数错误的错误代码编号

参考文献

[1] 刘建华，陈梅．三菱 FX3U 系列 PLC 编程技术与应用．北京：机械工业出版社，2018.

[2] 李金城．三菱 FX$_{3U}$ PLC 应用基础与编程入门．北京：电子工业出版社，2016.

[3] 高安邦，姜立功，冉旭．三菱 PLC 技术完全攻略．北京：化学工业出版社，2015.

[4] 杨后川，等．三著 PLC 应用 100 例．北京：电子工业出版社，2017.

[5] 张豪．三菱 PLC 应用案例解析．北京：中国电力出版社，2012.

[6] 肖雪耀．三菱 PLC 快速入门及应用实例．北京：化学工业出版社，2017.

[7] 张应龙．PLC 编程入门及工程实例．北京：化学工业出版社，2016.

[8] 蔡杏山．学 PLC 技术超简单．北京：机械工业出版社，2013.

[9] 胡学明，等．PLC 编程快速入门（三菱 FX2N）．北京：化学工业出版社，2019.